Quantum Mechanics for Engineering 2nd Edition
Basis of Quantum Effect Nano-Devices

Hiromu UEBA

工学系のための量子力学【第2版】
量子効果ナノデバイスの基礎

上羽 弘

森北出版株式会社

●本書のサポート情報を当社Webサイトに掲載する場合があります．下記のURLにアクセスし，サポートの案内をご覧ください．

https://www.morikita.co.jp/support/

●本書の内容に関するご質問は，森北出版 出版部「(書名を明記)」係宛に書面にて，もしくは下記のe-mailアドレスまでお願いします．なお，電話でのご質問には応じかねますので，あらかじめご了承ください．

editor@morikita.co.jp

●本書により得られた情報の使用から生じるいかなる損害についても，当社および本書の著者は責任を負わないものとします．

■本書に記載している製品名，商標および登録商標は，各権利者に帰属します．

■本書を無断で複写複製（電子化を含む）することは，著作権法上での例外を除き，禁じられています．複写される場合は，そのつど事前に(一社)出版者著作権管理機構（電話03-5244-5088, FAX03-5244-5089, e-mail:info@jcopy.or.jp）の許諾を得てください．また本書を代行業者等の第三者に依頼してスキャンやデジタル化することは，たとえ個人や家庭内での利用であっても一切認められておりません．

改訂版に際して

　永年用いてきた講義ノートをもとに拙書を出版して7年が経過し，いくつかの理由で改訂版をださせていただくことにした．その最大の要因は，大学入試の多様化により，かなり分布の広い学力の学生が聴講することとなり，本書を使って講義を進める前に基礎的な数学（特に，線形代数や微積分，微分方程式）や力学，電磁気学を中心にした（古典）物理学の復習にかなりの時間を費やす必要に迫られ，初版で納めた内容を通年（2単位×2）の講義時間内で講義することが不可能になったことである．

　大幅な内容の削除とできるだけわかりやすくすることを目的として改訂版の作業を行うとともに，本書を教科書として採用していただいている諸先生方のご意見をお伺いしたところ，「基本的に旧版の内容は割愛しないほうがいい」というご意見が多く寄せられたので，「縮退のある系の摂動論，人工超格子のバンド構造，ブロッホ振動と負性抵抗，アハラノフ・ボーム効果と量子干渉デバイス」以外の割愛は極力避けることにした．

　この改訂版では学生の理解を少しでも助けるために，旧版では丁寧に記述しなかった内容を随所で追加することを試みた．このために，旧版では演習問題とした中で特に基礎的なものについては本文で記述し，式の導出についても本文や脚注で示すように努めた．また，従来の内容も再読し，随所で訂正・追加し，基本的な事柄を脚注で記した．さらに，インターネットの普及で各種検索エンジンに適切なキーワードを入れるだけで，多くのことが学べる時代になった．そういう観点でいくつかの項目に関して，脚注にリンクアドレスを記しておいたので参考になれば幸いである．

　また，初版で十分に触れることができなかった走査トンネル顕微鏡の探針を用いた固体表面での単一原子，分子操作や単一電子トランジスタ，量子計算機の可能性について加筆した．

　改訂版とはいえ，いまだに筆者の浅学非才のため不十分な記述が多々あることと思われる．教科書として本書を採用して下さった先生方やこの拙書で勉強される学生諸君の忌憚のないご意見やご批判をお寄せいただければ幸いである．旧版同様，本書は「工学系の学生のための量子力学の入門教科書」として執筆した．「量子効果デバイスの基礎」という副題をつけるには到底およばないが，それに至る過程として本書が少しでも工学系，特に電気・電子系の学生諸君に興味をもって読んでいただければ，望外の喜びである．

改訂版の執筆に際して，電気通信大学電子工学科教授河野勝泰氏の貴重なご助言に負うところが大である．記して深い感謝の意を表する．また，富山大学工学部の三井隆志博士には改訂に際して（特に第2章），貴重なご意見をいただいた．研究室秘書の伊東孝枝さんには旧原稿の整理をしていただくとともに，新たな挿入図も描いていただいた．合わせて，感謝する．旧版に続いて森北出版編集部の石田昇司氏には筆者の無理を何度もお聞き入れ下され，ひとかたならぬお世話をいただいた．記して深謝する．

アインシュタインが，特殊相対論，光量子説にもとづく光電効果の理論，ブラウン運動の理論という三つの理論を発表した奇跡の年といわれる1905年から100年を記念した"世界物理年"に….

2005年9月

上羽　弘

序文

　本書は，筆者が工学部電気・電子系の2，3年生を対象にして行っている通年にわたる講義ノートを基にして書かれた教科書である．量子力学の講義は物理学を専攻する学生のみならず，化学や生物学を専攻する理学部および工学部の電気・電子系でも必須のものとなっており，理工系の一般的な基礎科目として量子力学を学ぶ学生の分布は極めて広いと考えられる．とりわけ，量子エレクトロニクス，量子効果デバイスとよばれている分野での最近のめざましい発展は，今まで以上に量子力学が電気・電子系の学生にとって重要であることを示唆している．

　自然科学系がわれわれの「観察と認識」に基づいているとするならば，量子力学の世界は日常経験から得られる知識だけでは理解が困難な物理現象を対象とするため，観察と経験法則に支えられた古典力学と比較して，その理解が困難なものであるといわざるを得ない．したがって物理を専門としない工学系の学生にとって，本格的な量子力学の教科書や参考書を用いた授業は逆に理解に対して意欲を損なわせることになりかねない．1996年度の日本理学書総目録によれば，タイトルに「量子力学」を含む本は100冊以上も出版されており，対象もさまざまである．しかし，工学系，とくに電気・電子系の学生が量子力学を身近なものとして興味をもって勉強できるようにその他の専門科目（半導体物性，半導体デバイス）との関連性を重視して書かれた教科書はあまりにも少ない．筆者も長年にわたって多くの教科書を使って電気・電子系の学生を対象にした量子力学の講義を行ってきたが，それらはあまりにも「物理的」であるため，他の講義との関連性を考えながら工学部の学生が興味をもって学ぶのに必ずしも適してはいなかった．したがって，一年間の講義（2単位×2）という時間的な制約からも量子力学の講義に本来含められるべき多くの内容を割愛するかわりに，電気・電子系の学生が少しでも「量子力学の世界」を「観る」ことができるような内容（代表的な半導体結晶であるシリコンの共有結合の性質，半導体における不純物質準位，トンネルダイオード，走査トンネル顕微鏡の動作原理，半導体超格子と量子井戸および量子サイズ効果，半導体レーザと量子井戸レーザ，量子効果デバイスなど）を加味した講義を行ってきた．本書をあえて「工学系の量子力学」と題したゆえんである．しかし，本書はあくまでも量子力学の教科書であるから，工学系の教科書に多くみられるような量子力学の基礎を簡略化して記述することは避け，量子力学が確立される歴史的過程を含めその基本的な枠組みについてはできるだけ丁寧に記述するように心が

けた．しかし，ページ数などの制約により，量子力学の教科書には当然含まれているような内容を大幅に割愛せざるを得なかったので，一般的な量子力学の教科書として不備な側面が多々あることをあらかじめお断りしなければならない．量子力学の全体像は他の多くの優れた教科書に譲り，その基本的な枠組みと半導体物性や，21世紀には開花するであろう量子効果デバイスの基礎として量子力学の重要性を本書から少しでも読み取ることができ，電気・電子系の学生が少しでも興味をもって量子力学を学ぶのに役立つなら，本書の目的は達成されるといえよう．しかし，筆者の浅学非才のため不十分なところや誤りも多々あること，あるいは「二兎」のことわざのように本来の目的からはずれ中途半端な内容となっているかもしれない．読者の皆様や教科書として本書を試していただいた先生方のお叱りやご意見がいただければと願っている．

　本書を執筆するにあたり，あらためて多くの著書を読み直し，参考にさせていただいた．とりわけ，筆者が学生時代に勉強し，感銘を新たにした朝永振一郎著「量子力学 I, II」（みすず書房），原島鮮著「初等量子力学」（裳華房），小出昭一郎著「量子力学 I, II」（裳華房）および阿部正紀著「量子物性概論」（培風館）は本書を書き上げるのに欠くことができなかったばかりか，これらの諸先生方がすでに書かれているすばらしい記述を随所で参考にさせていただいた．この場を借りて深く謝意を示す次第である．

　本書を執筆する直接の契機は「少しでも電気・電子系の学生が興味をもてる簡単な量子力学の教科書はありませんか？」という私の問いに「ご自分でお書きになりませんか」と言ってくださった森北出版編集部の石田昇司氏の提案であり，この機会を与えてくださったことを感謝する．

1997年2月

著　者

目次

第1章 古典力学の限界と量子力学の萌芽　1
- 1.1 理想気体の比熱 ……………………………………………………………… 1
- 1.2 空洞輻射とプランクの光量子仮説 ………………………………………… 4
- 1.3 光電効果と光量子 …………………………………………………………… 10
- 1.4 光の運動量 …………………………………………………………………… 14
- 1.5 原子の輝線スペクトルの謎 ………………………………………………… 16
- 1.6 ボーアの水素原子模型 ……………………………………………………… 19
- 1.7 物質波と電子線回折 ………………………………………………………… 21
- 練習問題 …………………………………………………………………………… 26

第2章 量子力学の基礎　27
- 2.1 波動の基本的性質 …………………………………………………………… 27
  - 2.1.1 位相速度と群速度，波数 …………………………………………… 27
  - 2.1.2 平面波 ………………………………………………………………… 29
- 2.2 粒子の波動方程式　—シュレーディンガー方程式— …………………… 30
- 2.3 波動関数 ……………………………………………………………………… 35
- 2.4 固有関数と固有値 …………………………………………………………… 36
- 2.5 固有関数の規格直交性 ……………………………………………………… 37
- 2.6 期待値 ………………………………………………………………………… 39
- 2.7 演算子の交換関係 …………………………………………………………… 41
- 2.8 波動, 粒子　—波束— ……………………………………………………… 43
- 2.9 エーレンフェストの定理 …………………………………………………… 45
- 2.10 確率密度と連続の式 ………………………………………………………… 47
- 2.11 不確定性原理 ………………………………………………………………… 48
- 練習問題 …………………………………………………………………………… 52

第3章　自由粒子と量子閉じ込め　　54

- 3.1　一次元の自由粒子 　54
- 3.2　二次元，三次元の自由粒子 　55
- 3.3　周期的境界条件 　56
- 3.4　量子閉じ込め 　57
  - 3.4.1　一次元井戸に閉じ込められた粒子 　57
  - 3.4.2　箱の中に閉じ込められた粒子　—量子箱— 　60
- 練習問題 　61

第4章　有限井戸型ポテンシャルと量子井戸　　63

- 4.1　有限井戸型ポテンシャル 　63
- 4.2　量子井戸 　67
- 練習問題 　71

第5章　トンネル効果　　72

- 5.1　階段型ポテンシャル 　72
- 5.2　山型ポテンシャル　—トンネル効果— 　74
- 5.3　トンネル現象の代表例 　78
  - 5.3.1　電場による電子放出 　78
  - 5.3.2　トンネル（エサキ）ダイオード 　80
  - 5.3.3　走査トンネル顕微鏡 　83
  - 5.3.4　走査トンネル分光 　84
  - 5.3.5　走査トンネル顕微鏡を用いた単一原子，単分子操作 　86
- 練習問題 　88

第6章　調和振動子　　89

- 6.1　単振動 　89
- 6.2　調和振動子 　90
- 6.3　非調和ポテンシャル 　95
- 練習問題 　96

第 7 章　水素原子模型とその応用　　97

- 7.1　水素原子のシュレーディンガー方程式 　97
- 7.2　角運動量と方向の量子化 　100
- 7.3　動径方向の波動関数とエネルギー固有値 　104
- 7.4　水素原子のエネルギー固有値と波動関数 　106
- 7.5　シリコン結晶の共有結合 　109
- 7.6　半導体の不純物準位 　114
- 練習問題 　116

第 8 章　磁気モーメントとスピン　　117

- 8.1　軌道磁気モーメント 　117
- 8.2　ゼーマン効果 　119
- 8.3　電子のスピンとスピン角運動量 　120
- 練習問題 　126

第 9 章　摂動論　　127

- 9.1　時間に依存しない摂動論 　127
- 9.2　時間に依存する摂動論 　133
  - 9.2.1　遷移確率 　133
  - 9.2.2　遷移の選択則 　136
- 9.3　光の吸収と放出 　138
- 9.4　半導体の光吸収スペクトル 　141
- 9.5　誘導遷移 　143
- 練習問題 　145

第 10 章　レーザの原理と半導体レーザの基礎　　146

- 10.1　光のコヒーレンス 　146
- 10.2　スペクトル線の幅 　149
- 10.3　誘導放出とレーザ発振 　151
- 10.4　半導体レーザ 　156
- 練習問題 　161

第11章 量子効果ナノデバイス　162

- 11.1 電子波デバイス　163
- 11.2 量子閉じ込め効果　164
- 11.3 量子井戸レーザ　167
- 11.4 共鳴トンネルデバイス　169
- 11.5 クーロンブロケード　171
- 11.6 単一電子箱　172
- 11.7 単一電子トランジスタ　173
- 11.8 スピントロニクス　177
- 11.9 量子計算機の可能性　178
- 練習問題　179

付録A 空洞輻射の固有振動モード　180
付録B エルミート多項式の母関数と直交関係　180
付録C ルジャンドル多項式の母関数と直交関係　182
付録D 水素原子の動径方向の波動関数　183
付録E 電磁場のマクスウェル方程式　185
付録F 電子と電磁場の相互関係　187
付録G 光学遷移の行列要素　188
付表　190
練習問題解答　191
索引　197

1 古典力学の限界と量子力学の萌芽

量子力学を学ぶのに，量子力学的世界を発見する契機となったいくつかの代表的な古典物理学の限界を理解しておくことは重要である．この章では理想気体の比熱，空洞輻射のスペクトル，光電効果および原子の輝線スペクトルを例として量子的世界の発見と量子力学の構築に携わった人達の歴史を振り返ってみることにする．

1.1 理想気体の比熱

物体に熱を加えると，物体の温度が上がる．このとき，与えられた熱と上がった温度との関係は，物体の質量と比熱によって決定される．物体の温度を 1℃だけ上げるのに要する熱量を，その物体の熱容量という．物体が均一であれば，その熱容量は物体の質量に比例するので，単位質量の熱容量として比熱が定義される．

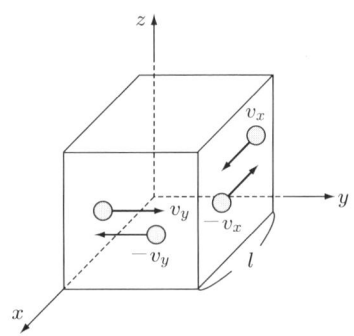

図 1.1　気体分子運動論

物体を構成する原子や分子の運動を，古典力学的に次のように簡単化して考えてみよう．図 1.1 で示すように一辺 l の立方体の容器に質量が m の気体分子（以下の議論でも，分子を原子と読み替えても差し支えない）が N 個入っているとする．分子間には力が働かないものとし，各分子が等速直線運動して容器壁と完全弾性衝突する系を考える（気体分子運動論）．各分子は，種々の速度の等速直線運動をしながら壁と衝突してその進路を反転させ，結果として壁に圧力を与える．いま，一つの分子に注目してその速度成分を $v = (v_x, v_y, v_z)$ とすると，分子が壁と衝突するたびに

壁は x 軸方向に $mv_x - (-mv_x) = 2mv_x$ の力積を受ける．分子が距離 l を往復するのに要する時間は $2l/v_x$ であるから，壁が単位時間に受ける力の大きさ（力積）は $2mv_x \times (v_x/2l) = mv_x^2/l$ となる．これを N 個の分子について合計すれば壁が気体分子から受ける圧力は

$$P = \frac{1}{l^2} \sum_i^N \frac{mv_{ix}^2}{l} \tag{1.1}$$

となる．すべての分子に対する平均値として

$$\sum_i^N \frac{v_{ix}^2}{N} = <v_x^2> \tag{1.2}$$

を仮定すると，容器の体積を $V = l^3$ として

$$P = \frac{mN}{V} <v_x^2> \tag{1.3}$$

を得る．ところで，$<v^2> = <v_x^2> + <v_y^2> + <v_z^2>$ であり，気体の性質は運動方向によって違いがないから，$<v_x^2> = <v_y^2> = <v_z^2> = 1/3 <v^2>$ とおけるので，

$$P = \frac{2N}{3V} \times \frac{1}{2} m <v^2> \tag{1.4}$$

となる．この式を理想気体の状態方程式

$$PV = nRT \tag{1.5}$$

と比較すると（n はモル数），$n = 1$ のときの気体分子数を N_0 として，分子一個の運動エネルギーの平均値は

$$\frac{1}{2} m <v^2> = \frac{1}{2} m (<v_x^2> + <v_y^2> + <v_z^2>)$$

$$= \frac{3R}{2N_0} T = 3 \times \frac{1}{2} kT \tag{1.6}$$

で与えられる．ここで，右辺の因数3は x, y, z 方向の運動の自由度の和である．つまり，気体分子一個のもつ運動エネルギーの平均値は運動の自由度当たり，$(1/2)kT$ ずつが割り当てられ，これを**エネルギー等分配の法則**という．ここで，$N_0 = 6.022 \times 10^{23}$ は1モル中の分子数，$R = 8.32\,[\text{J} \cdot \text{K}^{-1}]$ は気体定数，$k(= R/N_0) = 1.38 \times 10^{-23}\,[\text{J} \cdot \text{K}^{-1}]$ はボルツマン（Boltzmann）定数である．

ここで，ヘリウムやネオンの気体のように1原子からなる理想気体を考える．一般に力学的エネルギーは，運動エネルギーと位置エネルギーの和で与えられるが，分子間相互作用のない理想気体では，その内部エネルギー U は分子の運動エネルギーに等

しい．したがって，1モルの気体では
$$U = \frac{3}{2}RT \tag{1.7}$$
となるので，その温度を1℃上げるためには
$$C = \frac{\partial U}{\partial T} = \frac{3}{2}R = 12.5 \text{ [J·K}^{-1}\text{]} \tag{1.8}$$
の熱量が必要となり，これが求める単原子理想気体の比熱である．

水素や酸素および窒素などの分子は，二個の原子が鉄亜鈴のように結びついており，このような気体分子では三個の並進運動の他に二個の回転運動の自由度がある．したがって，エネルギー等分配の法則を適用すれば，ただちに一個の分子の平均エネルギーとして
$$U = \frac{3+2}{2}kT = \frac{5}{2}kT \tag{1.9}$$
が得られるので，2原子気体の比熱は
$$C = \frac{5}{2}R = 20.8 \text{ [J·K}^{-1}\text{]} \tag{1.10}$$
となる．

次に結晶の場合を考えてみよう．規則正しく並んだ結晶を作る原子は絶対零度では碁盤の目のような格子点に静止しており，有限温度ではこの平衡位置のまわりで不規則に熱振動している．この原子の振動を独立した単振動とみなせば，運動エネルギーと原子間相互作用による位置エネルギーのそれぞれにエネルギー保存則が適用できるので，一つの固有振動に属するエネルギーの平均値は $2 \times (1/2)kT = kT$ となる．1モルでは N 個の原子の自由度は $3N$ であるので，結晶1モルのエネルギーは
$$U = 3NkT = 3RT \tag{1.11}$$
比熱は
$$C = 3R = 25.0 \text{ [J·K}^{-1}\text{]} \tag{1.12}$$
となる．これをデュロン-プティ（Dulon-Petit）の法則という．

このようにして，エネルギー等分配の法則により求めた比熱をいくつかの実験結果と比較してみよう．図1.2は，水素と鉛のモル比熱の温度変化を示したものである．いずれの場合も高温では上の結果と良く一致して，水素分子では $C/R = 2.5$，鉛では $C/R = 3$ に近い値を示しており，エネルギー等分配の法則が良く成立していることを示している．しかし，温度を下げていくと，比熱はエネルギー等分配の法則による値からずれていき，次第に小さくなる．さらに，水素分子では低温になるほど単原子理想気体に対する理論値 $C/R = 1.5$ に漸近していく．つまり，低温で水素分子は回転運動の自由度を凍結し，あたかも単原子気体のように振舞っているようにみえる．これ

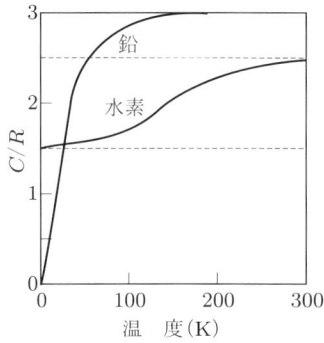

図 1.2 水素分子と鉛のモル比熱の温度変化

らの結果は，高温での実験結果を見る限り，古典的な気体分子運動論に基づく比熱の理論が成立しているが，温度が低くなるにつれてその根拠となったエネルギー等分配の法則が破れていることを示唆している．

物質の比熱を高温でのみ調べていた時代には，古典力学の予測する結果はわれわれの観測事実と一致していたが，実験技術の進歩によって低温にまで測定範囲が広がるにつれて，それまではみることのできなかった新しい物理の世界がみえてくるようになった．比熱について考えるなら，エネルギー等分配の法則が成立しない低温ではどのような法則が物理を支配しているのだろうか．古典論の世界からはどうしても理解できなかった現象の例として，次に光の性質について考えてみよう．

1.2　空洞輻射とプランクの光量子仮説

17 世紀の後半からイギリスで始まった産業革命のなかで，溶鉱炉を利用した鉄の生産は産業革命を支えた技術の中心であった．そこでは，溶鉱炉の設計，とくに温度の測定と制御が重要であり，温度は溶鉱炉の輝きの色から経験的に推定されていた．物体が熱せられたときに発する光は温度が低い（600〜700 ℃）ときは赤色であるが，温度が上がるにつれて次第に黄色（〜800 ℃）から白色に変化する．"物体をある温度 T で熱するとき，その物体はどんな光を発するか"，という問題は 19 世紀後半の物理学の大きなテーマの一つであり，多くの人々がこの問題に挑戦した．

あらためて，この問題を物理的に記述すると，

"温度 T の壁で囲まれた空洞が熱平衡状態にあるとき，この空洞にはどのようなスペクトルの光が存在するか？"

ということである．一般に，物体が放出する光（電磁波）のスペクトルは物体や表面

の性質に依存するが，外からあたった光を完全に吸収する理想的な場合には，その物体がある温度で放出するスペクトルは空洞を構成する物質の性質には依存しないと考え，これを**空洞輻射**あるいは**黒体輻射**とよぶ．空洞の示すいろいろな光がどのような強度分布をしているかは，ある振動数をもつ電磁波の固有振動モードの数を求めれば，エネルギー等分配の法則を用いて計算することができる．

付録 A で詳しく示すように，振動数が ν と $\nu + d\nu$ の範囲にある固有振動の単位体積当たりの個数は

$$I(\nu)d\nu = \frac{8\pi}{c^3}\nu^2 d\nu \tag{1.13}$$

で与えられ，それぞれの固有振動には $(1/2)kT \times 2 = kT$ のエネルギーが分配されるので，ν の振動数をもつ光のエネルギー密度 $I(\nu, T)$ は上式に kT をかけて，

$$I(\nu, T) = \frac{8\pi}{c^3}\nu^2 kT \tag{1.14}$$

となる．これは古典物理学の考え方に基づいて，エネルギー等分配の法則を用いて得られた**レイリー–ジーンズ**（Rayleigh-Jeans）の公式とよばれ，空洞輻射のエネルギー密度を理論的に考える出発点となった式である．

図 1.3 で特徴的に描かれているように，ある一定の温度で放出されるスペクトルは振動数の増加とともに増加し，ある振動数でピークを示す．さらに，温度の上昇にともなってピークの位置は高振動数（短波長）側へシフトしている．レイリー–ジーンズの公式はスペクトル強度が ν^2 に比例して単調増加するだけであり，光のスペクトル分布は温度に無関係である．したがって，比較的低温で物体が赤外線を放ち，次第に温度を上げていくと赤色，さらに白熱光をへて紫外線を放出する実験結果を説明することができない．

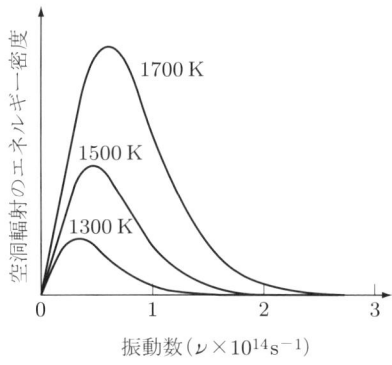

図 **1.3**

しかし，レイリー – ジーンズの公式がまったく無力かというとそうではなく，振動数の小さい範囲か高温 ($\nu/T \geq 1$) では実験結果をよく再現し，その傾向は温度が高いほど満足なものである．このことはレイリー – ジーンズの式の基礎となったエネルギー等分配の法則が少なくとも低振動数領域と高温では成立していることを示唆している．

古典物理学の考え方を駆使しても空洞輻射のスペクトルが説明できない状況のなかで，多くの人々がいくつかの理論や，経験的な表式を用いてこの問題に挑戦した．その中の一人であるウィーン（Wien）は，1896 年に式 (1.14) を少し修正した

$$I(\nu,T) = \frac{8\pi k\beta}{c^3} e^{-\beta\nu/T} \nu^3 \tag{1.15}$$

を提案した．式 (1.14) と比較すればわかるように，レイリー – ジーンズの公式に含まれていた ν^2 によるスペクトルの単調増加の問題は新しく加わった $e^{-\beta\nu/T}$ の因子で一見解決されているようにみえる．実際，このウィーンの公式は定数 β を適当に選ぶことでレイリー – ジーンズの公式とは逆に短波長領域で実験結果とよく一致するが，長波長領域では少し外れた結果を与えた．

ウィーンの公式が ν/T の小さいところでレイリー – ジーンズの公式と一致し，ν/T の大きな値に対しては実験結果をよく表しているということに注目し，これらの二つの公式を一つの形にまとめ上げることで**量子論の世界**にはじめて足を踏み入れかけたのがプランク（Planck）であった．

彼は 1900 年にプランクの**輻射公式**とよばれる

$$I(\nu,T) = \frac{8\pi k\beta}{c^3} \frac{\nu^3}{e^{\beta\nu/T} - 1} \tag{1.16}$$

を提案した．この式は $\beta\nu/T$ が 1 より十分に小さいときには $e^{\beta\nu/T} \simeq 1 + \beta\nu/T$ と展開することでレイリー – ジーンズの公式に，$\beta\nu/T \gg 1$ では分母の 1 を無視することでウィーンの公式に帰着する．プランクはこの式に含まれる定数 $k\beta$ を

$$h = k\beta = 6.625 \times 10^{-27} \, [\mathrm{erg \cdot s}] = 6.6216 \times 10^{-34} \, [\mathrm{J \cdot s}] \tag{1.17}$$

と選び，

$$I(\nu,T) = \frac{8\pi}{c^3} \frac{h\nu}{e^{h\nu/kT} - 1} \nu^2 \tag{1.18}$$

が図 1.4 の輻射のスペクトルの実験を完全に再現できることを示した．

この定数 h は**プランク定数**とよばれ，後に量子論の世界に共通な普遍定数であることがわかったが，この公式を提案した当時のプランクにとって当初は，式 (1.16) を実験のスペクトルに合わせるために用いたパラメータという意味しかもっていなかったようである．ここで重要なことは，$h \to 0$ の極限で式 (1.18) はエネルギー等分配の法

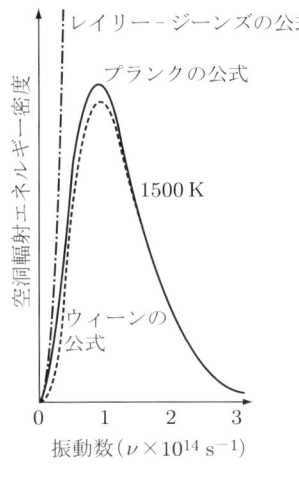

図 1.4

則から得られた式 (1.14) の古典的表式に帰着することである[1].

プランクは式 (1.18) が導き出される，あるいはその式のよって立つ物理的世界を探る努力を惜しまなかった．しかし，ニュートンの古典力学とマックスウェルの古典電磁気学に基づいてこの式のもつ意味，あるいは，それを支配している物理の世界を理解することは極めて困難な作業であったに違いない．なぜなら，そのためには当時の人々が信じて疑うことのなかった古典物理学の常識から飛び出さなければならなかったのである．

古典物理学の重要な法則の一つである**エネルギー等分配の法則**が成立しないという事実を前にして，プランクに残された道はその原点に戻ることしかなかった．式 (1.14) と (1.18) を比べれば，両式に共通な ν^2 を除けば式 (1.14) の kT が式 (1.18) では $h\nu/(e^{\beta\nu/T}-1)$ に置き代わっていることがわかる．kT という因子は，エネルギー等分配の法則から導き出されたものであるから，それに謎解きのヒントを求めるのは当然といえよう．

古典統計力学によれば，ある温度 T で熱平衡にある系の平均エネルギーは

$$<E> = \frac{\int_0^\infty E e^{-E/kT} dE}{\int_0^\infty e^{-E/kT} dE} \tag{1.19}$$

で与えられる．ここで，$e^{-E/kT}$ はエネルギー E をもった振動子がボルツマン分布していることを意味する．古典力学に従って，エネルギーがゼロから無限大まで連続的に分布していると仮定して上式の積分を実行すると，運動エネルギーと位置エネルギー

---

[1] $h \to 0$ では $h\nu/kT \ll 1$ で分母を展開し，$e^{h\nu/kT} \simeq 1 + h\nu/kT$ を得る．

にそれぞれ $(1/2)kT$ のエネルギーが分配されることに対応して
$$<E> = kT \tag{1.20}$$
を得る．そこで，プランクは次のような大胆な仮設をたてた．物質が微視的なレベルで連続体ではない，それ以上分割できない原子から構成されているように，エネルギーも必ずしも連続量である必要はなく，それ以上は分割できないエネルギー素量－**エネルギー量子**から成り立っているのではないかと考えた．

これが当時の物理学の常識ではとても受け入れられないことは明らかであるが，プランクに残された道は古典物理学のもっとも基本的な常識を捨て去ることしかなかったのである．そこで，プランクはエネルギー素量の単位として ϵ を定義し，エネルギーがその整数倍
$$E = n\epsilon \tag{1.21}$$
で与えられると仮定した．この仮定のもとではエネルギーを連続量と考えた式 (1.19) の積分は許されず，n についての無限級数の和として計算され，
$$<E> = \frac{\sum_{n=0}^{\infty} n\epsilon e^{-n\epsilon/kT}}{\sum_{n=0}^{\infty} e^{-n\epsilon/kT}} = \frac{\epsilon}{e^{\epsilon/kT} - 1} \tag{1.22}$$
となる．この式をエネルギー等分配にかわる式としてレイリー–ジーンズが求めた式 (1.14) の kT のかわりに代入すると**プランクの空洞輻射公式**として
$$I(\nu, T) = \frac{8\pi}{c^3} \nu^2 \frac{\epsilon}{e^{\epsilon/kT} - 1} \tag{1.23}$$
を得る．この式を式 (1.18) と比較すると，
$$\epsilon = h\nu \tag{1.24}$$
とすることで両式が完全に一致することがわかる．このことは振動数 ν をもつ光が $h\nu$ のエネルギー素量をもち[2]，光のエネルギーがその整数倍
$$E = nh\nu \tag{1.25}$$
しかとり得ないことを意味する．これは物質が原子を単位として構成されているという自然の原子的構造がエネルギーについても成立しているという，20世紀の始まりである 1900 年の画期的な発見であった．

空洞輻射のスペクトルを説明するには，エネルギー量子 $h\nu$ という考え方が不可欠であることがわかったが，古典的には波動として考えられている光がどうして $h\nu$ を単位とした離散的なエネルギーしか取り得ないのであろうか．この謎はまだ解かれていない．このことを考える前に，エネルギー等分配の法則にかわる新しいプランクの

---

[2] $\lambda\nu = c$ の関係を用いれば $E = hc/\lambda$ である．また，物理ではエネルギーを eV（エレクトロンボルト）の単位で表すことが多く $1\,\text{eV} = 1.602 \times 10^{-19}\,\text{J}$ である．これに対応して，$h = 4.136 \times 10^{-15}\,\text{eV}\cdot\text{s}$，であり，$E\,[\text{eV}] = 12400/\lambda\,[\text{Å}]$ である．

分配法則

$$<E> = \frac{h\nu}{e^{h\nu/kT}-1} = \frac{x}{e^x-1}kT, \quad x = \frac{h\nu}{kT} \tag{1.26}$$

が得られたので，前節で述べた比熱の問題を改めて考え直してみよう．

次節で学ぶ光量子に関する先駆的な論文を発表したアインシュタイン（Einstein）はその翌年（1907年）に次のような考えを示した．平均エネルギーに対する式(1.26)が光の固有振動に限らず，一般的な物理系のあらゆる振動子についても成立すると仮定する．固体内原子の熱運動をもっとも単純化して，原子がその平衡位置のまわりで調和振動していると考える．すべての原子が同じ振動数νで振動していると仮定すれば，N個の原子を含む結晶は$3N$個の自由度をもつ独立な一次元振動子の集まりと考えられる．温度Tでこの結晶のもつ全エネルギーは

$$U = 3N \frac{h\nu}{e^x - 1}, \tag{1.27}$$

であるから，1モルでは$N = N_0$, $N_0 k = R$であるから比熱は

$$C = 3R \frac{x^2 e^x}{(e^x - 1)^2} \tag{1.28}$$

で与えられる．この式は$x \ll 1$の高温極限では$C = 3R$になり，確かに古典論の結果(1.12)と一致する．逆に，$x \gg 1$の低温では漸近的に$3R(h\nu/kT)^2 e^{-h\nu/kT}$の形で古典論の値$(C = 3R)$から次第に減少し，ゼロに近づくことがわかる（図1.2の鉛）．このアインシュタインの考え方は1912年にデバイ（Debye）によってさらに改良され，低温での比熱がT^3の形で変化する（T^3法則）実験結果とよく一致する比熱の理論が確立された．

このように無関係のようにみえ，古典物理学ではどうしても説明できなかった空洞輻射と比熱の問題はエネルギー等分配の法則の破れ，すなわちその根底にある**エネルギー素量**の存在により解き明かされたのである．このエネルギー分配法則が成立するか否かが，エネルギー素量$h\nu$とkTの大小関係によって支配されていることを図1.5をみながら考えてみよう．

いま，kTのエネルギーを収容できる容器があるとすれば，エネルギーが連続である古典論では水を容器に配るようにして，それぞれの容器にkTのエネルギーを等しく分けることができる．量子論的な考えにしたがって，水の代わりにエネルギー素量を氷塊で表すことにすると，kTが$h\nu$より十分大きいなら，小さい氷塊をまんべんなく容器に分けることができるので，等分配の法則が成立する．一方，$h\nu$がkTよりも十分に大きければ氷塊を容器に入れられない（分配確率$\exp(-h\nu/kT)$が極めて小さくなる）ので等分配の法則が成立しなくなるのである．

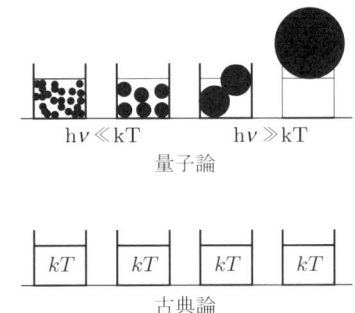

図 1.5　エネルギー分配の古典論と量子論

1.3　光電効果と光量子

プランクは，空洞輻射スペクトルの問題から振動数 ν の光のエネルギーが $h\nu$ の整数倍に限られるという**エネルギーの量子化**を発見した．それでは，波動としての性格をもっていることが疑いのない光に，どうしてこのような性質があるのであろうか．前節で示した空洞輻射や比熱の問題が，エネルギー量子の導入でみごとに説明されたにもかかわらず，その存在を直接証明する実験事実が乏しかったためにプランクの理論はすぐには受け入れられなかった．プランクのエネルギー量子の発見に基づいて，光の本質にせまる考えを提案したのが，アインシュタインによる光電効果の理論（1905）である．

金属に紫外線や X 線を照射すると，金属から電子が飛び出してくることは前世紀の終わりごろから知られていたが[3]，プランクがエネルギー量子の存在を提案したのと同じ 1900 年にレナード（Lenard）がこの光電効果の現象を詳しく調べた．

図 1.6 のように金属（陰極）に波長の短い光を当てると光電子とよばれる電子が飛び出してくる．この光電子を受け入れる陽極を前に置き，そこを流れる電流から電子の個数を測定する．このとき，光電子の最大運動エネルギーを求めるために，金属に正または負の電位をかけておく．正電位であれば，飛び出した電子は金属の方向に引き寄せられる．金属と陽極の電位差が V であるとすると，飛び出した電子の運動エネルギーが eV より小さければ電子は陽極に到達するまえに金属側に引き戻され，逆に大きければ陽極に到達し電流として観測できる．したがって，電流が流れ始める電

---

[3]　光電効果は金属に限らず，半導体や絶縁体，あるいは分子でも起こり，飛び出してきた光電子の運動エネルギーを分析する光電子分光法は，これらの物質の電子構造を調べる有力な実験手段として現在も広く用いられている．

1.3 光電効果と光量子　11

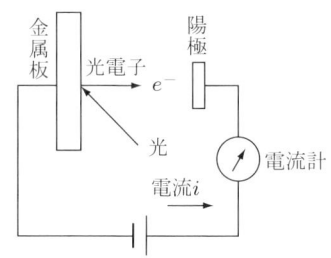

図 1.6　光電効果

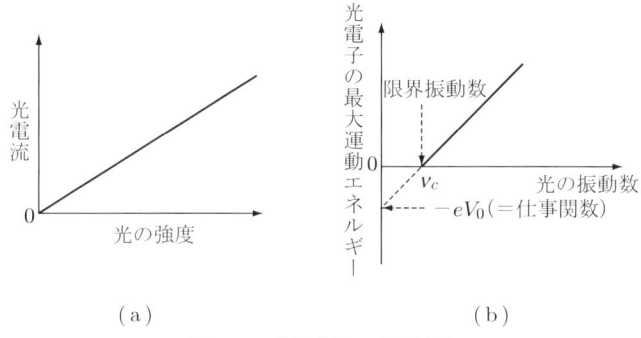

図 1.7　光電効果の実験結果

圧を光の波長に対して測定すれば電子のもつ最大運動エネルギーが求められる．このようにして得られた実験結果をまとめると図 1.7 のようになる．

1. 光電子の最大運動エネルギーは照射する光の強さに依存しない．
2. 光の強度 I を大きくすると，光電子の個数（光電流 i）が増加する．
3. 光電子のもつ最大運動エネルギー $E_{\max} = eV_0$（V_0 は出てくる光電子を止めるのに必要な電圧）は，照射する光の色（波長）に依存し，短波長の光を当てるほど大きなエネルギーをもった光電子が飛び出してくる．また，ある限界波長（λ_c）以上（限界振動数 ν_c 以下）の光をどんなに強く照射しても電子は飛び出してこない．

これらの実験事実を光が古典的な電磁波として説明しようとすると，いくつかの困難な問題がある．金属内の電子が光によって外に飛び出すのは，電磁波としての光が作る電場が電子に作用して，電子が金属から飛び出すのに必要なエネルギーを与えるからであると解釈される．ところで，光の作る電場の強さは電場の振幅の二乗に比例するから，強い光を当てれば当てるほど運動エネルギーの大きな電子が飛び出してくるはずである．これは明らかに上記 1．の実験結果に反する．

問題を簡単にするために，金属内の電子が弾性力のような力で金属内に閉じ込めら

れているとしよう．あまり物理的ではないが，鎖に繋がれている犬にあてはめて考える．光のエネルギーで鎖が切れ，犬が解き放たれることを電子が金属の束縛から解放され外に飛び出すことに対応させる．どんなに弱い光でも長時間当て続けると，鎖は次第に弱くなり，最後にはプツリと切れて犬は自由になる．これは電子が光のエネルギーをもらい，次第に大きな振幅で振動し，最後には金属内での束縛から解放され飛び出してくることに対応する．

しかし，ここで注意しなければならないことは，電子が解放されるまでに光からもらったエネルギーはすべて束縛を弱くするために消されているので，解放された電子がもつ運動エネルギーは解放の瞬間に光からもらったものになる．しかも，このときに得るエネルギーは光の振幅が大きいほど大きい．このような考え方が正しいとするならば，どんなに波長の長い，弱い光でもそれを長時間当て続ければ光電効果が起こることになるが，明らかに 3. の実験結果に反する．

光を電磁波と考える古典論が，光電効果の説明にまったく無力であるという困難な問題を解決するために，アインシュタインは 1905 年にプランクの量子仮説をさらに押し進めて，振動数 ν をもつ光は，$h\nu$ のエネルギーをもつ粒子である，と考えれば光電効果の現象がすべて矛盾なく説明できることを示し，これを光量子（light quantum）と命名した（現在では単に光子（photon）とよぶ）．

光が光子としての粒子の集まりであるとすれば，光の強さが二倍になるということは一個の光子のエネルギーが二倍になることではなく，光子の個数が二倍になることである．したがって，光の強さが大きくなると，飛び出してくる電子のエネルギーは増加せずに，その個数が増加する．これは電子と光子が $h\nu$ というエネルギーをキャッチボールしていると考えれば容易に理解できる．光子のエネルギーが $h\nu$ であるから，波長の短い光ほど大きなエネルギーをもつので，そのエネルギーをもらって金属から飛び出してくる光電子のエネルギーも当然大きくなり，実験結果をよく説明する．

図 1.8 で概略的に示してあるように，金属内の電子はフェルミ準位とよばれるエネルギーのところまで，ほぼ連続的に分布している．フェルミ準位から真空準位までのエネルギー差は電子が金属外に飛び出すために必要な最低エネルギー，あるいは電子を金属内に閉じ込めておくエネルギー障壁であり，仕事関数とよばれる．光からもらった $h\nu$ のエネルギーのうちで，仕事関数に相当するエネルギー W は金属外に飛び出すために消費されているので，光電子の最大運動エネルギーは

$$E_{\max} = \frac{m}{2} v_{\max}^2 = h\nu - W \tag{1.29}$$

で与えられる．ここで W は金属の仕事関数である．もちろん，$E_{\max} \geq 0$ であるから，

$$\nu \geq \frac{W}{h} = \nu_c \tag{1.30}$$

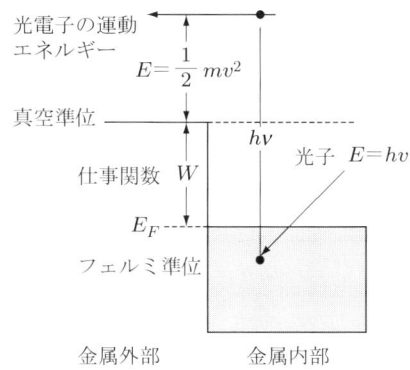

図 1.8　光電効果における光子エネルギーのキャッチボール

の振動数の光を照射しなければ光電効果は起きない．物理学では数え切れないぐらいの多くの関係式があるが，式 (1.29) はその中でももっとも簡単な関係式の一つであろう．

しかし，この関係式こそ**光の粒子性**[4]を明瞭に示す重要な関係式であり，**アインシュタインの関係**とよばれる．ここであえて強調しなければならないことは，式 (1.29) の左辺は電子の運動エネルギー（粒子性）であり，右辺の $h\nu$ は"粒子"としての光（光子）のエネルギーであるということである．われわれが実験で測定するのは，あくまでも左辺の光電子の運動エネルギーであり，それが光子のエネルギー $h\nu$ から仕事関数 W を差し引いて与えられることこそ，光の粒子が電子にそのエネルギーを与えることを意味している．

上で述べたように，E_{max} が eV より大きければ，電子は陽極に到達して電流が流れる．電流が流れなくなる電位 V を測定すれば，$E_{max} = eV$ の関係から電子の最高エネルギーが測定できる．したがって，式 (1.29) から

$$eV = h\nu - W \tag{1.31}$$

を得るので，V と ν は直線関係となり，その傾きがプランク定数そのものであることに，この式の重要性がすべて含まれている．さらに，$V - \nu$ 直線を $\nu = 0$ に外挿した eV_0 は金属の仕事関数を与える．

このようにして，光電効果と空洞輻射スペクトルというまったく異なる物理現象を観察しているにもかかわらず，両者に共通のプランク定数が含まれているという事実

[4) 光の粒子性は，われわれが日常経験している現象にも容易にみいだすことができる．夏の海や山で，あるいはよく晴れたスキー場で強い紫外線にあたると日焼けすることがある．これは皮膚近くの体内に含まれるフェノール類の化学物質が紫外線によって光化学反応を起こして，褐色や黒色のメラニン色素に変化するためである．紫外線のような短い波長の光が化学反応を起こすのに十分なエネルギーをもっているのに対して，可視光や赤外線のように波長の長い光は化学反応に必要なエネルギーをもっていないので，いくらあたっても日焼けしない．

は，これらの現象に関与している光の本質がエネルギー量子で特徴づけられる粒子であることを疑いのないものとしている．ただし，ここで強調しておかなければならないことは，光が波動としての性質をもっていないわけではない．光は『波動と粒子の二重性』を備えた実体として認識すべきであり，われわれがどのような窓を通して光を観測するかによって，光はあるときは波として，あるときは粒子として登場するのである．

光が粒子であるというアインシュタインの光量子説は疑う余地のないようにみえるが，光の粒子性を端的に示すアインシュタインの関係の本質的な意義が広く認識されるようになったのは，比熱に関するアインシュタインの理論を含めて，いくつかの量子仮説の正当性を立証する実験結果が報告された 1911 年のソルベイ国際会議と，1916 年に報告されたミリカン（Milikan）による詳しい光電効果の実験の後である．ちなみに，アインシュタインといえば，一般には相対性理論で有名であるが，1921 年に彼に贈られたノーベル物理学賞は光電効果に対する業績を讃えたものである．

1.4　光の運動量

古典力学でよく知られているように，速度 v で運動する質量 m の質点 (粒子) は $p = mv$ の運動量をもっている．では，$h\nu$ のエネルギーをもつ粒子としての光は運動量をもっているのだろうか．粒子が壁に当たって圧力を及ぼすように，光も壁に当たると圧力を及ぼすのだろうか．証明は省略するが，波動論によれば光が壁に当たって反射するとき，光のエネルギー密度 U と圧力 P には

$$P = \frac{1}{3}U \tag{1.32}$$

の関係がある．

1.1 節の気体分子運動論と同じように考えて，一辺の長さが d の立方体の中に $h\nu$ のエネルギーをもつ光子が入っているとする．この光子は速度 $c = (c_x, c_y, c_z)$ で絶えず壁と衝突し，反射するたびに壁に力積を与えると考える．光子の運動量を $p = (p_x, p_y, p_z)$ とすると，光子が一回の衝突で単位時間に壁に与える運動量は $p_x c_x / d$ であるから N 個の光子による圧力は

$$P = \frac{1}{d^3}\sum_i^N p_{ix} c_{ix} = \frac{N}{d^3} <p_x c_x> \tag{1.33}$$

となる．ただし，$<\ldots>$ はすべての光子についての平均値である．エネルギー密度 U と箱の中の光子の全エネルギーには

$$Ud^3 = Nh\nu \tag{1.34}$$

の関係があり，$<c_x^2>=<c_y^2>=<c_z^2>=c^2/3$ を用いると，

$$P = \frac{U}{3}\frac{cp}{h\nu} \tag{1.35}$$

が得られる．これを式 (1.32) と比較すると，$h\nu$ のエネルギーをもつ光子は

$$p = \frac{h\nu}{c} \tag{1.36}$$

で定義される運動量をもつことになる．

　1916 年にアインシュタインによって示された光の運動量に関するこの考え方は，それから 6 年後の 1922 年に，コンプトン (Compton) 散乱の実験によってはじめて証明された．コンプトンは，物質に X 線をあてると，それより波長の長い X 線がでてくることを観測した．この現象は図 1.9 のように X 線を $p = E/c = h\nu/c$ の運動量をもつ光子として扱うなら，電子との衝突はエネルギーおよび運動量保存則を用いて解析することができ，X 線光子がそのエネルギーの一部を失って散乱されてその波長が長くなることが理解できる．このことから，電磁波の波長と振動数の古典的な関係が，運動量をもつ光子の波長とどのような関係にあるかを知ることができる．つまり，

$$\lambda = \frac{c}{\nu} = \frac{hc}{h\nu} = \frac{hc}{pc} = \frac{h}{p} \tag{1.37}$$

すなわち

$$\lambda = \frac{h}{p} \tag{1.38}$$

が得られる．波を特徴づける波長と粒子を特徴づける運動量がプランク定数を介して等しいというこの関係こそ量子力学におけるもっとも重要な関係であることを強調し，1.7 節で詳しく述べることにする．

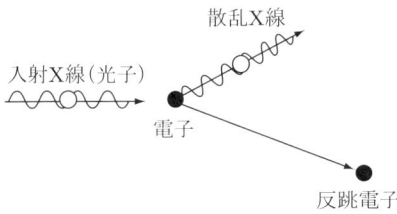

図 1.9　コンプトン散乱

1.5　原子の輝線スペクトルの謎

空洞輻射スペクトル，光電効果およびコンプトン効果の謎解きは，**光の粒子性**という新しい物理の世界をわれわれに示したが，原子のスペクトルも当時の物理常識からは奇妙な現象であった．種々の気体を封じたガイスラー管や，いろいろな物質を電極にしたアーク燈から出てくる光を分光器を用いて観測すると，それぞれの物質に特有な輝線とよばれる線スペクトルが現れる．

図 1.10 は代表的な水素のスペクトルを可視部から紫外部にかけて示したものである．1885 年にバルマー（Balmer）は可視部に現れる四本の線スペクトルの波長（6563Å，4861Å，4340Å，4102Å）が

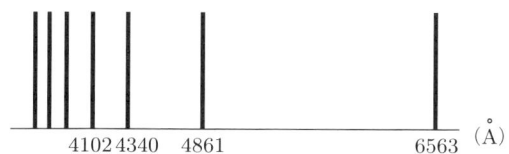

図 **1.10**　水素原子の輝線スペクトル

$$\lambda = 3645.6 \frac{n^2}{n^2 - 4} \text{ [Å]} \tag{1.39}$$

と表されることを示した．その後，リィドベルグ (Rydberg) は他の原子のスペクトルも調べ，それらがすべて

$$\frac{1}{\lambda} = \left[\frac{1}{m^2} - \frac{1}{n^2} \right] R_H \tag{1.40}$$

$$R_H = 1.097373 \times 10^7 \text{ [m}^{-1}\text{]} \tag{1.41}$$

の一般的な形にまとめられることを見いだした．この関係をリィドベルグの公式といい，R_H をリィドベルグ定数とよぶ．したがって，式 (1.39) のバルマー公式は，リィドベルグの公式の $m = 2$ の場合に対応し，バルマー系列とよばれている．

さらに，波長の広い範囲に対して調べてみると，バルマー系列の他にも $m = 1$ ライマン（Lyman）系列（紫外部），$m = 3$ のパッシェン（Paschen）系列（赤外部），$m = 4$ のブラケット（Brackett）系列（遠赤外部），およびプント（Pfund）系列（遠赤外部）とよばれる発見者の名前をつけた線スペクトルがあることが確かめられた．リィドベルグの公式の重要な点は，波長の逆数である振動数（$\nu = c/\lambda$）に規則性があり，原子の線スペクトルの振動数が二つの項の差で与えられているということである．

リィドベルグの公式で表される原子の線スペクトルが，古典的な考え方ではどうし

ても説明できないことを説明する前に，原子の構造に関する歴史的な研究の流れについて簡単に触れておく．19世紀の終わり頃まで，原子はそれ以上分割できない物質を構成する最小要素であると考えられていたが，1897年にトムソン（Thomson）は，真空放電管内で高電圧を印加した負電極から放射される陰極線の正体が，負電荷をもった粒子（電子）の流れであることを見いだし，電子がすべての原子に共通する構成要素の一つであることを発見した．陰極線に電場と磁場をかけたときの電子ビームの偏向を測定することで，電子の電荷 (e) と質量 (m) の比（比電荷）がはじめて決定された．今日のデータによるとその値は

$$\frac{e}{m} = 1.7588 \times 10^{11} \text{ [C/kg]} \tag{1.42}$$

である．その後，有名なミリカンの油滴の実験で素電荷 (e) が決定され，現在では

$$e = 1.6022 \times 10^{-19} \text{ [C]} \tag{1.43}$$

$$m = 9.109 \times 10^{-31} \text{ [kg]} \tag{1.44}$$

が用いられている．

このようにして，原子はそれまで考えられていたようなそれ以上分割できないものではなく，負の電荷をもった電子と中和する電子と比較して，非常に大きな質量をもった原子核から構成されていることが明らかになった．しかし，電子の負電荷と打ち消し合う正電荷がどのように原子内に分布しているかはわかっていなかった．正電荷が球状の原子全体に均一に分布しているというトムソンの考えとはまったく正反対に，正電荷が原子の中心に集中し，この周りを電子が土星の環のようにとりまいているという原子模型が，日本の近代物理学の父ともいうべき長岡半太郎博士によって示された (1904)．

これらの仮説に決定的な答えを与えたのが，アルファ線の散乱実験に基づくラザフォード（Rutherford）の原子模型である (1911)．アルファ線は $+2e$ の電荷をもち，ヘリウムのほぼ4倍の質量をもった粒子であるが，ラジウムから放出されるアルファ線が物質を通り抜けるとその方向が曲げられる．電子との相互作用によって重いアルファ線が曲げられるとは考えられず，原子内の正電荷が作る電場によってアルファ線の進路が曲げられたと考えるのが自然である．

したがって，アルファ粒子が正電場によって散乱される様子を調べることで，正電荷の分布に関する情報が得られる．ラザフォードは，正電荷が原子の中心に核となって集中していると仮定した場合のアルファ粒子の散乱（ラザフォードの散乱公式）を計算し，実験結果とよく一致する結果を得た．この成功は，原子の中心に原子全体の重さをほとんど担う原子核が存在し，原子番号 Z に素電荷を掛けた Ze と中和する Z

個の電子がその周りを取り巻いていることを明らかにした．

このような原子模型に基づいて原子の輝線スペクトルを古典的に説明しようとすると困難な問題に直面する．原子の中心に正電荷をもつ核があり，その周りを軽い質量をもつ電子がむらがっているとすると，両者の間には距離の二乗に反比例するクーロン引力が働いているので，電子は核に引き寄せられ，最後には核と合体することになる．

このようなことが起こらないためには，電子はクーロン引力と遠心力がつり合うように，太陽の周りを回る地球のように原子核の周りを回らなけれならない．古典電磁気学によれば，加速度運動する電子は絶えず電磁波を放出してエネルギーを失い，次第に円軌道の半径を小さくしていき，核と合体する．このことを少し詳しく調べるために，図 1.11 の水素原子模型を考えてみよう．

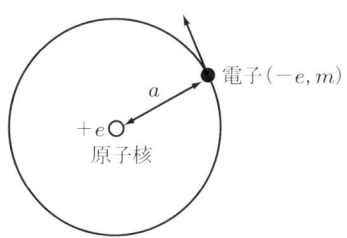

図 **1.11** ラザフォードの水素原子模型

負電荷 $-e$ をもつ質量 m の電子が，正電荷 $+e$ をもつ原子核の周りを半径 a の円軌道を描いて回転しているとすると，電子のエネルギーは運動エネルギーとポテンシャルエネルギーの和で与えられるから，

$$E = \frac{1}{2}mv^2 - \frac{e^2}{4\pi\epsilon_0 a} \tag{1.45}$$

となる．ここで，$\epsilon_0 = 8.8542 \times 10^{-12} \,(\mathrm{F \cdot m^{-1}})$ は真空誘電率である．電子が円運動するためのクーロン引力と遠心力のつり合いは

$$\frac{e^2}{4\pi\epsilon_0 a^2} = m\frac{v^2}{a} \tag{1.46}$$

であるから，両式より v を消去して，

$$E = -\frac{e^2}{8\pi\epsilon_0 a} \tag{1.47}$$

を得る．半径 a に制限はないので，円運動する電子はその軌道半径で決まる連続エネルギーをもつ．円運動の角速度を ω とすると，$v = a\omega$ であるから円運動の周期 T は $a^{3/2}$ に比例する（ケプラーの第 3 法則）．したがって，円運動の半径が小さくなるにつれて周期が減少するので，この円運動によって放出される光の振動数も連続的に変化

し，水素原子が一定の整数で特徴づけられる線スペクトルを示す理由はどこにもない．

1.6　ボーワの水素原子模型

　これらの難問をみごとに解決したのは，当時ラザフォードの研究室にいたボーワ（Bohr）であった．彼はプランクからアインシュタインに至る光量子の発見に大きな影響を受け，光電効果は電子が $h\nu$ のエネルギーを光から吸収する現象であるように，この逆の過程，つまり原子が光を放出するときにも同じような現象が起きているのではないかと考えた．

　ラザフォード模型では，原子核の周りを回っている電子が光を放出してエネルギーを失いながら次第に運動半径を小さくし，最後には原子核に吸い込まれていくことになるが，電子がある円軌道を描いている間は光を放出しない状態（これを**定常状態**という）に居続けると考えた．そして，一つの定常状態から他の定常状態へ変化するときにのみ，そのエネルギー差に相当するエネルギーをもった光を放出すると考えた．すなわち，図1.12 に示すように，電子が E_m のエネルギーをもつ定常状態にあり，$E_n (E_m > E_n)$ のエネルギーの定常状態へ変化するとき（これを状態間の**遷移**という）

$$h\nu = E_m - E_n \tag{1.48}$$

で決定される振動数の光を放出することになる．これを**ボーワの振動数関係**という．したがって，原子は連続スペクトルでなく，一定の振動数をもつ線スペクトルを示す．ボーワはこの考え方の基礎として次のような仮設を導入した．

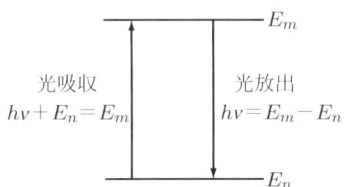

図 1.12　定常状態間の遷移とボーワの振動数条件

1) 電子は原子核の周りを特定の条件で決まる軌道上を回り（つまり，軌道半径 a は任意の値をとり得ない），その軌道にいる間は光を放出しない．
2) 光の放出（あるいは吸収）が起きるのは，これらの特定の軌道間を電子が遷移するときだけである．

　それでは，電子に許された特定の軌道とはどのような条件で決まるのだろうか？　この条件は一般に作用積分の量子化とよばれているが，ここではそのことに深く立ち入

らない．唐突的であるが**定常軌道の量子化条件**として，ボーワは1913年に円軌道を描く電子の角運動量 L の 2π 倍がプランク定数の整数倍に等しい，つまり，

$$2\pi L = 2\pi m v a = nh \qquad (n = 1, 2, 3, \ldots) \tag{1.49}$$

を提案した．これを**ボーワの量子化条件**という[5]．この条件を式 (1.46) に代入すると，円運動の半径はもはや任意ではなく，

$$a_n = \frac{\epsilon_0 h^2}{\pi m e^2} n^2 = a_B n^2 \tag{1.50}$$

$$a_B = \frac{\epsilon_0 h^2}{\pi m e^2} \simeq 0.53 \text{ [Å]}, \tag{1.51}$$

で与えられる a_B（ボーワ半径）を単位とした，とびとびの値のみが許される．これに対応して，エネルギーも連続的ではなく，

$$E_n = -\frac{me^4}{8\epsilon_0^2 h^2} \frac{1}{n^2} = -\frac{13.6}{n^2} \text{ [eV]} \tag{1.52}$$

と，離散的なエネルギーとなる．この状態を特定する n を**量子数**という．この式をボーワの振動数関係式 (1.48) に代入すると[6]，

$$\nu = \frac{me^4}{8\epsilon_0^2 h^3} \left(\frac{1}{n'^2} - \frac{1}{n^2} \right) \tag{1.53}$$

となる．波長は

$$\frac{1}{\lambda} = \frac{\nu}{c} = \left(\frac{1}{n'^2} - \frac{1}{n^2} \right) R_H \tag{1.54}$$

$$R_H = \frac{me^4}{8\epsilon_0^2 h^3 c} = 1.097373 \times 10^7 \text{ [m}^{-1}\text{]} \tag{1.55}$$

となり，リィドベルグの公式 (1.40) と一致する結果が得られた．このようにして謎が解かれた水素原子の周りを回る電子の**エネルギー準位**と，それらの間の遷移によって放出される光の関係を図 1.13 に示す．

たとえば，1885 年にバルマーが見いだしたバルマー系列に属する線スペクトルは，$n = 2$ の準位に上の準位 ($n \geq 3$) から遷移するときに放出される光である．また，エネルギーが最も低い $n = 1$ の状態を一般に**基底状態**とよび，それ以上のエネルギーをもつ $n \geq 2$ の状態を**励起状態**という．$n = 1$ の基底状態のエネルギー

$$E_1 = -13.6 \text{ [eV]} \tag{1.56}$$

を電子の束縛エネルギーとよぶ．いい換えれば，原子核とのクーロン相互作用で捕ら

---

[5] 後で学ぶように運動量 $p = mv$ をもつ電子が波長 λ の波であるとすると，波長の整数倍 $n\lambda$ が円周 $2\pi a$ に等しくなければならないという条件 $2\pi a = n\lambda$ と $p = h/\lambda$ の関係から，この量子化条件を導くことができる．
[6] 電子の質量 m と区別するため式 (1.48) の m のかわりに n' を使う

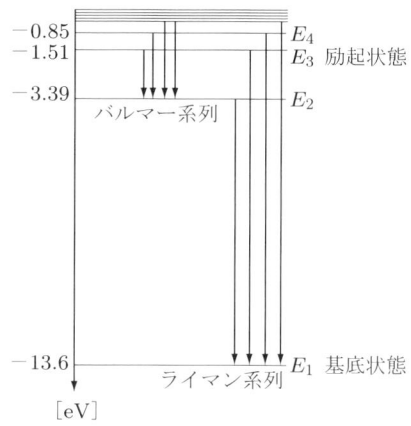

図 1.13 水素原子のエネルギー準位と輝線スペクトル

えられている最低エネルギー状態にある電子を解放するには，13.6 eV のエネルギーが必要なことを意味する．このとき，水素原子は電子を失って水素イオン (H^+) になるので，このエネルギーを化学の分野では水素原子のイオン化エネルギーともいう．

アインシュタインが，光の本質として $h\nu$ をエネルギーの単位とした光量子の概念を確立したのと同様に，ボーアは電子に対して離散的なエネルギーのみが許される量子状態の存在を明らかにした．これらはいずれもエネルギーの連続性という古典物理学に対峙する新しい物理的世界の発見にほかならない．しかし，これらの理論は，古典論に反する仮定に基づきながらも，基本的な計算はあくまでも古典的な方法に頼る『前期量子論』とよばれ，量子力学の確立にはまだ多くの解決しなければならない問題が残されていたのである．

1.7　物質波と電子線回折

光が干渉，回折，屈折などの現象を示す波であると同時に，光電効果やコンプトン散乱の実験から $h\nu$ というエネルギー量子をもつ粒子であるという事実が明らかになった．このような**光の波動と粒子の二重性**が，それまでは疑いもなく粒子と考えられていた電子にもあるのではないのかという大胆な考え方が 1924 年にド・ブロイによって提案された．光の二重性が古典力学や古典電磁気学で説明できない多くの問題を解決するなかで発見されたのとは対照的に，ド・ブロイによる電子の波動性の考えはまったく独創的な発想によるものであった．彼の発想の出発点は，粒子の流れとして考えられている現象が波動の伝搬として考え直せないかということであった．

光の場合，粒子としてのエネルギーと運動量は

$$E = h\nu, \quad p = \frac{h\nu}{c} \tag{1.57}$$

で与えられる．振動数と波長の関係 $\lambda = c/\nu$ を代入すると

$$p = \frac{h}{\lambda} \tag{1.58}$$

が得られる．ド・ブロイは，この関係がすべての物質について成立すると考え，**物質波**とよんだ．質量 m の粒子が速度 v で運動するときの運動量は $p = mv$ であるから，その粒子のエネルギーと波長は

$$E = \frac{1}{2}mv^2 = \frac{1}{2m}p^2, \tag{1.59}$$

$$\lambda = \frac{h}{mv} \tag{1.60}$$

で与えられ，これを**ド・ブロイ波長**とよぶ．式 (1.58) を再度，じっくりと眺めてもらいたい．そもそも運動量という概念は，古典力学において質点系の運動を記述する最も基本的な物理量の一つであり，波長（あるいは振動数）は波動の性質を特徴づける波に固有の物理量である．これらのまったく異質な物理量が，プランク定数を介して等号で結びつけられている式 (1.58) は，驚き以外の何ものでもない．

前にも述べたように，プランク定数はそもそも空洞輻射のスペクトルをプランク公式に合わせるために決定されたパラメータであった．このプランク定数に，光と電子がともに波動と粒子の性質をもっているという二重性の本質が隠されてたとはプランク自身，予想さえしなかったのである．また，ド・ブロイ波の考えは，いわば**自然の調和と統一性**という思考上から導かれたものであり，何の実験事実の裏づけもなかったことを強調しておく．

自然の調和と統一性は，ド・ブロイの大胆な発想を裏切らなかった．しかも，それが偶然に発見されたのはあまりにも有名な話である．1921 年頃からアメリカのベル電話研究所でデビソンとガーマー（Davison, Germer）は金属の結晶に陰極線をあて，電子散乱の研究を行っていた．彼らは，ラザフォードがアルファ線の散乱によって原子内部の正電荷分布の情報を得たように，原子内に存在する電子殻による電場を調べようとしていた．1925 年にニッケルの結晶を用いて実験を行っている最中に，ニッケルの標的板が熱くなりすぎて真空容器が爆発してこわれてしまい，ニッケルの表面が空気で酸化してしまった．そこで表面の酸化膜を除去して清浄表面を得るために，真空中で熱処理した後，再び実験を再開した．この試料を用いた実験結果は以前の結果と大きく異なり，電子散乱の角度分布がある特定の方向でピークを示したのである．

54 eV に加速した電子を試料に対して，垂直に入射させたときに散乱される電子強

度の方向依存性の結果を実験配置とともに図1.14に示す．図から明らかなように，電子線の散乱強度はある特定の角度で規則的なピークを示している．実は，それ以前にも白金で散乱された電子線の角度分布に特徴的な構造を観測していたが，そのときは，白金の原子内に存在する電子殻の影響によると考えていた．しかし，同じ試料を用いながら熱処理の前後で大きく散乱強度の特性に違いがあることから，彼らは当初考えていた原子内部の構造にその原因を求めることがまちがいであることに気がついたのである．すなわち，真空容器の爆発という偶然の事故のおかげで，初めに用いた多結晶ニッケルが熱処理によって原子が規則正しく配列した単結晶に変化し，この単結晶を用いたことが電子線散乱分布の特徴的なピーク構造に重大な意味をもっていたのである．

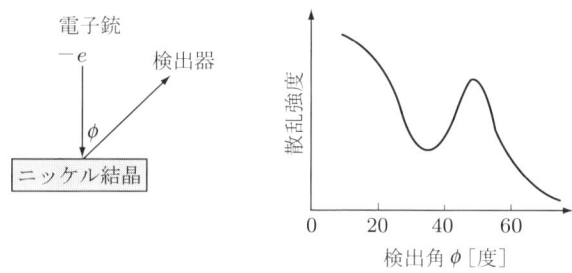

図 **1.14** 電子散乱（回折）の配置と散乱強度の角度分布

彼らはこれにヒントを得て，それ以後，単結晶基板を用いた実験を1927年に完成し，ド・ブロイの物質波の予言が正しかったことを実験的に証明するのであるが，この現象をはじめて観察したとき，彼らはド・ブロイの理論を知らなかったそうである．このデビソンとガーマーの実験結果に隠されている本質的な意味を理解するためにはX線回折の理論に触れておかなければならない．

レントゲン（Röntgen）によるX線の発見（1895）は，物理学の歴史のなかでもっとも重大な発見の一つである．1912年にラウエ（Laue）は，X線が波長の非常に短い電磁波であるなら，数オングストロームの間隔をもつ結晶中の規則正しい原子配列による回折が観測できると考え，X線回折が有力な結晶構造解析手段であることを示した．その後，1913年にブラッグ（Bragg）は，簡単な回折模型を用いて有名なブラッグ条件を導いた．図1.15で示すように，面間隔 d で規則正しく並んだ格子定数 a の原子面に，波長 λ のX線が原子面と θ の角度で入射すると考える．二つの格子面で反射したX線の光路差が波長の整数倍であるとき，つまり

$$2d\sin\theta = n\lambda \quad (n = 1, 2, 3, \ldots) \tag{1.61}$$

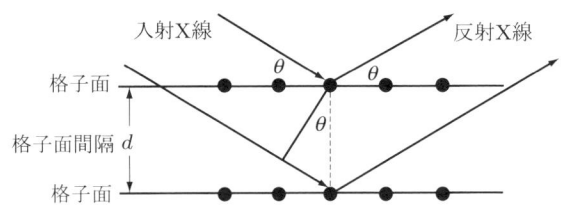

図 1.15 規則正しく原子が並んだ結晶による X 線のブラッグ反射

のブラッグ条件が満足されるとき，X 線の回折強度が強くなる．

デビソンとガーマーの実験結果は，まさに X 線回折と同じ現象が電子線でも起きていることを示していたのである．V ボルトの電圧で加速された電子の速度は

$$\frac{1}{2}mv^2 = \frac{1}{2m}p^2 = eV \tag{1.62}$$

であるから，$p = \sqrt{2meV}$ を式 (1.58) に代入すると，電子のド・ブロイ波長は

$$\lambda = \frac{h}{p} = \frac{h}{\sqrt{2meV}} \simeq \sqrt{\frac{150}{V}} \; [\text{Å}] \tag{1.63}$$

で与えられる．たとえば，100 V で加速した電子線の波長は，1.22 Å であるから X 線と同様に規則正しく並んだ原子による回折現象が観測できる．デビソンとガーマーの電子線散乱（いまはあえて散乱とよぶ）の実験（垂直入射）に対するブラッグ条件は

$$\lambda = a \sin \phi \tag{1.64}$$

である．この式にニッケルの格子定数 $a = 2.15\,\text{Å}$ と，デビソンとガーマーが初めて観測した散乱分布のピーク角 $\phi = 50°$ を代入すると，$\lambda = 1.65\,\text{Å}$ となる．一方，実験に用いられた電圧 54 V を式 (1.63) に代入すると，$\lambda = 1.66\,\text{Å}$ となり，よく一致している．さらに，電子線散乱分布が極大となる角度を X 線散乱の場合と比較すると，両者は完全に一致していた．X 線散乱の角度分布は原子によって散乱された X 線の波がお互いに干渉して，強め合ったり弱め合ったりする結果であり，それと同じ角度分布が観測されたことは，電子線も X 線と同じく波に特有な回折現象を起こしている証拠である．

電子線の回折現象は，今日 X 線回折とともに結晶の構造を調べる最も有力な方法として用いられている．とくに，数十 eV から数百 eV での低エネルギーの電子線を結晶表面に垂直に入射させる低速電子線回折（low energy electron diffraction；LEED）と，10～50 keV の高エネルギー電子線を試料表面にきわめて浅い角度で入射させる反射高速電子線回折（reflection high energy electron diffraction；RHEED）は，固体表面の構造解析に欠かすことができない．LEED では，入射電子の可干渉距離がきわ

めて短く（通常の LEED では 10〜20 nm），RHEED では電子線を試料に対してすれすれに入射させるので表面から数原子層しか侵入せず，いずれも結晶の表面構造を敏感に反映した特徴的な回折パターンを示す．

電子線回折を用いてもっとも詳しく研究されている具体例として，代表的な半導体であるシリコン（Si）の（111）表面で観測される LEED および RHEED パターンを図 1.16 (a)，(b) に示す．このような回折パターンが観測される表面構造の詳細は，同じ表面を走査トンネル顕微鏡で観測した結果を紹介する 5.3.3 項に譲ることとするが，LEED では六角形の各頂点の強い 7 個のスポットが，RHEED では半円球状に並んだ 7 個ごとに強いスポットが観測され，Si（111）表面が 7×7 超構造とよばれている特有な 7 倍周期の構造をもっていることを示している．

(a) Si（111）清浄表面の LEED パターン（電子線の加速電圧：120 V）

(b) Si（111）清浄表面の RHEED パターン（電子線の加速電圧：15 kV）

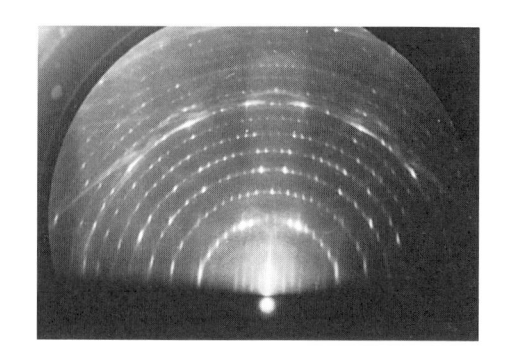

図 1.16

最後に，ド・ブロイによる電子の波動性に基づいて，再度ボーアの量子化条件 (1.49) を眺めてみよう．水素原子の周りを円軌道を描いて回っている電子を波動的に考え，原子内部でド・ブロイ波の一つが一つの円形の道に沿って伝搬していると考える．円に沿って進行する波が安定に存在するためには，円周が波長の整数倍でなければならないので，

$$2\pi a = n\lambda \qquad (n = 1, 2, 3, \ldots) \tag{1.65}$$

がその条件である．これは両端固定の長さ d の弦の固有振動の波長が $\lambda = 2d/n$ で与えられるのと同様である．ところで，運動量と波長には $p = h/\lambda$ の関係があるので，ボーアが円軌道を描く電子に課した定常状態の条件式 (1.49) と一致する関係を得ることができる．つまり，ボーアに二十世紀最大の物理学における発見であることを強調するとともに，光の粒子性と電子の波動性に基づく"量子論"が従来の"古典論"と

対峙しているのではなく，量子論は古典論をも内包していることを付してこの章を終え，次章から「量子力学の世界」に入っていくことにする．

練習問題

[**1.1**] プランクの輻射公式を用いて輻射の全エネルギー密度

$$P(T) = \int_0^\infty I(\nu, T) d\nu,$$

が T^4 に比例すること（これをステファン–ボルツマンの法則という）を証明せよ．

[**1.2**] 式 (1.22) を証明せよ．ヒント：分母は初項が 1, 公比 $e^{-\epsilon/kT}$ の無限級数の和である．分子は $n\epsilon e^{-n\epsilon/kT} = d/d(-1/kT)e^{-n\epsilon/kT}$ の関係を利用する．

[**1.3**] 仕事関数が 4.5 eV の金属から光電効果で電子を飛び出させるのに必要な光の限界波長を求めよ．この金属に 2100 Å の波長の光を照射するときに飛び出してくる光電子を止めるのに必要な電圧と飛び出してくる光電子の最大速度を求めよ．

[**1.4**] 図 1.14 と同じ実験配置のもとである単結晶に 50 V で加速した電子線を照射したところ $\phi = 45°$ で回折強度が最大を示した．この結晶の面内格子定数を求めよ．

[**1.5**] 水素原子の周りを回る $n = 1$ の状態の電子の速度を計算せよ．

[**1.6**] 速度 10^6 m/s で運動している電子の運動エネルギーと波長を求めよ．

[**1.7**] 300 K で熱平衡にある中性子の速度（運動量）をエネルギー等分配の法則から求め，さらにこのときの中性子のド・ブロイ波長を計算せよ．

[**1.8**] 電子線を用いてヤングの干渉実験をしたとする．運動量 p をもつ電子線をスリット間隔 w の二つのスリットを通して，L だけ離れたスクリーン上に干渉模様ができるとき，その間隔 d を求めよ．50 kV で加速した電子線について $w = 1\,\mu\text{m}$, $L = 40$ cm のときの d を計算せよ．

2 量子力学の基礎

前章において歴史的に実験事実からプランクの量子仮説，アインシュタインの光量子仮説，ボーアの原子模型やド・ブロイの物質波仮説に代表されるいくつかの「仮説」が提案されてきたことを学んだ．本章ではこれら一見バラバラに見える「仮説」を統一する一つの理論体系として，量子力学の基礎を序文でも触れたように"工学系のための …"とあえて題した本書の目的に沿って，あまり深入りすることは避けたい．古典的な波動方程式と物質波の概念を組み合わせることで得られ，波動としての電子の運動を記述するシュレーディンガー方程式の解である粒子の波動関数とは何なのか，粒子の位置や運動量，あるいはエネルギーがどのようにして求められるのか，を学ぶことにする．

2.1 波動の基本的性質

池に石を投げ入れると円形の波が水面上に広がっていったり，空気中を音が伝わる波動現象は，水面の上下運動や空気の密度などの物理量が空間を伝搬する現象であり，波を伝える媒質は同じ位置で振動を繰り返し，その変位が波の進行方向に移動していく．一見矛盾するような"波動としての粒子（電子）"の性質を学ぶ前に，簡単に波動の性質を復習しておこう．

2.1.1 位相速度と群速度，波数

簡単のため，一次元の場合を考えると，波の伝搬を記述する波動方程式は

$$\frac{\partial^2 y}{\partial t^2} = v^2 \frac{\partial^2 y}{\partial x^2}, \tag{2.1}$$

で与えられ，その一般解と性質は図 2.1 に描いたように x の正方向に進む波長 λ，振動数 ν の正弦波

$$y = A\cos\left\{2\pi\left(\frac{x}{\lambda} - \nu t\right) + \delta\right\} = A\cos(kx - \omega t + \delta) \tag{2.2}$$

で理解できる．ここで，A は振幅，δ は位相定数であり，2π 単位長の中の波の数を表す波数 k と角振動数 ω には

$$\omega = 2\pi\nu, \qquad k = \frac{2\pi}{\lambda} \tag{2.3}$$

の関係がある．式 (2.2) を

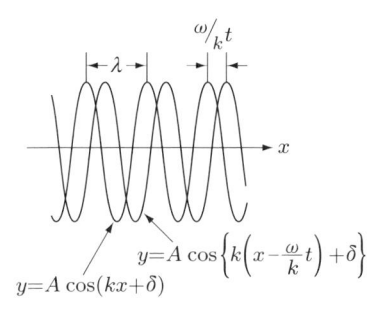

図 2.1 一次元の進行波

$$y = A\cos\left\{k\left(x - \frac{\omega}{k}t\right) + \delta\right\} \tag{2.4}$$

と書き直せばわかるように，時間 t の間に波形を変えずに波の波面が ω/k の速度で動いているので

$$v_p = \frac{\omega}{k} \tag{2.5}$$

を波の位相速度 (phase velocity) と呼ぶ．

さて，一般の波形は種々の正弦波の重ね合わせとして表すことができるが，波形がその形を変えずに進むということは，正弦波がすべて同じ位相速度をもっていることを意味している．しかし，波の速さが振動数や波長によって異なる媒質（これを分散性媒質という）では，波形は波が進むに連れて変化する．このような場合に，波の移動速度はどのようにして決められるのだろうか．

簡単のために，ほぼ同じ振動数と波長をもつ同じ振幅の進行波

$$y_1 = A\cos(kx - \omega t), \quad y_2 = A\cos\{(k + \delta k)x - (\omega + \delta\omega)t\} \tag{2.6}$$

の重ね合わせを考える．ただし，$\omega \gg \delta\omega$, $k \gg \delta k$ としておく．

$$\begin{aligned} y &= y_1 + y_2 \\ &= 2A\cos\frac{\delta k}{2}\left(x - \frac{\delta\omega}{\delta k}t\right) \times \cos\left\{k\left(x - \frac{\omega}{k}t\right) + \frac{1}{2}(\delta k x - \delta\omega t)\right\} \end{aligned} \tag{2.7}$$

となるので，図 2.2 で示すように合成波は

$$v_g = \frac{\delta\omega}{\delta k} \tag{2.8}$$

の速さで x の正方向に進む波を表すので，ω を k の関数とすれば，各成分波の位相速度とは異なる**群速度** (group velocity)

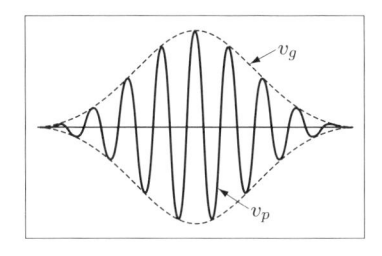

図 2.2 位相速度と群速度

$$v_g = \frac{d\omega}{dk} \tag{2.9}$$

で進んでいく．

このような位相速度と群速度の違いを，前章で学んだ物質波について考えてみよう．ド・ブロイの物質波の概念に従えば，運動量 p をもつ質量 m の粒子のエネルギーは式 (1.38) と (2.3) から

$$E = \frac{p^2}{2m} = \frac{1}{2m}\left(\frac{h}{\lambda}\right)^2 = \frac{\hbar^2 k^2}{2m} = \hbar\omega, \quad \hbar = \frac{h}{2\pi} \tag{2.10}$$

と表されるので，物質波の振動数と波数には次の分散関係が成立する．

$$\omega = \frac{\hbar}{2m}k^2 \tag{2.11}$$

このとき位相速度は式 (2.5) から

$$v_p = \frac{\hbar k}{2m} \tag{2.12}$$

となるので，波面の進行速度を表す v_p が波長 $\lambda = 2\pi/k$ によって変化する．運動量と波数の関係 $p = \hbar k$ を上式に代入すれば，$p = 2mv_p$ となって，古典力学との対応がおかしなことになる．一方，群速度の定義式 (2.9) を用いると

$$v_g = \frac{d\omega}{dk} = \frac{\hbar k}{m} \tag{2.13}$$

から，$p = mv_g$ が得られるので，物質波としての粒子の速度がド・ブロイ波の群速度に対応していることがわかる．

2.1.2 平面波

以上，x 方向に伝わる一次元の波を考えたが，三次元でもある一点で発生した球面波も波源から十分に離れたところでは，近似的に位相が同一の面，つまり波面が平面な波（平面波；plane wave）となり（図 2.3），一般的に

$$\Psi(\boldsymbol{r}, t) = Ae^{i(\boldsymbol{k}\cdot\boldsymbol{r} - \omega t)} \tag{2.14}$$

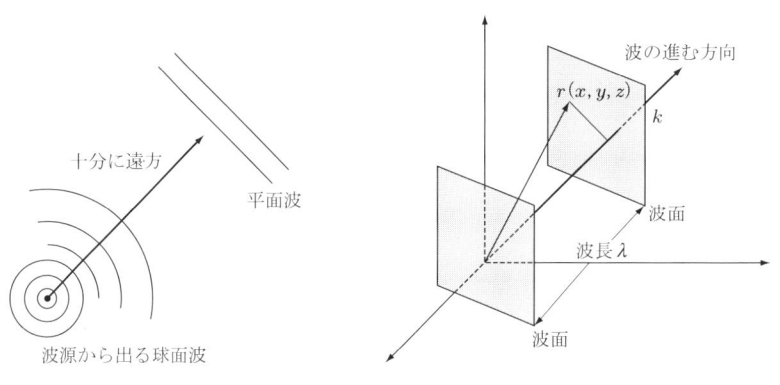

図 2.3 球面波と平面波

図 2.4 平面波の波面と波数ベクトル

と表される．ここで，定数 A は波の振幅，$\boldsymbol{r} = (x, y, z)$ は波面上の任意の点の位置ベクトル，$\boldsymbol{k} = (k_x, k_y, k_z)$ は波数ベクトルである（図 2.4）．平面波では $\Psi(\boldsymbol{r}) = $ 一定 の点は

$$k_x x + k_y y + k_z z = 一定 \tag{2.15}$$

の平面になっているので，原点を通る波面 $k_x x + k_y y + k_z z = 0$ から一波長離れた波面 $k_x x + k_y y + k_z z = 2\pi$ の距離，つまり波長 λ は

$$\lambda = \frac{2\pi}{\sqrt{k_x^2 + k_y^2 + k_z^2}} = \frac{2\pi}{|\boldsymbol{k}|} \tag{2.16}$$

となることから，一次元の場合と同様に $\boldsymbol{k}$ は波面の進行方向に沿って $2\pi/\lambda$ の大きさをもつ波数ベクトルであることがわかる．

2.2 粒子の波動方程式 －シュレーディンガー方程式－

　古典的な意味での波動の性質は波動方程式で，粒子の運動はニュートンの運動方程式で記述される．粒子に力が働けばその軌道は変化するが，"（物質）波に力が働く"というのはどう理解すればいいのだろうか．そして，電子を含む物質波の性質（運動）はどのような方程式によって記述されるのであろうか．これは，物質波の存在を予言したド・ブロイ自身にも未解決の問題であった．

　ド・ブロイの物質波仮説は以下のように要約される．いくつかの実験事実から，電子や光は，粒子（運動量 $\boldsymbol{p}$，エネルギー E）であると同時に波（波数 $\boldsymbol{k}$，角振動数 ω）としての性質をもち，それらは，

$$\boldsymbol{p} = \hbar \boldsymbol{k} \tag{2.17}$$

$$E = \hbar\omega \tag{2.18}$$

なる関係式で結ばれている．ここで，両式共に左辺は粒子としての物理量，右辺は波としての物理量を表し，それがプランク定数 $\hbar$ を介して等式で結ばれていることに注目して欲しい．

式 (2.14) の平面波を用いると，

$$-i\hbar\nabla\Psi(\boldsymbol{r},t) = \hbar\boldsymbol{k}\Psi(\boldsymbol{r},t) = \boldsymbol{p}\Psi(\boldsymbol{r},t) \tag{2.19}$$

$$i\hbar\frac{\partial}{\partial t}\Psi(\boldsymbol{r},t) = \hbar\omega\Psi(\boldsymbol{r},t) = E\Psi(\boldsymbol{r},t) \tag{2.20}$$

を得る．ここに，ナブラ ∇ はベクトル演算子で $\nabla = (\partial/\partial x, \partial/\partial y, \partial/\partial z)$ を表す．つまり，ド・ブロイの関係式は

$$-i\hbar\nabla \quad \longleftrightarrow \quad \boldsymbol{p} \tag{2.21}$$

$$i\hbar\frac{\partial}{\partial t} \quad \longleftrightarrow \quad E \tag{2.22}$$

なる関係を示唆している．一方，粒子としての立場から，エネルギーと運動量は外力が働いていない自由粒子のエネルギーは，

$$E = \frac{p^2}{2m} \tag{2.23}$$

で与えられる．上で述べた平面波が自由粒子に対応していると**仮定**して式 (2.21) と (2.22) を用いると，エネルギーについて

$$E = \frac{p^2}{2m} \longleftrightarrow i\hbar\frac{\partial}{\partial t} = -\frac{\hbar^2}{2m}\nabla^2 \tag{2.24}$$

なる対応関係が想像される．この右側の式は演算子間の関係なので，何かに作用させる必要がある．それを，特に平面波とは限らずに，ある特定の状態を表す波動関数とよぶことにして，改めて $\Psi(\boldsymbol{r},t)$ と書くことにすれば，

$$i\hbar\frac{\partial}{\partial t}\Psi(\boldsymbol{r},t) = -\frac{\hbar^2}{2m}\nabla^2\Psi(\boldsymbol{r},t) \tag{2.25}$$

となる．

ド・ブロイの物質波の着想が発表されてから約 1 年後の 1926 年に，シュレーディンガー（Schrödinger）は自由粒子の場合だけでなく，一般的に外力ポテンシャル $V(\boldsymbol{r})$ が働いている場合についても成り立つと仮定した

$$i\hbar\frac{\partial}{\partial t}\Psi(\boldsymbol{r},t) = \left(-\frac{\hbar^2}{2m}\nabla^2 + V(\boldsymbol{r})\right)\Psi(\mathrm{r},t) \tag{2.26}$$

を一見矛盾したような**粒子の従う波動方程式**として提案した．古典的な波動方程式の

解が弦の固有振動や振動数を与えるように，粒子に対してもボーアの提唱した定常状態（固有状態）とそのエネルギー準位（固有値）を与え，ド・ブロイ波の伝搬を記述する波動方程式が存在するはずであると考えたのである．

このことを少し詳しくみるために，式 (2.1) を三次元の場合の拡張した古典的な波動方程式

$$\nabla^2 \Psi(\boldsymbol{r},t) = \frac{1}{v^2}\frac{\partial^2}{\partial^2 t}\Psi(\boldsymbol{r},t) \tag{2.27}$$

$$\nabla^2 = \frac{\partial^2}{\partial x^2} + \frac{\partial^2}{\partial y^2} + \frac{\partial^2}{\partial z^2} \tag{2.28}$$

から出発することにする．

この波動方程式の解 $\Psi(\boldsymbol{r},t)$ は，座標と時間の関数で表される物理量（電磁場，空気の密度，媒質の変位など）の変化が次々と周囲に伝わる波を記述するが，これをそのまま粒子に対しても適用する．ただし，物質波に対して $\Psi(\boldsymbol{r},t)$ が何を表しているかは，しばらく問わないことにする．

式 (2.27) の左辺は座標に関する微分のみ，右辺は時間に関する微分のみを含んでいるので，$\Psi(\boldsymbol{r},t)$ が時間と空間について変数分離することができ，座標のみに依存する関数 $\varphi(\boldsymbol{r})$ と時間のみに依存する関数 $T(t)$ の積

$$\Psi(\boldsymbol{r},t) = \varphi(\boldsymbol{r})T(t) \tag{2.29}$$

で表されると考える．これを式 (2.27) へ代入し，両辺を $\Psi(\boldsymbol{r},t)$ で割ると，

$$\frac{1}{\varphi(\boldsymbol{r})}\nabla^2\varphi(\boldsymbol{r}) = \frac{1}{v^2 T(t)}\frac{d^2}{dt^2}T(t) \tag{2.30}$$

を得る．この式の左辺は $\boldsymbol{r}$ のみの関数，右辺は t のみの関数であるから，等号が成立するためには，それぞれがある定数に等しくなければならない．仮に，この定数を C とすると

$$\nabla^2\varphi(\boldsymbol{r}) = C\varphi(\boldsymbol{r}) \tag{2.31}$$

$$\frac{d^2}{dt^2}T(t) = v^2 C T(t) \tag{2.32}$$

となる．$T(t)$ として振動数 ν の単振動

$$T(t) = e^{-2\pi i\nu t} \tag{2.33}$$

を仮定する．これを式 (2.32) に代入して $v = \lambda\nu$ の関係を利用すると，$C = -4\pi^2/\lambda^2$ を得るので，式 (2.31) に代入して

$$\nabla^2\varphi(\boldsymbol{r}) + \frac{4\pi^2}{\lambda^2}\varphi(\boldsymbol{r}) = 0 \tag{2.34}$$

を得る．この式は波長 λ の波の空間成分を記述する古典的な波動方程式である．

物質波としての粒子の運動量と波長には，$p = h/\lambda$ の関係があるので，この関係を用いると

$$\nabla^2 \varphi(\boldsymbol{r}) + \frac{p^2}{\hbar^2} \varphi(\boldsymbol{r}) = 0 \tag{2.35}$$

と書き直すことができる．

また，$p = h/\lambda$ と $k = 2\pi/\lambda$ を組み合わせると，ド・ブロイの関係式 (2.17) が得られる．一見簡単なこの関係こそ，物質波（電子）の粒子性と波動性を結びつけるもっとも重要な式である．すなわち，電子の粒子性を表す運動量 $\boldsymbol{p}$ と，波動とみなしたときの波数ベクトル $\boldsymbol{k}$ が，プランク定数を比例定数として等号で結ばれているこの関係こそ，光と粒子性を表すプランクの量子仮説の式 (1.25) や光電効果に関するアインシュタインの関係式 (1.29) とならんで，量子論的世界を特徴づけるもっとも重要かつ基本的な関係式である．

さて，粒子の力学的エネルギーは一般に運動エネルギーとポテンシャルエネルギーの和

$$E = \frac{p^2}{2m} + V(\boldsymbol{r}) \tag{2.36}$$

で与えられるので，式 (2.35) と (2.36) から p^2 を消去すると，粒子の従う波動方程式として**時間に依存しないシュレーディンガー方程式**とよばれる

$$\left\{ -\frac{\hbar^2}{2m}\nabla^2 + V(\boldsymbol{r}) \right\} \varphi(\boldsymbol{r}) = E\varphi(\boldsymbol{r}) \tag{2.37}$$

が得られる．ここで

$$H = -\frac{\hbar^2}{2m}\nabla^2 + V(\boldsymbol{r}) \tag{2.38}$$

をハミルトニアン演算子（または，単にハミルトニアン）と定義すると，上式は

$$H\varphi(\boldsymbol{r}) = E\varphi(\boldsymbol{r}) \tag{2.39}$$

と簡単に書くことができる．

一方，アインシュタインの光量子仮説が粒子に対しても成立すると仮定し，

$$E = h\nu = \hbar\omega \tag{2.40}$$

を式 (2.33) に代入すると，式 (2.29) は

$$\Psi(\boldsymbol{r}, t) = \varphi(\boldsymbol{r})e^{-iEt/\hbar} \tag{2.41}$$

と書ける．この両辺を t で偏微分すると

$$i\hbar \frac{\partial}{\partial t}\Psi(\boldsymbol{r}, t) = E\Psi(\boldsymbol{r}, t) \tag{2.42}$$

$$\left\{-\frac{\hbar^2}{2m}\nabla^2 + V(\boldsymbol{r})\right\}\Psi(\boldsymbol{r},t) = E\Psi(\boldsymbol{r},t) = i\hbar\frac{\partial}{\partial t}\Psi(\boldsymbol{r},t) \tag{2.43}$$

となり，式 (2.26) が得られる．シュレーディンガーはポテンシャルエネルギーが時間に依存する $V(\boldsymbol{r},t)$ に対して，$\Psi(\boldsymbol{r},t)$ が式 (2.41) のような簡単な形で書けない場合でも式 (2.43) が成立すると考え，

$$\left\{-\frac{\hbar^2}{2m}\nabla^2 + V(\boldsymbol{r},t)\right\}\Psi(\boldsymbol{r},t) = i\hbar\frac{\partial}{\partial t}\Psi(\boldsymbol{r},t) \tag{2.44}$$

をニュートンの運動方程式に対応する粒子の波動方程式として提案した．これを**時間に依存するシュレーディンガー方程式**とよぶ．

古典力学との対応についてまとめると，古典力学で粒子の力学的エネルギーは

$$\frac{1}{2m}(p_x^2 + p_y^2 + p_z^2) + V(\boldsymbol{r},t) = E \tag{2.45}$$

であるから，この両辺に右から $\Psi(\boldsymbol{r},t)$ をかけると，

$$\left\{\frac{1}{2m}(p_x^2 + p_y^2 + p_z^2) + V(\boldsymbol{r},t)\right\}\Psi(\boldsymbol{r},t) = E\Psi(\boldsymbol{r},t) \tag{2.46}$$

となる．ここで，運動量 (p_x, p_y, p_z) を次のような微分演算子に対応させる．

$$p_x \leftrightarrow -i\hbar\frac{\partial}{\partial x}, \quad p_y \leftrightarrow -i\hbar\frac{\partial}{\partial y}, \quad p_z \leftrightarrow -i\hbar\frac{\partial}{\partial z}, \tag{2.47}$$

つまり，

$$\boldsymbol{p} \leftrightarrow -i\hbar\nabla \tag{2.48}$$

さらに，エネルギー E を

$$E \leftrightarrow i\hbar\frac{\partial}{\partial t} \tag{2.49}$$

で置き換える．したがって，古典力学における運動量 $\boldsymbol{p}$ を演算子 $-i\hbar\nabla$ で置き換えたハミルトニアン（式 (2.38)）を用いると，式 (2.43) のシュレーディンガー方程式は

$$H\Psi(\boldsymbol{r},t) = E\Psi(\boldsymbol{r},t) = i\hbar\frac{\partial}{\partial t}\Psi(\boldsymbol{r},t) \tag{2.50}$$

と書け，$\Psi(\boldsymbol{r},t)$ と E をそれぞれ H に対する**波動関数**（wave function）および**エネルギー固有値**とよぶ．

ここで強調しておかなければならないことは，シュレーディンガー方程式は何らかの根本原理に基づいて導かれた式ではなく，古典的な波動方程式と物質波の概念を単に組み合わせただけであるということである．粒子の波動性という自然の世界が本当にシュレーディンガー方程式で記述され，その解である $\Psi(\boldsymbol{r},t)$ が果たしてどのような意味をもち，われわれの観測とどのように関係しているかは，具体的な問題に適用

してはじめてその妥当性が検証されるのである.

2.3 波動関数

　古典力学では運動方程式を解くことによって，粒子の位置と速度が時間の関数として**一義的**に決まる．ところが，波動に対しては**波の存在する位置**という表現は意味をもたず，軌道という概念も成立しない．では，粒子の物質波としての性質を決める波動関数とはどのような意味をもっているのだろうか．

　シュレーディンガーは，物質波として記述される粒子は**空間的な広がり**をもち，波動関数はその密度を表していると考えた．もし，そうだとすると，空間的に広がった波動関数で記述される粒子の位置を，何らかの方法で観測した瞬間にその粒子の波動関数はその一点に収縮することになり，決して広がった分布を見ることはできない．別の言い方をすれば，**観測**という行為で波動関数の振舞いが急変することになる．電子が粒子としての振舞いと，波としての振舞いを示す実体であるとするならば，その波動関数にはどのような意味があるのかは『量子力学における観測の問題』として現在でもいくつかのパラドックスが未解決であるが，ここではこの問題に深入りしない．

　古典波動力学における波動関数とは異なり，量子力学では波動関数それ自身が測定の対象となる物理量を表しているのでなく，波動関数は物質の**確率波**であるという考えが1926年にボルン（Born）によって提案された．それによると，波動関数 $\Psi(\boldsymbol{r},t)$ が与えられたとき，時刻 t で点 $\boldsymbol{r}=(x,y,z)$ を含む微小体積 $d\boldsymbol{r}=dxdydz$ に粒子をみいだす確率は，その絶対値の二乗

$$|\Psi(\boldsymbol{r},t)|^2 d\boldsymbol{r} \tag{2.51}$$

に比例する．つまり，Ψ それ自身ではなく，$|\Psi|^2$ にわれわれの観測に対応する物理的意味を与えるのである．いま，その比例係数を c とすれば，粒子をみいだす確率は

$$\rho(x,y,z,t) = c|\Psi(\boldsymbol{r},t)|^2 d\boldsymbol{r} \tag{2.52}$$

で与えられる（図2.5）．粒子が存在する全空間にわたって積分すれば，粒子はかならずどこかにみいだされるので，

$$\int \rho(\boldsymbol{r},t) d\boldsymbol{r} = 1 \tag{2.53}$$

を満足する．したがって，ある時刻 t で粒子を点 $\boldsymbol{r}$ にみいだす確率は

$$\rho(x,y,z,t) = \frac{|\Psi(\boldsymbol{r},t)|^2}{\int |\Psi(\boldsymbol{r},t)|^2 d\boldsymbol{r}} \tag{2.54}$$

で与えられ，これを粒子の**存在確率**と定義する．また，$\Psi(\boldsymbol{r},t)$ がシュレーディンガー

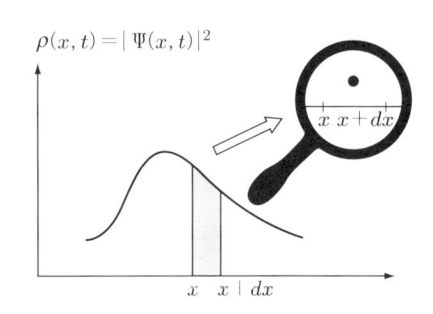

図 2.5 粒子の存在確率

方程式の解であるなら，それに定数 $\sqrt{c}$ をかけた $\sqrt{c}\Psi(\boldsymbol{r},t)$ も解であるから，これを改めて $\Psi(\boldsymbol{r},t)$ と書けば

$$\int |\Psi(\boldsymbol{r},t)|^2 d\boldsymbol{r} = 1 \tag{2.55}$$

とすることができ，これを**波動関数の規格化**という．

時間を含むシュレーディンガー方程式で，ポテンシャルが時間に依存しない場合には，波動関数は式 (2.41) で与えられるので，

$$\rho(\boldsymbol{r},t) = |\Psi(\boldsymbol{r},t)|^2 = |\varphi(\boldsymbol{r})|^2 \tag{2.56}$$

となり，存在確率は時間に依存しない．このような状態のことを**定常状態**という．

2.4 固有関数と固有値

一般に，ある物理量 A に対応する演算子 $\hat{A}$ を関数 φ に作用させて

$$\hat{A}\varphi(\boldsymbol{r}) = a\varphi(\boldsymbol{r}) \tag{2.57}$$

となるとき，$\varphi(\boldsymbol{r})$ を $\hat{A}$ の**固有関数**（eigen-function），a を**固有値**（eigen-value）とよぶ．以下，とくに断わらない限り φ は規格化

$$\int \varphi(\boldsymbol{r})^* \varphi(\boldsymbol{r}) d\boldsymbol{r} = 1 \tag{2.58}$$

されているとして，$\varphi(\boldsymbol{r})$ を単に φ と書くことにする．式 (2.57) の両辺に左から φ^* をかけ[1]，全空間で積分すれば

---

1) $\hat{A}$ はその右にある関数 φ に作用する演算子であるから，右から φ^* を掛け，$\hat{A}\varphi\varphi^*$ とすると，$\hat{A}$ が $\varphi\varphi^*$ 全体に作用することと混乱するので，掛ける前後の固有方程式を等価にするために，左から掛けるのである．もちろん，$(\hat{A}\varphi)\varphi^*$ と書いて，$\hat{A}$ は φ にのみ作用するとすれば同じことであるが，一般的にこのような標記は用いない．

$$a = \int \varphi^* \hat{A} \varphi d\boldsymbol{r} \tag{2.59}$$

となり,"φ で記述される状態で粒子の物理量 A を測定したとすれば,その固有値 a が確定値として得られる"ことを意味している.

時間に依存しないシュレーディンガー方程式

$$H\varphi = E\varphi \tag{2.60}$$

の両辺に左から φ^* をかけて,全空間で積分すると

$$\int \varphi^* E \varphi d\boldsymbol{r} = \int \varphi^* H \varphi d\boldsymbol{r} \tag{2.61}$$

E は座標に依存しないから積分の外にだして規格化条件を用いると,エネルギー固有値は

$$E = \int \varphi^* H \varphi d\boldsymbol{r} \tag{2.62}$$

で与えられる.

また,一次元平面波の波動関数は C を定数として

$$\Psi(x,t) = C \exp\left[\frac{i}{\hbar}(p_x x - Et)\right], \quad E = \hbar\omega, \quad \hbar k_x = p_x \tag{2.63}$$

を x について微分すると,

$$\frac{\partial \Psi(x,t)}{\partial x} = i\hbar^{-1} p_x \Psi(x,t) \tag{2.64}$$

となるので,

$$-i\hbar \frac{\partial \Psi(x,t)}{\partial x} = p_x \Psi(x,t) \tag{2.65}$$

と書き直せることから,この波動関数 $\Psi(x,t)$ は運動量演算子 $-i\hbar\nabla_x$ の固有関数であり,その固有値は p_x であることを意味している.同様に,波動関数 $\Psi(x,t)$ はエネルギー演算子 $i\hbar\partial/\partial t$ の固有関数でもある.このように,演算子 $\hat{A}$ は波動関数 $\Psi(x,t)$ がもっている物理量を引き出すための数学的手段を与え,物理量に対する演算子の固有値が観測の対象となる.

2.5 固有関数の規格直交性

ところで,"観測される物理量は実数でなければならない"ので,式 (2.59) の両辺の複素共役をとると,

$$a^* = \int \varphi \hat{A}^* \varphi^* d\boldsymbol{r} \tag{2.66}$$

となるので，実数条件 $a = a^*$ から，演算子 $\hat{A}$ は

$$\int \varphi^* \hat{A} \varphi d\boldsymbol{r} = \int \varphi \hat{A}^* \varphi^* d\boldsymbol{r} \tag{2.67}$$

の関係を満足しなければならない．このような演算子を"**エルミート演算子**"という．

$\varphi(\boldsymbol{r})$, $\psi(\boldsymbol{r})$ を任意の関数として，以下ではとくに断わらない限り

$$\int \varphi^*(\boldsymbol{r}) \hat{A} \psi(\boldsymbol{r}) d\boldsymbol{r} = <\varphi|\hat{A}|\psi> = <\varphi|\hat{A}\psi>,$$

$$\int \varphi^*(\boldsymbol{r}) \psi(\boldsymbol{r}) d\boldsymbol{r} = <\varphi|\psi> \tag{2.68}$$

と簡単化して書くことにすると，一般的に

$$<\varphi|\hat{A}\psi> = <\hat{A}\varphi|\psi> = <\psi|\hat{A}|\varphi>^* \tag{2.69}$$

が成立するとき，$\hat{A}$ をエルミート演算子と呼ぶ．簡単のために一次元の場合に運動量演算子についてエルミート性を証明しておく．$p_x = -i\hbar d/dx$ を式 (2.69) の左辺に代入し，部分積分すると

$$<\varphi|\left(-i\hbar \frac{d}{dx}\right)|\psi> = \int \varphi^* \left(-i\hbar \frac{d}{dx}\right) \psi dx, \tag{2.70}$$

$$= \varphi^*(-i\hbar\psi)|_{-\infty}^{\infty} - \int \frac{d\varphi^*}{dx}(-i\hbar\psi)dx \tag{2.71}$$

となる．ここで，$\varphi(\pm\infty) = \psi(\pm\infty) = 0$ の境界条件を課すと，右辺の第1項は0であるから，

$$<\varphi|\left(-i\hbar \frac{d}{dx}\right)|\psi> = \int \left(-i\hbar \frac{d\varphi}{dx}\right)^* \psi dx = <p_x\varphi|\psi> \tag{2.72}$$

となり，式 (2.69) が証明される．同様にして，ハミルトニアン H もエルミート演算子であることが確かめられる．

次に，一つのエルミート演算子 $\hat{A}$ に対して異なる固有値と固有関数，

$$\hat{A}\varphi_n = a_n \varphi_n, \quad \hat{A}\varphi_m = a_m \varphi_m, \quad n \neq m \tag{2.73}$$

があるとする．上式の両辺に左から φ_m^* を掛けて，積分すると

$$<\varphi_m|\hat{A}|\varphi_n> = a_n <\varphi_m|\varphi_n> \tag{2.74}$$

右式の複素共役をとり，さらに，その両辺に φ_n をかけて積分すると

$$<\hat{A}\varphi_m|\varphi_n> = a_m^* <\varphi_m|\varphi_n> \tag{2.75}$$

となる．エルミート演算子の性質 $<\varphi_m|\hat{A}|\varphi_n> = <\hat{A}\varphi_m|\varphi_n>$ から，これらの式の左辺は同じになるので，両辺をそれぞれ引くと，

$$0 = a_n <\varphi_m|\varphi_n> - a_m^* <\varphi_m|\varphi_n> \tag{2.76}$$

となり，エルミート演算子の固有値が実数である条件 $a_m^* = a_m$ を用いると

$$0 = (a_n - a_m) <\varphi_m|\varphi_n> \tag{2.77}$$

となり，$a_n \neq a_m$ から

$$<\varphi_m|\varphi_n> = 0 \tag{2.78}$$

となる．このことを

"異なる固有値に対する固有関数は直交する"

という．したがって，固有関数が規格化されていれば一般的に

$$<\varphi_m|\varphi_n> = \delta_{mn} = \begin{cases} 1 & (m = n) \\ 0 & (m \neq n) \end{cases} \tag{2.79}$$

が成立し，これを固有関数の**規格直交性**という．また，δ_{mn} をクロネッカーのデルタ記号とよぶ．

2.6 期待値

シュレーディンガー方程式

$$H\varphi(\boldsymbol{r}) = E\varphi(\boldsymbol{r}) \tag{2.80}$$

はエネルギー演算子であるハミルトニアン H に対する固有方程式であり，波動関数 $\varphi(\boldsymbol{r})$ はエネルギー演算子の固有関数である．しかし，シュレーディンガー方程式を解いて求められる波動関数が他の物理量に対する固有関数になっているとは限らない[2]．粒子の運動がシュレーディンガー方程式で記述される量子力学において，粒子の運動を特徴づける位置や運動量はどのようにして求められるのだろうか．

$\hat{A}$ に対して規格直交性を満足する固有関数 $\{\varphi_n\}$ と固有値の組 $\{a_n\}$

$$\hat{A}\varphi_n = a_n\varphi_n \tag{2.81}$$

があるとき，任意の量子状態の波動関数が φ_n の線形結合

$$\varphi = \sum_n c_n \varphi_n \tag{2.82}$$

と展開できるとする．これに $\hat{A}$ を作用させ，式 (2.81) を用いると

$$\hat{A}\varphi = \sum_n c_n \hat{A}\varphi_n = \sum_n c_n a_n \varphi_n \tag{2.83}$$

となる．この両辺に左から φ^* を掛けて積分すれば

---

[2] たとえば，3.4 節で具体的に求めるように，長さ d の範囲で一次元自由運動する粒子の波動関数は運動量演算子の固有関数ではない．

$$<\varphi|\hat{A}|\varphi> = \int \varphi^* \hat{A} \varphi d\boldsymbol{r} = \sum_n c_n a_n <\varphi|\varphi_n> \tag{2.84}$$

となる．ここで，

$$<\varphi|\varphi_n> = \sum_m c_m^* <\varphi_m|\varphi_n> = \sum_m c_n^* \delta_{mn} = c_n^* \tag{2.85}$$

であるから，次式を得る．

$$<\varphi|\hat{A}|\varphi> = \sum_n c_n^* c_n a_n = \sum_n |c_n|^2 a_n \tag{2.86}$$

ところで，式 (2.82) を用いると

$$\int \varphi^* \varphi d\boldsymbol{r} = \int \left(\sum_n c_n^* \varphi_n^*\right)\left(\sum_m c_m \varphi_m\right) d\boldsymbol{r} \tag{2.87}$$

$$= \sum_n \sum_m c_n^* c_m \int \varphi_n^* \varphi_m d\boldsymbol{r} \tag{2.88}$$

$$= \sum_n \sum_m c_n^* c_m <\varphi_n|\varphi_m> \tag{2.89}$$

および，式 (2.79) から，

$$<\varphi|\varphi> = \sum_n c_n^* c_n \tag{2.90}$$

となる．φ が規格化されていれば

$$\sum_n c_n^* c_n = 1 \tag{2.91}$$

となるので，$|c_n|^2$ は φ の量子状態で物理量 A を測定したときに a_n が観測される確率を表す．したがって，物理量 A が a_n の値をとる確率を $p_n = |c_n|^2$ として，A を測定したときの平均値（期待値）を $<A>$ と定義すれば

$$<A> = \sum_n p_n a_n = \sum_n |c_n|^2 a_n \tag{2.92}$$

となるので，式 (2.89) と比較すれば物理量 A の期待値は次式で与えられる．

$$<A> = <\varphi|\hat{A}|\varphi> = \int \varphi^* \hat{A} \varphi d\boldsymbol{r} \tag{2.93}$$

以上の固有関数と期待値に関する一般的な関係を，3.4 節で学ぶ長さが d の範囲に制限された一次元自由粒子の場合について具体的に考えてみよう．3.4 節の結果を先取りすると，この場合のシュレーディンガー方程式を解いて得られる規格化された波動関数は

$$\varphi(x) = \sqrt{\frac{2}{d}} \sin kx, \quad k = \frac{n\pi}{d} \quad (n = 1, 2, 3, \ldots) \tag{2.94}$$

で与えられる．この波動関数が運動量演算子 $-i\hbar\partial/\partial x$ に対する固有方程式

$$-i\hbar\frac{\partial}{\partial x}\phi(x) = \hbar k\phi(x) \tag{2.95}$$

を満足しないことは容易に確かめられる．一方，この式を満足する規格化された固有関数は

$$-i\hbar\frac{\partial}{\partial x}e^{\pm ikx} = \pm\hbar k e^{\pm ikx} \tag{2.96}$$

から明らかなように

$$\phi_{\pm}(x) = \frac{1}{\sqrt{d}}e^{\pm ikx} \tag{2.97}$$

であり，その固有値は $\pm\hbar k$ である．式 (2.82) により，$\varphi(x)$ は $\phi_{\pm}(x)$ を用いて

$$\varphi(x) = \frac{1}{\sqrt{2}i}\phi_+(x) + \frac{-1}{\sqrt{2}i}\phi_-(x) \tag{2.98}$$

と表すことができる（c_n は今の場合 $1/\sqrt{2}i$ と $-1/\sqrt{2}i$ である）．したがって，$\varphi(x)$ で記述される量子状態で運動量を測定すれば，その期待値は式 (2.92) より

$$< -i\hbar\frac{\partial}{\partial x} > = \frac{1}{2}\hbar k - \frac{1}{2}\hbar k = 0 \tag{2.99}$$

となる．この結果は，長さが d の範囲を等速往復運動している一次元自由粒子の状態では，右向きの運動量と左向きの運動量をとる確率が等しく，その平均値（期待値）が 0 になることを意味している．

2.7 演算子の交換関係

量子力学で扱う物理量（座標や運動量など）に対応する演算子は，一般に線形性と加算性を満足する．すなわち，演算子 $\hat{A}$ を関数 φ と ξ に作用させると

$$\hat{A}(\varphi + \xi) = \hat{A}\varphi + \hat{A}\xi \tag{2.100}$$

が成立する（線形性）．また，任意の二つの演算子 $\hat{A}, \hat{B}$ があり，φ に $\hat{A}$ を作用させると ϕ に，$\hat{B}$ を作用させると ξ になるとする，

$$\hat{A}\varphi = \phi, \quad \hat{B}\varphi = \xi \tag{2.101}$$

このとき，次式のようになる（加算性）．

$$(\hat{A} + \hat{B})\varphi = \phi + \xi \tag{2.102}$$

次に，$\hat{A}$ によって φ から移された ϕ に $\hat{B}$ を作用させると ξ に移されるとすれば，

であるから,
$$\hat{A}\varphi = \phi, \quad \hat{B}\phi = \xi \tag{2.103}$$
であるから,
$$\hat{B}(\hat{A}\varphi) = \hat{B}\phi = \xi \tag{2.104}$$
となり，これを
$$\hat{B}\hat{A}\varphi = \xi \tag{2.105}$$
と書く（演算子の積）．このとき，演算子を作用させる順序を入れ換えた,
$$\hat{A}\hat{B}\varphi = \xi \tag{2.106}$$
が必ずしも成立するとは限らない．任意の φ に対して
$$(\hat{A}\hat{B} - \hat{B}\hat{A})\varphi = 0 \tag{2.107}$$
が成立するとき，演算子 $\hat{A}$, $\hat{B}$ は互いに**交換可能**，あるいは可換であるという．たとえば，座標 (x,y,z) はお互いに交換可能である．しかし，座標と運動量演算子は可換ではない．たとえば，$\hat{A} = p_x = -i\hbar\partial/\partial x$, $\hat{B} = x$ とすると,
$$-i\hbar\frac{\partial}{\partial x}x\varphi = -i\hbar\left(\varphi + x\frac{\partial \varphi}{\partial x}\right) \tag{2.108}$$
$$x\left(-i\hbar\frac{\partial}{\partial x}\right)\varphi = -i\hbar x\frac{\partial \varphi}{\partial x} \tag{2.109}$$
であるから,
$$(p_x x - x p_x)\varphi = -i\hbar\varphi \tag{2.110}$$
となるので，p_x と x は交換可能でないことがわかる．

一般に，二つの演算子 $\hat{A}$, $\hat{B}$ に対して
$$[\hat{A}, \hat{B}] \equiv \hat{A}\hat{B} - \hat{B}\hat{A} \tag{2.111}$$
を交換子と定義し，$[\hat{A}, \hat{B}] = 0$ を可換，$[\hat{A}, \hat{B}] \neq 0$ を非可換という．いま，$\hat{A}$ と $\hat{B}$ に対して，それぞれの固有値 a, b は異なるが，共通の固有関数が存在するとする．つまり，$\hat{A}$, $\hat{B}$ に対応した物理量が同時に正確に決められるような量子状態 φ が一つあるとする．このとき,
$$\hat{A}\varphi = a\varphi, \quad \hat{B}\varphi = b\varphi \tag{2.112}$$
となるので，それぞれに $\hat{B}$ と $\hat{A}$ を左側からかけて差をとると
$$(\hat{A}\hat{B} - \hat{B}\hat{A})\varphi = b\hat{A}\varphi - a\hat{B}\varphi = ba - ab = 0 \tag{2.113}$$
となる．したがって，"二つの演算子 $\hat{A}$, $\hat{B}$ に共通な固有関数は交換子 $[\hat{A}, \hat{B}]$ の固有関数でもあり，その固有値は 0 である．" この逆も成立し，"$\hat{A}$, $\hat{B}$ が共通の固有関数をもつなら，$\hat{A}$ と $\hat{B}$ は可換である". 仮に座標と運動量が同時に正確に決定できる状

態があるとして，それを φ とすれば，式 (2.110) と (2.113) より

$$(p_x x - x p_x)\varphi = -i\hbar\varphi = 0 \tag{2.114}$$

となり，恒等的に $\varphi = 0$ となって矛盾した結果になってしまう．このことは座標と運動量が同時に正確に決定できる状態がないことを意味しており，次節で述べる不確定性原理と密接に関係している．

2.8 波動，粒子 ―波束―

電子が粒子性と波動性の**二重人格**的な性質を兼ね備えており，波動としての電子の性質がシュレーディンガー方程式から求められるとするなら，電子の性質を調べるときはいつもシュレーディンガー方程式の解である**波動関数**の助けを借りなければならないのだろうか．

テレビのブラウン管では，陰極から飛び出した電子ビームの進行を電場や磁場で制御し，電子ビームが目的の蛍光面上の場所に到達するように設計されている．この運動を記述するために電子の波動性を考慮する必要はまったくなく，荷電粒子に対する質点系の古典力学で十分である．古典力学によれば，電子の各瞬間における位置と運動量（速度）はニュートンの運動方程式から一義的に決定できる．この古典的な粒子に対する**位置**という概念は，量子力学的な波動性の立場からどのように理解すればよいのだろうか．

量子状態 $\Psi(\mathbf{r}, t)$ で記述される粒子を，時刻 t である領域にみいだす確率は $|\Psi(\mathbf{r}, t)|^2$ に比例するから，古典的な意味で粒子の運動の軌跡を確定するということは，軌跡上で Ψ が 0 でなく，軌跡から外れると $\Psi = 0$ となることを意味する．しかし，これは古典力学的にも量子力学的にも，波の概念と相容れない．では，粒子の波動性を記述する波とは一体どのような波であろうか．

一端を固定した綱を上下に振ると，山の形が綱を伝わって進んでいくのを見ることができる．このように，ある分布をもって狭い範囲に限られた波のことを**波束**（wave packet）といい，その極端に狭くした極限ではあたかも一個の粒子が動いていくようにみなすことができる．

図 2.2 で描いたように，波束とは波長の異なる無数の波を重ね合わせ，空間的に狭い範囲でのみ有限な値をもたせることで粒子描像を波に与えるのである．一例として，時刻 $t = 0$ で山の中心が原点にあり，その広がりの半幅が Δ の波束を規格化されたガウス型関数

$$\varphi(x, 0) = \frac{1}{\sqrt[4]{\pi\Delta^2}} \exp\left(-\frac{x^2}{2\Delta^2} + ik_0 x\right) \tag{2.115}$$

で表す．この $\varphi(x,0)$ が波数 k，振幅 $a(k)$ をもつ平面波を無数に重ね合わせとして表せることは $\varphi(x,0)$ をフーリエ積分

$$\varphi(x,0) = \frac{1}{\sqrt{2\pi}} \int_{-\infty}^{\infty} a(k) e^{ikx} dk \tag{2.116}$$

で表すと，その逆変換

$$a(k) = \frac{1}{\sqrt{2\pi}} \int_{-\infty}^{\infty} \varphi(x,0) e^{-ikx} dx, \tag{2.117}$$

$$= \frac{\sqrt{\Delta}}{\sqrt[4]{\pi}} \exp\left(-\frac{(k-k_0)^2}{2\frac{1}{\Delta^2}}\right) \tag{2.118}$$

から振幅が決定されることで証明できる．式 (2.115) と (2.118) を比較すれば容易にわかるように，波束の広がりと波数の広がりは逆比例の関係にある．Δ に比例して波束の広がりは大きくなり，波数の分布は狭くなる．したがって，波束の広がりを限りなく狭くし，古典的な意味で粒子の位置を決定しようとすれば，同時に波数（あるいは運動量）は限りなく広い分布となる．逆に，波数の広がりを小さくすればするほど，波束の分布が広がることになる．これは後で述べる粒子の座標と運動量に関する"不確定性原理"そのものである．

次に，波束の時間進展について考えてみよう．そのために波束を

$$\varphi(x,t) = \frac{1}{\sqrt{2\pi}} \int_{-\infty}^{\infty} a(k) \exp\left[i\{kx - \omega(k)t\}\right] dk \tag{2.119}$$

と表す．ここで，$\omega(k)$ は振動数の波数依存性（分散関係）である．たとえば，式 (2.11) で示したように運動量 p をもつ自由粒子に対しては $\omega = \hbar k^2 / 2m$ の関係があるので，波束をいろいろな波数をもつ平面波の重ね合わせとして作ったとしても，それぞれの平面波の進む速度が違うので時間が経過すると波束の形が変化する．したがって，振動数に分散がある場合には波束の速度を定義することができない．しかし，短い時間内では k_0 からあまり大きく変化していないと考えて，$\omega(k)$ を k_0 の近傍で

$$\omega(k) = \omega(k_0) + \alpha(k - k_0) + \frac{1}{2}\beta(k - k_0)^2 \tag{2.120}$$

と展開する．ただし，$\alpha = (d\omega/dk)_{k=k_0}$，$\beta = (d^2\omega/dk^2)_{k=k_0}$ とおいた．途中の詳しい計算は省略するが[3]，式 (2.120) を (2.119) に代入すると，波束の確率密度は

$$|\varphi(x,t)|^2 = \frac{1}{\sqrt{\pi}} \frac{1}{\Delta\sqrt{1 + (\beta^2/\Delta^4)t^2}} \exp\left\{\frac{-(x-\alpha t)^2}{\Delta^2(1+(\beta^2/\Delta^4)t^2)}\right\}$$

---

[3] 詳しい計算は朝永振一郎：「量子力学 II」（みすず書房），阿部正：「電子物性概論 - 量子論の基礎」（培風館）にある．

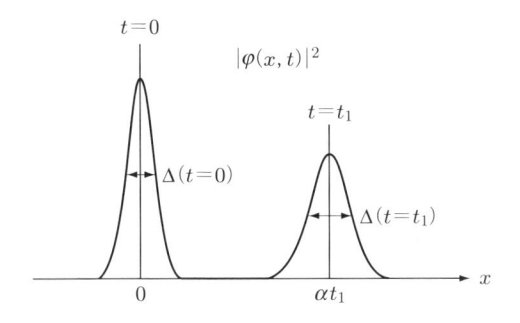

図 2.6　波束の時間変化

(2.121)

となる．$t=0$ で波束は $x=0$ を中心として幅が Δ のガウス関数で与えられ，時間の経過とともに，波束の中心が α の速度で移動し，その幅は

$$\Delta(t) = 2\Delta\sqrt{1+(\beta^2/\Delta^4)t^2} \tag{2.122}$$

の広がりを示す（図 2.6）．このような波束の中心速度

$$v_g = \frac{d\omega}{dk} \tag{2.123}$$

を群速度（group velocity）とよび，波束を構成している平面波の位相速度（phase velocity）$v_p = \omega/k$ と区別することはすでに 2.1 節で述べたとおりである．自由粒子の群速度は $v_g = \hbar k/m = p/m$ で与えられるので，粒子的な描像でその物質流を作る粒子の速度に一致する．しかし，古典的な意味での粒子像とまったく異なるのは，波束の移動にともなってその分布は広がり，振幅が次第に減少していくことである．波束の広がっていく速さは Δ に逆比例するので，原子の大きさ程度に波束が局在していたとしても，瞬時のうちに波束としての意味を失ってしまい，古典力学的な軌道の概念は無意味となる．逆に，巨視的な粒子では波束の時間的な広がりは無視できるので軌道の概念が成立する（演習問題 2.5）．

2.9　エーレンフェストの定理

波束も含めて $|\Psi(\bm{r},t)|^2$ に粒子の存在確率という意味が与えられたので，$\Psi(\bm{r},t)$ の状態で粒子の位置と運動量の観測期待値はそれぞれ

$$<\bm{r}> = \int \Psi^*(\bm{r},t)\bm{r}\Psi(\bm{r},t)d\bm{r} \tag{2.124}$$

$$<\bm{p}> = \int \Psi^*(\bm{r},t)(-i\hbar\nabla)\Psi(\bm{r},t)d\bm{r} \tag{2.125}$$

で与えられる．

簡単のために一次元の場合を考える．演習問題 2.9 で証明されるように，座標はあらわに時間に依存しないので

$$\frac{d<x>}{dt} = \frac{i}{\hbar} <[H,x]> \tag{2.126}$$

で与えられる．

$$H = -\frac{\hbar^2}{2m}\frac{\partial^2}{\partial x^2} + V(x) \tag{2.127}$$

であるから

$$[H,x]\varphi(x) = H(x\varphi(x)) - xH\varphi(x)$$

$$= -\frac{\hbar^2}{2m}\frac{\partial}{\partial x}\left(\varphi(x) + x\frac{\partial \varphi(x)}{\partial x}\right) + V(x)x\varphi(x)$$

$$+ x\frac{\hbar^2}{2m}\frac{\partial^2 \varphi(x)}{\partial x^2} - xV(x)\varphi(x)$$

$$= -\frac{\hbar^2}{m}\frac{\partial \varphi(x)}{\partial x}$$

$$= -\frac{i\hbar}{m}p_x\varphi(x) \tag{2.128}$$

より，交換関係

$$[H,x] = -\frac{i\hbar}{m}p_x \tag{2.129}$$

を得る．したがって，

$$\frac{d<x>}{dt} = \frac{1}{m}<p_x> \tag{2.130}$$

となる．同様にして，

$$\frac{d<p_x>}{dt} = \frac{i}{\hbar} <[H,p_x]> = <F(x)> \tag{2.131}$$

を得る（演習問題 2.6）．ここで，$F(x) = -\nabla V(x)$ は粒子に働く力である．これは質量 m の古典的粒子の位置を $\boldsymbol{r}$ としたときのニュートンの運動方程式 $\boldsymbol{F} = d\boldsymbol{p}/dt = m(d^2\boldsymbol{r}/dt^2)$ に対応しており，同様に，式 (2.130) は運動量と速度の関係 $\boldsymbol{p} = m(d\boldsymbol{r}/dt) = m\boldsymbol{v}$ に対応している．

このように，質点の運動に対する古典力学の法則が物理量をその期待値で置き換えると量子力学でも成立することを**エーレンフェストの定理**という．図 2.7 のように，波束の巨視的な広がりとその波形の時間変化が無視できる場合には，粒子の運動は古典力学で記述できるのである．広い空間内での電子の運動が古典力学で記述でき，原子

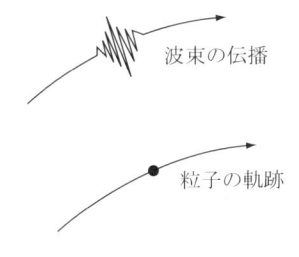

図 2.7 波束と粒子

に束縛された電子や固体内の電子の微視的な性質の理解に粒子の波動性が不可欠なのはこのためである．ある大きさより大きければ古典力学を適用し，それよりも小さければ量子力学を適用するという明確な基準があるわけではない．量子力学のある極限において古典力学が「内包されている」と考えるべきであり，エーレンフェストの定理はそのつながりの一つを示す重要な定理である．

2.10 確率密度と連続の式

波動関数 $\Psi(\boldsymbol{r},t)$ で記述される量子状態にある粒子をみいだす確率は確率密度 $|\Psi(\boldsymbol{r},t)|^2$ に比例するが，その時間変化を調べてみる．再び式 (2.50) を用いると

$$
\begin{aligned}
\frac{\partial}{\partial t}\{\Psi^*(\mathrm{r},t)\Psi(\mathrm{r},t)\} &= \frac{1}{i\hbar}(\Psi^* H\Psi - \Psi H\Psi^*), \\
&= \frac{i\hbar}{2m}(\Psi^*\nabla^2\Psi - \Psi\nabla^2\Psi^*), \\
&= \frac{i\hbar}{2m}\nabla(\Psi^*\nabla\Psi - \Psi\nabla\Psi^*), \\
&= -\frac{1}{2m}\nabla\{\Psi^*(-i\hbar\nabla)\Psi + \Psi(i\hbar\nabla)\Psi^*\} \quad (2.132)
\end{aligned}
$$

となる．ここで

$$\rho = \Psi^*\Psi \tag{2.133}$$

$$\boldsymbol{s} = \frac{\hbar}{2mi}(\Psi^*\nabla\Psi - \Psi\nabla\Psi^*) \tag{2.134}$$

と定義すれば式 (2.132) は

$$\frac{\partial \rho}{\partial t} = -\mathrm{div}\boldsymbol{s} \tag{2.135}$$

と書ける．ここで，div$\boldsymbol{s}$ は

$$\mathrm{div}\boldsymbol{s} = \nabla \cdot \boldsymbol{s} = \frac{\partial s_x}{\partial x} + \frac{\partial s_y}{\partial y} + \frac{\partial s_z}{\partial z} \tag{2.136}$$

で定義され，$\boldsymbol{s}$ の発散（divergence）という．

$\boldsymbol{s}$ は**確率の流れの密度**とよばれ，流体力学において質量保存則を表す連続の式に相当している．また，$\mathrm{p} = -i\hbar\nabla$ を用いて式 (2.134) を書き直すと $\boldsymbol{s}$ は

$$\boldsymbol{s} = \left(\frac{\Psi^*\boldsymbol{p}\Psi + \Psi\boldsymbol{p}^*\Psi^*}{2m}\right) = \mathrm{Re}\left\{\Psi^*\frac{\boldsymbol{p}}{m}\Psi\right\} \tag{2.137}$$

となるので（Re は実部をとることを表す），流体力学との類似から密度 ρ の粒子流が速度 $\boldsymbol{p}/m$ で流れていることを表している．また，粒子が電荷をもっていれば電流が流れていることを表し，$\boldsymbol{s}$ は実際の物理量に対応した実数となっている．ρ を電荷密度，$\boldsymbol{s}$ を電流密度 $\boldsymbol{J}$ と読み替え，荷電粒子の速度を $\boldsymbol{v}$ とすれば，式 (2.135) は電荷密度の時間変化が電流の入出量によって生ずることを示している電磁気学でよく知られた

$$\frac{\partial \rho}{\partial t} = -\mathrm{div}\boldsymbol{J}, \quad \boldsymbol{J} = \rho\boldsymbol{v} \tag{2.138}$$

の関係を表している．したがって，確率密度 ρ と確率の流れの密度 $\boldsymbol{s}$ を関係づける確率流の速度 $\boldsymbol{v}$ を $\boldsymbol{s} = \rho\boldsymbol{v}$ で定義すれば

$$\boldsymbol{v} = \frac{\boldsymbol{s}}{\rho} = \frac{\hbar}{2mi}\frac{\Psi^*\nabla\Psi - \Psi\nabla\Psi^*}{\rho} \tag{2.139}$$

を得る．たとえば，簡単な一次元平面波

$$\varphi(x,t) = C\exp\left\{i\left(kx - \frac{E}{\hbar}t\right)\right\} \tag{2.140}$$

を式 (2.139) に代入すれば

$$v = \frac{\hbar}{2im}2ik = \frac{\hbar k}{m} = \frac{p}{m} \tag{2.141}$$

また，式 (2.134) に代入すれば

$$s = \frac{\hbar}{2im}2ik\Psi\Psi^* = \frac{\hbar k}{m}\rho = \rho v \tag{2.142}$$

となり，確率密度 ρ の粒子流が v の一定速度で流れる確率流密度を表す．

2.11 不確定性原理

本章では，量子力学の構築に携わった何人かの偉大な物理学者の名前（プランク，アインシュタイン，ボーア，ド・ブロイ，シュレーディンガー）をあげて道筋をたどって

きた．そして，最後に登場するのがハイゼンベルグである[4]．

これまでいく度も触れてきたように，古典力学では物体（質点）の位置と速度（運動量）はニュートンの運動方程式から求めることができる．初期条件を与えれば，その後の運動が予測でき，軌跡を一義的に決めることができる（これを古典的因果律とよぶ）．もちろん，これらの物理量を測定しようとすると多少の誤差はあるだろう．しかし，その誤差は測定装置の精度や測定条件などの外的な要因が原因であり，正確に測定する理想的な実験を行うとすれば，原理的に粒子の位置と運動量を確定することができる．当然のように見える物体の運動とその観測についてあえて言及したのは，量子力学の世界では，このことが自明でないばかりか，実は成立しないのである．

粒子性と波動性を兼ね備えた量子力学的世界における微視的粒子の位置が，その波動関数を介してあくまでも**確率的**にしか知り得ないとするなら，粒子の運動を特徴づけるもう一つの重要な物理量である運動量はどうであろうか．この量子力学の本質にかかわる疑問を**思考実験**に基づいて明らかにしたのが，1927 年にハイゼンベルグ（Heisenberg）によって提唱された観測についての**不確定性原理**である．彼はガンマ線顕微鏡による粒子の運動量測定の思考実験に基づいて[5]，"微視的粒子（光子や電子）の位置と運動量を**同時に正確に**決めることは**原理的に不可能である**"と提唱した．

すなわち，粒子位置 (x, y, z) の不確かさを $(\Delta x, \Delta y, \Delta z)$，それらに対応する運動量 (p_x, p_y, p_z) の不確かさを $(\Delta p_x, \Delta p_y, \Delta p_z)$ とすれば，それぞれの積にはプランク定数 h を下限として

$$\Delta x \Delta p_x \geq h, \quad \Delta y \Delta p_y \geq h, \quad \Delta z \Delta p_z \geq h, \tag{2.143}$$

の関係があることを示した[6]．これを**不確定性関係**という．

古典的な意味で粒子の位置が確定するということは，たとえば Δx が限りなく 0 に近いということであるので，このときには $\Delta p_x \geq h/\Delta x$ であるから Δp_x が限りなく大きくなることを意味する．これは波束の確率密度と波数の分布の関係と同等であり，位置がある確定値をもっている状態では運動量は完全に不確定であり，逆に運動量がある確定値をもっている状態では位置は定まらないことを意味している．エネルギーと時間についても同様な不確定性関係，

$$\Delta E \Delta t \geq h \tag{2.144}$$

が成立し，エネルギーとそれを測定するのに要する時間の間にも不確定性関係がある

---

[4] これらの人々のなかで，筆者が実際に講演を聞くことができたのはハイゼンベルグである．まだ，学生のころハイゼンベルグの講演会があるというのででかけたが，顔を見たというだけで話の内容はまったく覚えていない．

[5] 実際に実験するのは困難であるが，原理的には実現可能でその結果を思考上で予測する実験のことをいう．

[6] 不確定性関係の式として書物により，右辺を h，$\hbar$，$h/2$，$\hbar/2$，などいろいろあるが，これは，たとえば波束の広がりをどう定義するかにも依存し，本質的な問題ではない．厳密な計算によれば下限は $\hbar/2$ である．

ことになる．つまり，限りなく高精度にエネルギーを測定するためには無限の測定時間が必要になる．

2.6節で学んだように，一般にある物理量 A をそれに対応する演算子 $\hat{A}$ の固有関数ではない状態 φ で測定すれば，測定値は確定しない．そこで，A の平均値を $<A>=<\varphi|\hat{A}|\varphi>$ として，測定値が平均値のまわりにどの程度ばらつくかを示す目安として，二乗平均と平均値の二乗の差で定義される標準偏差を用いる．二つの物理量 A, B の標準偏差をそれぞれ ΔA, ΔB とすれば

$$(\Delta A)^2 = <A^2> - <A>^2 = \int \varphi^*(\hat{A}-<A>)^2\varphi d\boldsymbol{r} \tag{2.145}$$

$$(\Delta B)^2 = <B^2> - <B>^2 = \int \varphi^*(\hat{B}-<B>)^2\varphi d\boldsymbol{r} \tag{2.146}$$

で与えられる．詳細な計算は省略するが，このように定義された ΔA と ΔB の積が $\hat{A}$ と $\hat{B}$ の交換関係を用いて

$$\Delta A \cdot \Delta B \geq \frac{1}{2}\left|\int \varphi^*[\hat{A},\hat{B}]\varphi d\boldsymbol{r}\right| \tag{2.147}$$

を満足することが厳密に証明され，これが量子力学の一般論から導きだした不確定原理の一般公式である．たとえば，$\hat{A}=\hat{x}=x$, $\hat{B}=\hat{p_x}=-i\hbar\partial/\partial x$ とすれば式 (2.110) の交換関係より $[\hat{x},\hat{p_x}]=i\hbar$ なので

$$\Delta x \cdot \Delta p_x \geq \frac{1}{2}\hbar \tag{2.148}$$

を得る．Δy と Δp_y, Δz と Δp_z についても同じ関係が成立する．

粒子の位置あるいは運動量が確定して測定できるということは $\Delta x=0$, $\Delta p_x=0$ であるので，式 (2.148) は位置（運動量）が確定すると運動量（位置）が定まらないことを意味している（図 2.8）．

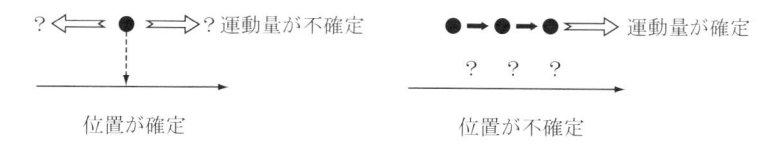

図 2.8 位置と運動量に関する不確定性

さらに，エネルギー E に演算子 $\hat{E}=i\hbar\partial/\partial t$ を対応させ，時間についても $\hat{t}=t$ の演算子を考えると

$$[\hat{E},\hat{t}]\varphi = i\hbar\left[\frac{\partial}{\partial t}(\hat{t}\varphi) - \hat{t}\left(\frac{\partial}{\partial t}\varphi\right)\right] = i\hbar\varphi \tag{2.149}$$

なので
$$[\hat{E}, \hat{t}] = i\hbar \tag{2.150}$$
を式 (2.147) に代入すると，エネルギーと時間に対する不確定性関係
$$\Delta E \Delta t \geq \frac{1}{2}\hbar \tag{2.151}$$
が得られる．

ハイゼンベルグの不確定性原理はド・ブロイの物質波の概念と同様にそれを示唆する具体的な実験結果があったわけではない，まさに深い洞察力に支えられた思考実験から導かれたのである．ここで再度強調しなければならないことは，不確定性関係に現われている物理定数がプランク定数のみであるということである．光の粒子性と粒子の波動性を支配する唯一の普遍定数であるプランク定数が，このような形で不確定性関係にあらわれることなど，たまたまこの定数を黒体輻射スペクトルの実験から決めたプランクにとっては驚き以外の何ものでもなかっただろう．プランクがどのように不確定性原理を受け止めていたのか定かではないが，当時この考え方が速やかに受け入れられたわけではない．

ここでは，量子力学における観測の問題[7]に深入りしないが，不確定性原理の根底には粒子の位置と運動量が確定していないので**軌道**という概念が原理的に存在しない．つまり，**観測**という行為を通してのみ一点に局在した粒子を捕らえることができ，観測しない限り粒子は確率波として空間に漂っているのである．これを波束の概念を用いて考えれば，次のように解釈することになる．

粒子位置を測定する前にある幅をもって分布していた波束を想定しても，それを粒子として認識した瞬間に波束は一点に集中することになる．これを**波束の収縮**といい，いわば，観測という作用によって粒子の波動関数が一瞬のうちに豹変するという奇妙なことを意味している．簡単にいえば，観測することで観測しようとしている対象物の状態を乱してしまい，観測前にそれがどのような状態にあったかはわからないのである．

このように観測の問題と深く絡み合った不確定性原理がなかなか理解できないといっても落胆する必要はない．なぜなら，この考えが提唱されたとき反論したのは他でもないアインシュタイン，ド・ブロイ，シュレーディンガーなどの量子力学の創設者であったからである．アインシュタインは，あくまでも電子の運動にも軌道という概念は成立し，存在確率の概念が必要なのは量子力学がまだ未熟な段階にあるためであると主張した．不確定性原理の論争はその後も続いたが，波束を用いた粒子性と波動性の統合やその後の理論的発展により，不確定性原理に基づいた量子力学の解釈が受け

---
7) 岩波講座 現代物理学の基礎−量子力学 III（岩波書店）が詳しい．

入れられるようになった.

　この章を終えるにあたり，**光の量子化**について簡単に触れておく．波と思われていた光，正確には電磁波が粒子としての性質をもつことがアインシュタインによって唱えられ，量子力学の誕生の契機になったことはすでに学んだ．電磁波の性質は古典的にはマクスウェル方程式により完全に記述されるが，それを量子力学的に扱うことも可能であり，**フォトン**とよばれる調和振動子（第六章）の集合体として記述される．第11章で学ぶように近年の微細化加工の進歩により，電子の量子的性質を利用した**量子効果デバイス**の研究・開発が精力的に行われているが，同時に光のキャビティ閉じ込めやフォトニック結晶等の光の量子的性質を利用した量子光デバイスの開発も進んでいる．その意味においても，粒子や光の波動・粒子の二重性の問題は古くて新しい問題であるといえよう．

　本章の序文で"工学部の学生諸君を念頭におく"と断わったが，**観測の問題**と表裏一体である不確定性原理の問題を簡単な説明で終えることは，かえって量子力学の理解を困難にしてしまうかもしれない（深く考えれば考えるほど，さらにわからなくなるかもしれないが）．|波動関数|^2 にこそ意味があるのであって，波動関数それ自身をわれわれは見ることも，捕らえることもできないから波動関数には粒子の実体としての意味はないのだろうか．光子と電子の波動性と粒子性は，これらの二重性が同時に観測されるわけではなく，粒子性に支配された現象を観察するとき，その波動性は失われてしまう．逆の場合も同様である．

　粒子か波動かという答えは，いわば観測する側にゆだねられているといってもよい．粒子と波動という古典論の常識からは互いに相反する概念，あるいは，位置と運動量のように一方を正確に決定しようとするときには他方の情報が失われてしまうことを，ボーアはお互いに補い合いながら微視的粒子の本質を担うという意味を込めてこれを**相補性**という概念で理解することを提唱した．それでも，「なぜか？」という問いには"自然はそうできている"と答えるしかないのである．

練 習 問 題

[**2.1**] 運動エネルギー演算子 $-\hbar^2 \nabla^2 / 2m$ がエルミート演算子であること証明せよ.

[**2.2**] 波動関数
$$\varphi_n(x) = \sqrt{\frac{2}{d}} \sin \frac{\pi n}{d} x,$$
が $0 \leq x \leq d$ で規格直交性を満足することを証明せよ.

[**2.3**] 前問の波動関数について p^2 の期待値 $<p^2>$ を求め，エネルギーの期待値 $E = <p^2>/2m$ を求めよ.

[2.4] $$\varphi(x) = Ae^{ikx} + Be^{-ikx}$$
は $p = -i\hbar\nabla$ の固有関数ではないが，p^2 の固有関数であること証明せよ．

[2.5] 式 (2.122) を用いて電子の波束が初めの 2 倍になるまでの時間を求めよ．初めの広がりを原子と同程度の $\Delta = 1\text{Å}$ とすれば，どの程度の時間になるか．$1\,\text{g}$ の粒子で $\Delta = 0.1\,\text{cm}$ とした場合と比較せよ．

[2.6] 交換関係 $[H, p_x]$ を計算し，式 (2.131) を証明せよ．

[2.7] 波動関数を
$$\varphi(x) = \frac{1}{\sqrt[4]{\pi\Delta^2}} \exp\left[-\frac{x^2}{2\Delta^2}\right]$$
とするとき，$\Delta x \Delta p = \hbar/2$ を証明せよ．

[2.8] エネルギー $E = p^2/2m$ をもつ電子に ΔE の不確定性があるとき，位置の不確定性を求めよ．$E = 100\,\text{eV}$，$\Delta E = 0.01\,\text{eV}$ ではどれくらいか．

[2.9] ある物理量 A の期待値について
$$\frac{d<A>}{dt} = \frac{i}{\hbar} <[H, \hat{A}]> + \frac{\partial \hat{A}}{\partial t}$$
を証明せよ．

3 自由粒子と量子閉じ込め

この章では最も簡単なポテンシャルがない場での自由粒子のシュレーディンガー方程式を解き，それらの波動関数とエネルギー固有値の性質を学ぶ．さらに，粒子の運動がある狭い領域に閉じ込められた場合の波動関数とエネルギー固有値を調べ，粒子の閉じ込めによる量子効果の発現を学ぶ．

3.1 一次元の自由粒子

まず，もっとも簡単な例として，ポテンシャルのない一次元の自由粒子の運動を考える．この場合のシュレーディンガー方程式は

$$-\frac{\hbar^2}{2m}\frac{d^2}{dx^2}\varphi(x) = E\varphi(x) \tag{3.1}$$

で与えられる．$E > 0$ として，波数を

$$k = \frac{\sqrt{2mE}}{\hbar} \tag{3.2}$$

とおけば，この解は

$$\varphi(x) = A\cos(kx) + B\sin(kx) \tag{3.3}$$

あるいは，平面波

$$\varphi(x) = Ae^{ikx} \tag{3.4}$$

で与えられる．ただし，A, B は定数である．これらの波動関数は $[-\infty, \infty]$ で広がっている波を表している．このとき，波数 k は任意の値をとり，エネルギー固有値

$$E_k = \frac{\hbar^2 k^2}{2m} \tag{3.5}$$

は図 3.1 のように**連続的に分布する自由粒子の分散関係**を表す．

ところで，$e^{ix} = \cos x + i\sin x$ であるから，数学的に式 (3.3) と式 (3.4) は同じである．普通の音波や電磁波，交流回路などの問題では三角関数のかわりに複素指数関数を用いることがあるが，物理的に意味のあるのはその実数部であり，複素指数関数を用いるのはあくまでも計算の便宜上である．しかし，ポテンシャルのない無限に広い空間にある粒子を考えるとき，その存在確率 $\rho(x) = |\varphi(x)|^2$ がどこかで大きくなったり，小さくなったりするはずがない．式 (3.4) の平面波では $\rho(x) = |A|^2$（一定）で

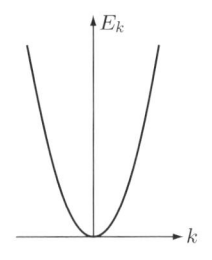

図 3.1 自由粒子のエネルギー

あるが，式 (3.3) では周期的に波が生じる分布になってしまうので，自由粒子の波動関数として式 (3.4) の平面波を採用する．

さて，式 (3.4) の波動関数に運動量演算子 $-i\hbar d/dx$ を作用させると

$$-i\hbar\frac{d}{dx}\exp(ikx) = \hbar k\exp(ikx) \tag{3.6}$$

であるから，この波動関数が運動量演算子の固有関数にもなっていることがわかる．これは自由粒子（平面波）の運動量 $p = \hbar k$ が確定 ($\Delta p = 0$) していることを意味しており，不確定性原理から粒子がどこにいるかはまったくわからない．これは，上で述べた粒子の存在確率が一定であることに対応している（図 3.2）．どこにいるかわからない粒子に対して，波の位相速度を粒子の運動速度とみなせないことは当然であり，この場合は，式 (2.9) の群速度を粒子の速度としなければならない．

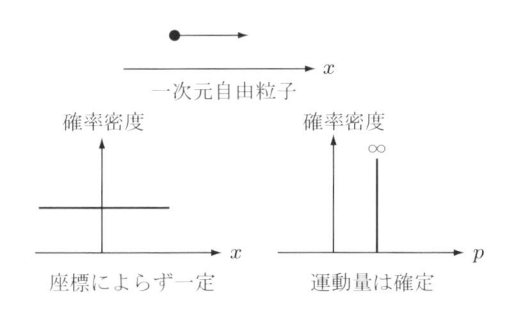

図 3.2 自由粒子の不確定性関係

3.2 二次元，三次元の自由粒子

一次元の自由粒子の問題を二次元，三次元の場合に拡張するとシュレーディンガー方程式はそれぞれ，

$$-\frac{\hbar^2}{2m}\left(\frac{\partial^2}{\partial x^2}+\frac{\partial^2}{\partial y^2}\right)\varphi(x,y) = E\varphi(x,y) \tag{3.7}$$

$$-\frac{\hbar^2}{2m}\left(\frac{\partial^2}{\partial x^2}+\frac{\partial^2}{\partial y^2}+\frac{\partial^2}{\partial z^2}\right)\varphi(x,y,z) = E\varphi(x,y,z) \tag{3.8}$$

で与えられる．左辺の微分演算子が x, y あるいは x, y, z の独立した形であるから，たとえば三次元では変数分離の方法により波動関数を x, y, z のみの関数の積，

$$\varphi(x,y,z) = X(x)Y(y)Z(z) \tag{3.9}$$

で表し，式 (3.8) に代入して両辺を $\varphi(x,y,z)$ で割ると，

$$-\frac{\hbar^2}{2m}\frac{X''}{X}-\frac{\hbar^2}{2m}\frac{Y''}{Y}-\frac{\hbar^2}{2m}\frac{Z''}{Z} = E \tag{3.10}$$

となる．ここで，簡単のために $X'' = \partial^2 X(x)/\partial x^2$ （Y, Z についても同じ）と略記した．左辺の各項はそれぞれ x, y, z のみの関数であり，右辺は定数であるから左辺の各項はそれぞれ定数でなければならない．

いま，それらを E_x, E_y, E_z とおくと，

$$-\frac{\hbar^2}{2m}X''(x) = E_x X(x), \quad (Y, Z \text{についても同じ}) \tag{3.11}$$

$$E = E_x + E_y + E_z \tag{3.12}$$

となる．したがって，先の一次元の結果をそのまま用いることができるので，

$$k_x = \sqrt{\frac{2mE_x}{\hbar^2}}, \quad k_y = \sqrt{\frac{2mE_y}{\hbar^2}}, \quad k_z = \sqrt{\frac{2mE_z}{\hbar^2}} \tag{3.13}$$

とおくと，三次元自由粒子の波動関数は平面波

$$\varphi(x,y,z) = Ae^{i(k_x x + k_y y + k_z z)} = Ae^{i\boldsymbol{k}\cdot\boldsymbol{r}} \tag{3.14}$$

で与えられ，エネルギー固有値は

$$E = E_x + E_y + E_z = \frac{\hbar^2}{2m}(k_x^2 + k_y^2 + k_z^2) = \frac{\hbar^2}{2m}|\boldsymbol{k}|^2 \tag{3.15}$$

で与えられる．ここで，$\boldsymbol{k}$ は (k_x, k_y, k_z) の成分をもつ波数ベクトルである．

3.3　周期的境界条件

自由粒子の波動関数が平面波で与えられることを学んだが，固体内の自由粒子を考える場合には以下で定義する周期的境界条件を満たす波動関数を導入する．いま，波動関数は x, y, z 方向について周期 L をもつとし，

$$\varphi(x,y,z) = \varphi(x+L,y,z) = \varphi(x,y+L,z) = \varphi(x,y,z+L) \tag{3.16}$$

が成立すると仮定する．このとき，自由粒子のシュレディンガー方程式と周期的境界条件を満足する波動関数はやはり式 (3.14) で与えられ，$\bm{k}$ の成分は

$$k_x = \pm \frac{2n_x\pi}{L}, \quad n_x = 0, 1, 2, \cdots \tag{3.17}$$

を満たす（k_y, k_z についても同様）．このとき，固体内に一個の自由粒子が存在するとすれば，存在確率 $\rho(\bm{r}) = |\varphi(\bm{r})|^2$ を全空間（体積 $= L^3 = V$）で積分すると，1 とならなければならないので，式 (3.14) を用いると

$$1 = \int_{全空間} \rho(\bm{r}) d\bm{r} = |A|^2 V \tag{3.18}$$

から，規格化された自由粒子の波動関数は

$$\varphi(\bm{r}) = \sqrt{\frac{1}{V}} e^{i\bm{k}\cdot\bm{r}} \tag{3.19}$$

で与えられる．また，エネルギー固有値は式 (3.17) の条件のもとで，式 (3.15) で与えられるが，L が十分に大きいとして，実質的に連続エネルギーとなる．

3.4 量子閉じ込め

3.4.1 一次元井戸に閉じ込められた粒子

粒子の運動が $[0, d]$ の範囲に限定されている場合を考える．図 3.3 に示すように $x = 0$ と $x = d$ にある無限の高さのポテンシャル障壁で粒子が閉じ込められているとすれば，障壁内でのシュレーディンガー方程式の解は

$$\varphi(x) = Ae^{ikx} + Be^{-ikx} \tag{3.20}$$

あるいは

$$\varphi(x) = A\cos kx + B\sin kx \tag{3.21}$$

で与えられる．いずれを用いても結果は同じであるが，いま式 (3.21) を用いると，無限大のポテンシャル障壁のために粒子は障壁の外へ出ていけないので，境界条件として

$$\varphi(0) = 0, \quad \varphi(d) = 0 \tag{3.22}$$

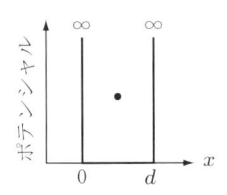

図 3.3 無限に深い井戸型ポテンシャル

から
$$A = 0, \quad B \sin kd = 0 \tag{3.23}$$
を得る.$B \neq 0$ でなければならないので,k の許される値は $\sin kd = 0$ から
$$k = \frac{n\pi}{d} \quad (n = 1, 2, 3, \ldots) \tag{3.24}$$
に限られる.規格化条件
$$B^2 \int_0^d \sin^2 kx \, dx = 1 \tag{3.25}$$
から $B = \sqrt{2/d}$ となり,波動関数は
$$\varphi_n(x) = \sqrt{\frac{2}{d}} \sin\left(\frac{n\pi}{d}x\right) \tag{3.26}$$
で与えられる.このとき,エネルギー固有値は式 (3.15) と (3.24) より
$$E_n = \frac{\hbar^2 k^2}{2m} = \frac{\hbar^2 \pi^2}{2md^2} n^2 \quad (n = 1, 2, 3, \ldots) \tag{3.27}$$
となり,$\hbar^2\pi^2/2md^2$ を単位とした**離散的固有値**となる.これは,無限に広がった空間での粒子のエネルギーが連続的な値をとることと対照的に,粒子が有限の狭い領域に閉じ込められている場合に一般的に成立する量子力学に特有な性質であることを強調しておく.また,エネルギーの最も低い $n=1$ の状態を**基底状態**,$n=2$ 以上のエネルギーの高い状態を**励起状態**という.このように,波動関数とそれに対応するエネルギー固有値を決定する n を**量子数**(quantum number)という.

エネルギーは d^{-2} に比例するので,粒子を狭いところに閉じ込めたときほど大きくなる.図 3.4 はいくつかの n について波動関数と存在確率およびエネルギー準位を示したもので,波動関数の振舞いは両端を固定した弦の固有振動と同じである.

無限の深い井戸に閉じ込められ,離散的なエネルギー準位をもつ粒子の存在確率は
$$\rho_n(x) = |\varphi_n(x)|^2 = \frac{2}{d} \sin^2\left(\frac{n\pi}{d}x\right) \tag{3.28}$$
で与えられる.図 3.4 の波動関数からも明らかなように,$\rho_n(x)$ のピーク(山の数)は n 個であるので,量子数の増加に比例して次第にその分布は井戸内で均一化していく.これは 6 章で学ぶ調和振動子の場合も同じである.

ところで,式 (3.27) よりエネルギーの最低値は 0 でなく[1]),$n=1$ の基底状態の
$$E_1 = \frac{\hbar^2 \pi^2}{2md^2} \tag{3.29}$$
であり,これを特に**零点エネルギー**という.古典的に考えれば自由粒子の運動エネ

---
[1]) いうまでもなく,$d \to \infty$ で $E \to 0$ となる.

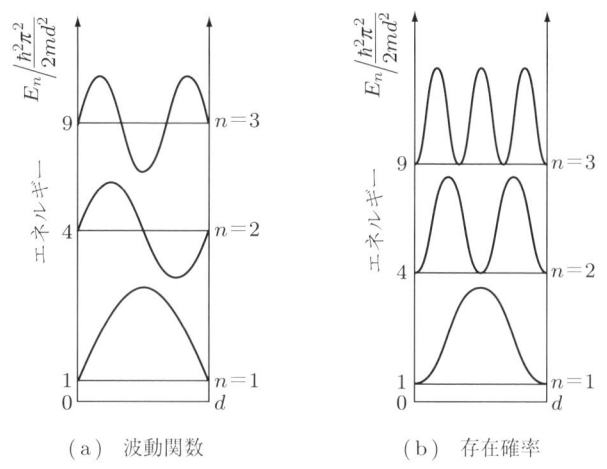

図 3.4 無限に深い井戸に閉じ込められた粒子の波動関数とエネルギー準位 ($n = 1, 2, 3$)

ギーは静止しているとき 0 の最低エネルギーをとる．では，どうして量子力学の世界で粒子は 0 の最低エネルギーをとり得ないのであろうか．**運動が静止したときエネルギーが 0 になる**という古典的な表現の裏には，いうまでもなく粒子の**速度**（あるいは運動量）がある点で 0 になることが観測できることを前提にしている．つまり，**最低エネルギーが有限の値をとる**ということとは，**粒子の座標と運動量が同時に決定できない**ことを示す不確定性原理そのものの現れである．

さて，粒子を幅が d の無限障壁に閉じ込めると，自由粒子の場合の連続エネルギーが d^{-2} に比例した離散的なエネルギー準位となることをみいだした．d にはとくに制限を設けていないので，"閉じ込め"によるこの量子効果はどんなに大きい巨視的な空間でも起こることになる．三次元の箱の中に閉じ込めた粒子の性質（波動関数とエネルギー準位）については次章で改めて学ぶが，その前に具体的に計算してみよう．

たとえば，$d = 10\,\text{Å}$ を式 (3.27) に代入すれば，

$$E = \frac{(1.05 \times 10^{-34})^2 \pi^2}{2 \times 9.1 \times 10^{-31} \times (10^{-9})^2} \times \frac{1}{1.6 \times 10^{-19}} \times n^2 = 0.37 \times n^2 \,[\text{eV}] \tag{3.30}$$

$d = 1\,\text{cm}$ を代入すれば，$E = 3.7 \times 10^{-15} \times n^2\,\text{eV}$ を得る[2]．つまり，1 cm といった巨

---

[2] エネルギーの次元を確かめておく．$\hbar = [\text{J}][\text{s}]$, $m = [\text{kg}]$, $d = [\text{m}]$ の単位を代入すると E の次元は $[\text{J}]^2[\text{s}]^2/[\text{kg}][\text{m}]^2$, $[\text{J}] = [\text{m}]^2[\text{kg}]/[\text{s}]^2$ であるから，$[E] = [\text{J}]$ となる．また，$1\,\text{eV} = 1.602 \times 10^{-19}\,\text{J}$ である．

視的な領域に閉じ込められたときのエネルギー差はほとんど無視できて[3]，実質的には連続分布（閉じ込め効果のない古典論）していると考えていい．一方，$1\,\mathrm{nm} \sim 10\,\mathrm{nm}$ ($= 10 \sim 100\,\mathrm{\AA}$) という極めて狭い領域に閉じ込められた場合には大きなエネルギー差 ($E_{n+1} - E_n$) が生じるので，量子効果が期待される[4]．

3.4.2 箱の中に閉じ込められた粒子 ー量子箱ー

粒子の運動が長さ d の一次元に束縛された場合に，量子効果（閉じ込め効果）が離散的なエネルギー固有値として現れることを学んだが，これを三次元の場合に拡張し，量子箱（一般的には量子ドット）とよばれる狭い領域の閉じ込められた電子の性質を学ぶ．

粒子が一辺 d の立方体の箱の中に閉じ込められていると，(k_x, k_y, k_z) は任意の値をとることができず，式 (3.24) と同様にして $n = (n_x, n_y, n_z)$ をこの場合の量子数とすれば

$$k_x = \frac{n_x \pi}{d}, \quad k_y = \frac{n_y \pi}{d}, \quad k_z = \frac{n_z \pi}{d} \quad (n_x, n_y, n_z = 1, 2, 3, \cdots) \tag{3.31}$$

の限られた値のみが許される．したがって，波動関数は

$$\varphi(x, y, z) = \left(\frac{2}{d}\right)^{3/2} \sin\left(\frac{n_x \pi}{d} x\right) \sin\left(\frac{n_y \pi}{d} y\right) \sin\left(\frac{n_z \pi}{d} z\right) \tag{3.32}$$

で表され，エネルギー固有値は

$$E_n = \frac{\pi^2 \hbar^2}{2md^2}(n_x^2 + n_y^2 + n_z^2) \tag{3.33}$$

となる．図 3.5 に示すように，基底状態のエネルギーは $n = (1, 1, 1)$ の

$$E_{111} = 3\frac{\pi^2 \hbar^2}{2md^2} \tag{3.34}$$

である．また，最低励起状態は $n = (2, 1, 1), (1, 2, 1), (1, 1, 2)$ のいずれの量子数の組み合わせに対しても

$$E_{211} = E_{121} = E_{112} = 6\frac{\pi^2 \hbar^2}{2md^2} \tag{3.35}$$

の同じエネルギーをもつ．しかし，それぞれの量子数の組に対して式 (3.32) の波動関数は異なる．このように，ある量子数の組に対してエネルギーは同じであるが，波動関数が異なることをその状態が**縮退**しているといい，一次元以外の励起状態の一般的

---

[3] たとえば，質量が $1\,\mathrm{g}$ の粒子を $d = 10\,\mathrm{\AA}$ を閉じ込めても，約 10^{-28} が式 (3.30) に掛かるので，離散性は無視できる．
[4] 量子閉じ込め効果が観測できるのは，離散的エネルギー準位差が温度エネルギーと比較して十分大きい場合である．

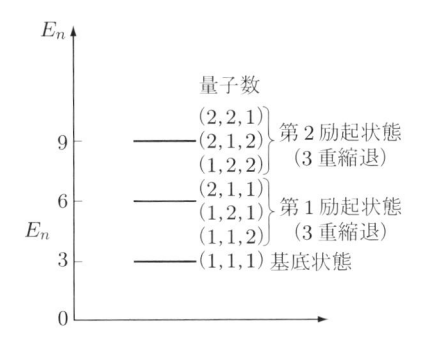

図 3.5 立方体に閉じ込められた粒子のエネルギー準位

な性質である．

さて，いままでいくつかの系を具体例として，連続エネルギーをもつ自由粒子が有限な領域に閉じ込められると，離散的なエネルギーしか許されなくなることを学んだ．水素原子の場合に電子の運動がクーロン引力によって，原子核の回りに束縛されていることによるエネルギーの離散性と本質的に同じである．このように，"**粒子がある有限な領域に閉じこめられたことによって出現するエネルギーの離散性**" こそが，粒子の波動性（量子力学的性質）の本質である．その離散性の程度を表すエネルギー間隔は閉じこめられた領域の大きさに逆比例する．具体例として適していないかもしれないが，「貴方を一生国内に閉じこめる」といわれてもいっこうに構わない人もいるだろうが，「一生この部屋の中に閉じこめられる」となると…．粒子をサブミクロン程度の領域に閉じこめても，そのエネルギーの離散性はほとんど無視することができ，連続エネルギーと考えて差し支えない．

粒子の波動性に由来するエネルギーの離散性が顕在化する目安は，そのエネルギー間隔が温度と比較して十分に狭く，量子効果が実現される世界がナノ構造（$1\,\mathrm{nm} = 10\,\mathrm{Å} = 10^{-9}\,\mathrm{m}$）である．ここ数年，**ナノテクノロジー**という言葉に触れる機会が多くなってきたが，電子の運動をナノ領域に閉じこめることで実現される**量子効果**を積極的に利用し，従来の動作原理とはまったく異なるデバイスの研究・開発こそが，今世紀初頭における先進諸国の主要な課題となっている．

練習問題

[**3.1**] 自由粒子の運動量 p が確定していること，すなわち $\Delta p = 0$ を式 (3.4) の波動関数を用いて証明せよ．

[**3.2**] $k_x = 2n\pi/L$ であるとき，一次元平面波 (3.4) が周期的境界 $\varphi(x) = \varphi(x+L)$ を満足

することを証明せよ．

[**3.3**] 式 (3.26) の波動関数を用いて期待値 $<x>$, $<x^2>$ を計算し，Δx が 0 にならない理由を考えよ．

[**3.4**] 式 (3.26) の波動関数は実数であるから計算するまでもなく，(2.137) の確率流の密度は 0 であるが，なぜか．

[**3.5**] 長さが d の一次元に運動が束縛された粒子の各エネルギー準位におけるド・ブロイ波長を求めよ．

4 有限井戸型ポテンシャルと量子井戸

前章では粒子が狭い領域に閉じ込められたときの波動関数の特徴とエネルギーの離散性を学んだ．本章では従来は"量子力学の基礎"を学ぶためのあくまでも簡単な"模型"であった"井戸型ポテンシャル"が半導体薄膜成長技術の進歩によって，人工的に作ることができるようになった"量子井戸"についてついて学ぶ．

4.1 有限井戸型ポテンシャル

図 4.1 に示すような幅が d，深さが V_0 の一次元井戸型ポテンシャルの問題を考える．つまり，シュレーディンガー方程式

$$\left\{-\frac{\hbar^2}{2m}\frac{d^2}{dx^2} + V(x)\right\}\varphi(x) = E\varphi(x) \tag{4.1}$$

を

$$V(x) = \begin{cases} V_0 & (|x| \geq d/2) \,;\, 領域\ \mathrm{I, III}) \\ 0 & (|x| < d/2) \,;\, 領域\ \mathrm{II}) \end{cases} \tag{4.2}$$

に対して解く．このようにポテンシャルが異なる場合にはそれぞれの領域で式 (4.1) を解かなければならない．領域 II ではポテンシャルがないので，その解は式 (3.21) と同じであり，波動関数は

$$\varphi_{II}(x) = A\cos kx + B\sin kx, \quad k = \sqrt{\frac{2mE}{\hbar^2}} \tag{4.3}$$

で与えられる．一方，領域 I と III のシュレーディンガー方程式

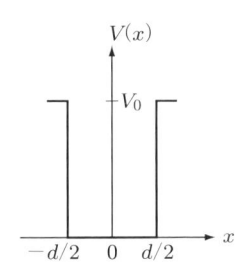

図 4.1 井戸型ポテンシャル

$$-\frac{\hbar^2}{2m}\frac{d^2}{dx^2}\varphi(x) = (E - V_0)\varphi(x) \tag{4.4}$$

の解は E と V_0 の大小関係で異なる．$E > V_0$ の場合は領域 II と同様な解となるが，ここで興味があるのは $E < V_0$ の場合である．古典力学の立場から考えると，この場合には粒子のエネルギーが井戸の深さよりも小さく，粒子は完全に井戸内に閉じ込められた束縛状態となる．では，量子力学ではどうなるのだろうか．

$E < V_0$ の場合，シュレーディンガー方程式の解は

$$\varphi_\mathrm{I}(x) = Ce^{k'x}, \quad x \leq -\frac{d}{2}, \tag{4.5}$$

$$\varphi_\mathrm{III}(x) = De^{-k'x}, \quad x \geq \frac{d}{2}, \quad k' = \sqrt{\frac{2m(V_0 - E)}{\hbar^2}} \tag{4.6}$$

の指数関数的な減衰関数で与えられる．ここで重要なことは，$E < V_0$ でもゼロでない C, D をもつ解が存在するということである．いいかえれば，障壁よりも小さなエネルギーをもった粒子でも，有限の確率で井戸の外にみいだすことができる．(I) と (II) および (II) と (III) の境界で波動関数が連続につながるための条件は，境界での波動関数の値とその微係数が等しくなることである．この境界条件から $x = -d/2$ では

$$A\cos\frac{kd}{2} - B\sin\frac{kd}{2} = Ce^{-k'd/2}, \tag{4.7}$$

$$kA\sin\frac{kd}{2} + kB\cos\frac{kd}{2} = k'Ce^{-k'd/2}, \tag{4.8}$$

$x = d/2$ では

$$A\cos\frac{kd}{2} + B\sin\frac{kd}{2} = De^{-k'd/2}, \tag{4.9}$$

$$-kA\sin\frac{kd}{2} + kB\cos\frac{kd}{2} = -k'De^{-k'd/2}, \tag{4.10}$$

が得られる．詳しい計算は省略するが，これらの式より C, D を消去すると

$$A\left(k'\cos\frac{kd}{2} - k\sin\frac{kd}{2}\right) = 0 \tag{4.11}$$

$$B\left(k'\sin\frac{kd}{2} + k\cos\frac{kd}{2}\right) = 0 \tag{4.12}$$

となる．したがって，A, B が同時に 0 にならない条件は
1) $A \neq 0$, $B = 0$, $C = D$ で

$$k'\cos\frac{kd}{2} - k\sin\frac{kd}{2} = 0, \quad \text{つまり} \quad \frac{k'}{k} = \tan\frac{kd}{2} \tag{4.13}$$

が成立するときである．そして，この場合の波動関数は原点に関して対称的な次式と

なる.

$$\varphi(x) = \begin{cases} A \cos kx & \left(|x| \leq \dfrac{d}{2}\right) \\ Ce^{-k'x} & (x \geq d/2) \\ Ce^{k'x} & (x < -d/2) \end{cases} \tag{4.14}$$

2) $A = 0,\ B \neq 0,\ C = -D$ で

$$k' \sin \frac{kd}{2} + k \cos \frac{kd}{2} = 0, \quad \text{つまり} \quad -\frac{k'}{k} = \cot \frac{kd}{2} \tag{4.15}$$

の場合の波動関数は原点に関して非対称的な

$$\varphi(x) = \begin{cases} B \sin kx & \left(|x| \leq \dfrac{d}{2}\right) \\ Ce^{-k'x} & (x \geq d/2) \\ -Ce^{k'x} & (x < -d/2) \end{cases} \tag{4.16}$$

となる.このように,ポテンシャルが原点に関して対称的であるとき,波動関数も原点に関して偶関数か奇関数になることを波動関数の**偶奇性**という(演習問題 [4.1]).

さて,井戸型ポテンシャルの問題で重要なことは,粒子のエネルギーがポテンシャル障壁より小さいときでも,波動関数が井戸の外へ指数関数的に減少しながらはみだしていることであり,粒子を井戸の外にみいだす確率が有限であるということである.もちろん,古典論では運動エネルギーが負になるのでこのようなことは起こらない.波動関数の井戸の外での振舞いは $k' = \sqrt{2m(V_0 - E)/\hbar^2}$ で決定され,井戸が深くなればなるほど波動関数のにじみだしは小さくなり,$V_0 \to \infty$ の極限では波動関数は 0 になるので古典論の結果と一致する.

次に,井戸内に束縛された粒子のエネルギーと,井戸の深さおよび幅との関係を調べてみる.任意の V_0 に対して,エネルギーを解析的に求めることはできないけれども,その定性的な性質は図 4.2 のグラフを用いて調べることができる.$\alpha = kd/2$,$\beta = k'd/2$ とおくと式 (4.13) と式 (4.15) より

$$\alpha \tan \alpha = \beta, \quad \alpha \cot \alpha = -\beta \tag{4.17}$$

$$\alpha^2 + \beta^2 = \frac{mV_0 d^2}{2\hbar^2} \tag{4.18}$$

を得る.$\alpha,\ \beta$ はともに正であるから,エネルギー固有値は半径 $r_0 = \sqrt{mV_0 d^2/2\hbar^2}$ の円と式 (4.17) の第 1 象限における交点として与えられる.式 (4.17) は $\alpha = 0,\ \pi/2,\ \pi,\ 3\pi/2$ で 0,または無限大になる単調増加関数であるから,r_0 が大きくなるにつれ

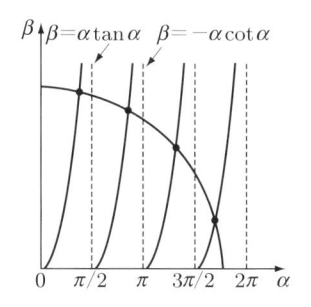

図 4.2 式 (4.17) と式 (4.18) の数値解

て解の数も増加し，一般に $(n-1)\pi/2 < r_0 \leq n\pi/2 \,(n=1,2,\ldots)$ のとき n 個の解が存在する．つまり，V_0 が大きくなればなるほど，すべての解は

$$\alpha = \frac{kd}{2} \leq \frac{n\pi}{2} \tag{4.19}$$

の不等式を満足し，

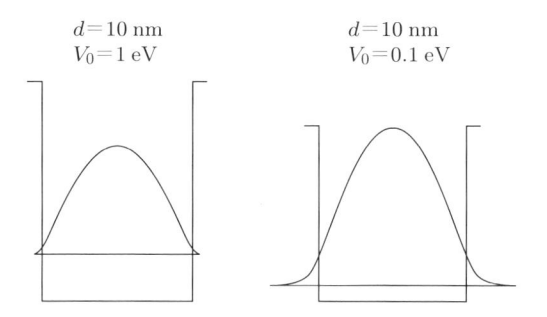

図 4.3 井戸型ポテンシャルでの波動関数とエネルギー固有値（障壁を低くしたときの変化）

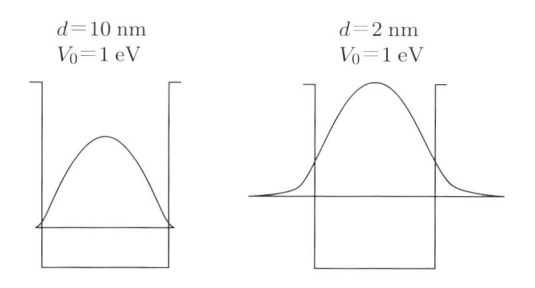

図 4.4 井戸型ポテンシャルでの波動関数とエネルギー固有値（井戸端を狭くしたときの変化）

$$E_n = \frac{\hbar^2 k^2}{2m} \leq \frac{\hbar^2 \pi^2}{2md^2} n^2 \tag{4.20}$$

となるので，式 (3.27) の無限に深いポテンシャルに閉じ込められたときのエネルギー固有値に近づく．さらに，$\alpha \tan \alpha = \beta$ の場合を考えてみると，この関数は原点で 0 となり，$\alpha = \pi/2$ で発散するので，どんなに小さな V_0 あるいは d に対しても少なくとも一つの交点をもつことになり，一次元の井戸型ポテンシャルではどんなに浅くても必ず粒子が井戸に束縛された状態がある．ちなみに，三次元では V_0 がある深さ以上にならなければ束縛状態が出現しない．また，井戸が深く（浅く）なるほどエネルギーは高くなり（低く），外へのにじみだしは小さく（大きく）なり，井戸幅が狭くなるほどエネルギーは高くなり，波動関数の広がりは大きくなる．

図 4.3 は $d = 10\,\mathrm{nm}$，$V_0 = 1$，$0.1\,\mathrm{eV}$ として，式 (4.17) と式 (4.18) の連立方程式を数値的に解いて求めた基底状態の波動関数とエネルギーを図示したものであり，V_0 が小さくなるとエネルギーが下がり，波動関数の井戸外へのにじみだしが増加している．一方，図 4.4 は $V_0 = 1\,\mathrm{eV}$ と一定しし，d を $10\,\mathrm{nm}$ から $2\,\mathrm{nm}$ に狭くした結果である．d の減少によってエネルギーが増加するとともに，波動関数のにじみだしもより顕著になっていることがわかる．

4.2　量子井戸

前節で学んだ井戸型ポテンシャルは，井戸内で一定の値をもち，その境界に障壁があるという極めて単純化された模型であるが，けっして単なる量子力学の基礎を学ぶためだけの模型ではない．自然界でこのように単純化された模型がそのまま適用できる系はほとんど存在しないけれども，もしこのような特異な構造を人工的に創り出すことができるなら，その構造に特有な量子効果が期待できる．この可能性をはじめて現実のものとして提案したのは，後で学ぶ**粒子のトンネル効果**の発見（1957 年）により 1973 年にノーベル物理学賞を受賞した江崎玲於奈博士である．彼はバンドギャップの異なる半導体薄膜を交互に積層させて人工的に量子井戸構造の作製が可能なことを提案した．また図 4.5 で描かれているように交互積層を繰り返した半導体ヘテロ構造から構成される**超格子**（superlattice）とよばれる自然界には存在しない新しい構造を提案した[1]．

半導体の電子構造の特徴について簡単に触れておく．半導体を特徴づけるもっとも

---

[1] 半導体薄膜を成長させるのにもっとも良く用いられる方法の一つは分子線エピタクシー（Molecular Beam Epitaxy, MBE）とよばれ，現在の半導体技術では単原子層レベルまで薄膜成長を制御できる．基板と同じ半導体薄膜の成長をホモエピタクシー，異なる場合をヘテロエピタクシーという．

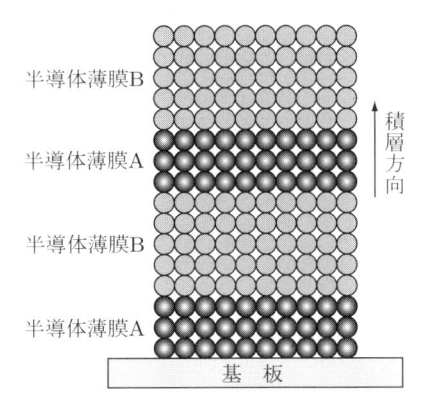

68　4章　有限井戸型ポテンシャルと量子井戸

図 4.5　ヘテロ超格子構造

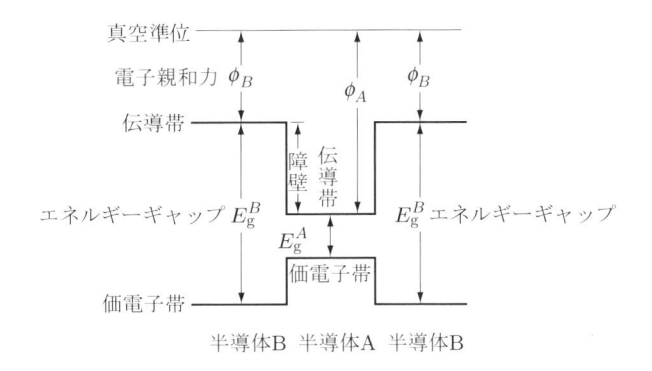

図 4.6　量子井戸構造

基本的な性質は，エネルギーギャップとよばれる禁止帯で隔てられた電子が充満した価電子帯と空の伝導帯が存在することである．それでは，異なるエネルギーギャップ E_g^A，E_g^B をもつ半導体薄膜 A，B を積層させて量子井戸構造を作ったらどうなるのであろうか．図 4.6 で示すように，二つの半導体に共通なエネルギーの基準として真空準位をとり，それぞれの半導体の伝導帯の底までのエネルギー（これを電子親和力という）を ϕ_A，ϕ_B とする．そこで，

$$\phi_A > \phi_B, \quad \phi_A + E_g^A < \phi_B + E_g^B \tag{4.21}$$

を満足する半導体 B で半導体 A をはさんだサンドイッチ構造を作ると，図 4.7 に描いたような一次元井戸型ポテンシャルが積層方向に沿って形成され，このような構造を量子井戸（quantum well）とよぶ．図 4.7 では半導体 A が井戸を，半導体 B が障壁を形成し，障壁の高さは半導体 A と半導体 B の界面における電子親和力の差で与え

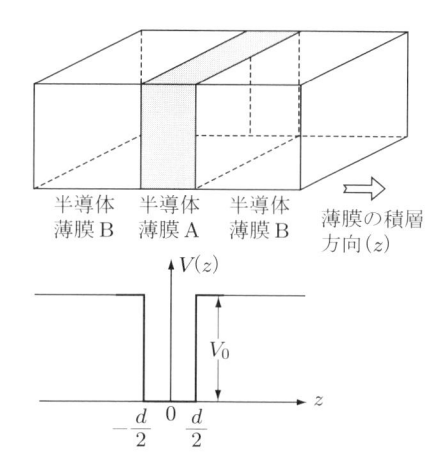

図 4.7 一次元量子井戸ポテンシャル

られる．さらに，量子井戸の幅 (d) は半導体薄膜 A の膜厚で決まることになる．量子井戸の性質を特徴づけるこれらのパラメータは具体的な半導体物質を適当に組み合わせて決めることができるので，目的に応じた構造を人工的に作り出すことができる．

半導体薄膜の積層方向を z 軸，それと垂直に $x-y$ 面をとると，(x,y) 面内では自由電子の振舞いをすると考えて差し支えないが，z 方向では一次元井戸型ポテンシャルが形成されるので，z 方向では一次元の井戸に閉じ込められ，この方向でのみ離散的エネルギー準位をもつ自然界には存在しない特異な電子構造をもった人工物質を得ることができる．このとき，電子の波動関数とエネルギー（価電子帯に量子井戸が形成される正孔の場合も同様）は

$$\varphi(x,y,z) \propto e^{i(k_x x + k_y y)}\varphi_n(z) \tag{4.22}$$

$$E = E_{xy} + E_z = \frac{\hbar^2}{2m}(k_x^2 + k_y^2) + E_n \tag{4.23}$$

で与えられる．ここで，$\varphi_n(z)$ と E_n は z 方向（閉じ込め方向）での波動関数と離散的エネルギー準位である．

それでは，量子井戸構造で量子サイズ効果を実現し，離散的なエネルギー準位を人工的に実現するためにはどの程度の井戸幅が必要になるのであろうか．

ポテンシャルのない自由電子のエネルギーは

$$E = \frac{\hbar^2}{2m}(k_x^2 + k_y^2 + k_z^2) = \frac{p^2}{2m} = \frac{\hbar^2}{2m}\frac{1}{\lambda^2} \tag{4.24}$$

で与えられる．ここで，λ は電子のド・ブロイ波長である．したがって，量子効果によるエネルギーの離散化が顕著になるためには，井戸幅はド・ブロイ波長と同程度かそれ

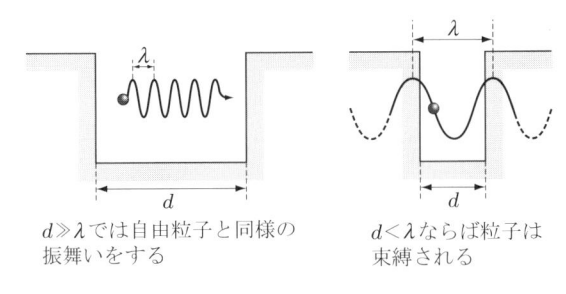

d≫λでは自由粒子と同様の振舞いをする　　d<λならば粒子は束縛される

図 4.8 量子井戸幅と粒子のド・ブロイ波長の関係

以下でなければならない．この理由は図 4.8 のように考えれば容易に理解できる．自由電子としてのド・ブロイ波長よりはるかに広い所に電子を閉じ込めたとしても，電子は閉じ込められたことを感じることなく自由に振舞うことができるので，量子サイズ効果によってエネルギー準位の離散化が顕著になるための条件は

$$d \leq \lambda \tag{4.25}$$

であり，具体的には数 100 Å 以下でなければならない．

ところで，三次元構造においてある方向のみの運動が量子井戸に閉じ込められるとき，それに垂直な二次元面内では自由粒子であるから，人工的な二次元物質が形成されたと考えることもできる．一般に層状物質と呼ばれる特殊な物質を除けば，物質自体はもちろん三次元であるが，電子の運動が実質的に二次元となるような人工物質の作製も可能となる．このような系を"**二次元電子（あるいは正孔）ガス**"とよび，その電子的，光学的な性質と輸送特性は三次元バルク結晶とは著しく異なる[2]．量子井戸の深さは半導体の組み合わせによってほぼ決定され，量子効果を左右するもう一つのパラメータである井戸幅は薄膜の膜厚を制御することで任意に選ぶことができる．

分子線エピタクシーや原子層エピタクシーとよばれるめざましい半導体の薄膜成長技術の進歩により，現在の半導体技術では単原子層レベルまで薄膜成長を制御できるようになった．このような人工的一次元井戸型ポテンシャルのアイデアをさらに二次元，三次元に発展させると，量子細線 (quantum wire)，量子箱，量子ドット (quantum box, quantum dot) を利用した新しい素子の開発が可能となる．

---

[2] たとえば，半導体量子井戸構造を形成する障壁層内の井戸から遠くない場所にデルタドーピングとよばれる特殊な不純物ドーピングを行うと，二次元電子（正孔）のイオン散乱が大きく抑制されることで，キャリア移動度が低温で著しく増加することが知られている．

練　習　問　題

[**4.1**] 波動関数の偶奇性，つまりシュレーディンガー方程式
$$\left[-\frac{\hbar^2}{2m}\frac{d^2}{dx^2}+V(x)\right]\varphi(x)=E\varphi(x), \tag{4.26}$$
で，$V(x)=V(-x)$ ならば $\varphi(x)=\pm\varphi(-x)$ を証明せよ．

[**4.2**] 図 4.1 の井戸型ポテンシャルで左側の障壁高さを無限大にすると，ある V_0 以下では束縛状態が出現しない．この V_0 を求めよ．

5 トンネル効果

テニスの壁打ちを連想してみよう．誤ってテニスボールを壁より高く打たない限りボールは跳ね返って来るが，ボールが壁に当たった音は壁の反対側でも聞くことができる．つまり，粒子は壁をすり抜けられないが，波は壁を通り抜けることができる．テニスボールを物質波の性質をもつ粒子に置き換え，物質波としての粒子の波動性をもっとも端的に表すトンネル効果とその具体例を学ぶ．

とくにトンネル効果を利用して固体の表面構造をはじめて原子レベルで観察することを可能にした走査トンネル顕微鏡（**STM, scanning tunneling microscope**）の動作原理，これを用いた固体表面で原子や分子を一個ずつ思いのままに操作する技術の可能性について触れる．

5.1 階段型ポテンシャル

井戸型ポテンシャルの問題に続いて，次に図 5.1 に示されている階段型ポテンシャルの場合を考える．つまり

$$V(x) = \begin{cases} 0 & (x \leq 0) \\ V_0 & (x \geq 0) \end{cases} \tag{5.1}$$

で与えられる無限に長い一定の高さをもつ壁に向かって左からエネルギー E をもつ粒子が飛来してくる問題を考える．この系のシュレーディンガー方程式を解く前に，念のために古典力学の結果を簡単に整理しておく．$x<0$ の領域で粒子はある速度 v_1 で

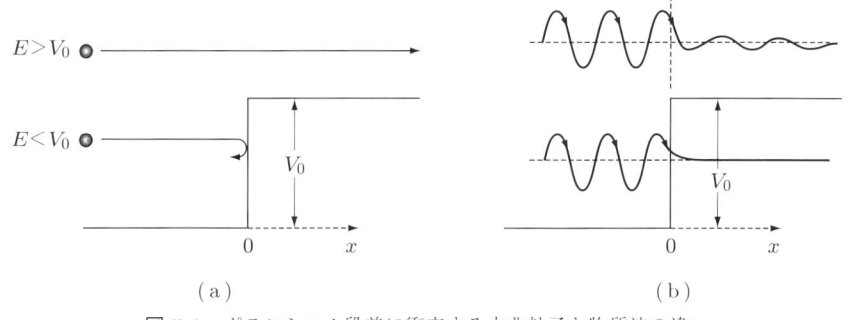

図 5.1 ポテンシャル段差に衝突する古典粒子と物質波の違い

等速直線運動しながら飛来してくると考えると，$x > 0$ の領域での速度 v_2 はエネルギー保存則より，
$$\frac{1}{2}mv_2^2 = \frac{1}{2}mv_1^2 - V_0 \tag{5.2}$$
なので，飛来した粒子の運動エネルギーが壁の高さより大きければ，この式で与えられる速度で等速直線運動を続ける．当然，逆の場合には，粒子は壁の表面で反射されて逆向きの等速直線運動をして無限の彼方へ去っていく（図 5.1 (a)）．このような極めて単純な問題が量子力学ではどのようになるかを考える．前と同様に系を I $(x < 0)$ と II $(x \geq 0)$ の領域に分けて考えると，領域 (I) では自由粒子であるから波動関数は
$$\varphi_{\mathrm{I}}(x) = Ae^{ikx} + Be^{-ikx}, \quad k = \sqrt{\frac{2mE}{\hbar^2}} \tag{5.3}$$
で与えられる．ここで，第 1 項は振幅が A の進行波，第 2 項は振幅が B の反射波を表す．一方，領域 (II) では $E > V_0$ に対して
$$\varphi_{\mathrm{II}}(x) = Ce^{ik'x}, \quad k' = \sqrt{\frac{2m(E-V_0)}{\hbar^2}} \tag{5.4}$$
$E < V_0$ に対して
$$\varphi_{\mathrm{II}}(x) = Ce^{-\kappa x}, \quad \kappa = \sqrt{\frac{2m(V_0-E)}{\hbar^2}} \tag{5.5}$$
となる．ここで，C は領域 (II) へ透過した波の振幅である．まず，$E > V_0$ の場合について $x = 0$ での境界条件より，
$$A + B = C, \quad k(A - B) = k'C \tag{5.6}$$
となるので，入射波の振幅に対する反射波と透過波の振幅の比は
$$\frac{B}{A} = \frac{k - k'}{k + k'}, \quad \frac{C}{A} = \frac{2k}{k + k'} \tag{5.7}$$
となる．2.10 節で導入した確率流の密度を用いて，階段ポテンシャルによる粒子の反射率と透過率を計算してみよう．式 (2.134) より，一次元では
$$s = \frac{\hbar}{2mi}\left(\varphi^* \frac{d\varphi}{dx} - \varphi \frac{d\varphi^*}{dx}\right) \tag{5.8}$$
であるから，上の結果を代入すると
$$s = \begin{cases} (|A|^2 - |B|^2)\dfrac{\hbar k}{m} & (x < 0) \\ |C|^2 \dfrac{\hbar k'}{m} & (x \geq 0) \end{cases} \tag{5.9}$$
を得る．これは左方から振幅 A の波が伝搬速度 $v = p/m = \hbar k/m$ で飛来し，振幅 B の波が同じ伝搬速度で反射すると同時に振幅 C の波が伝搬速度 $v' = \hbar k'/m$ で透過し

ていくことを示している．

波の強度を確率流 $S =$ 速度 × 密度［波の振幅の二乗］で表すと，入射波，反射波および透過波の強度はそれぞれ，$v|A|^2$，$v|B|^2$，$v'|C|^2$ となるから，粒子の反射率と透過率はそれぞれ，

$$R = \frac{v|B|^2}{v|A|^2}, \quad T = \frac{v'|C|^2}{v|A|^2} \tag{5.10}$$

で定義すると，

$$R = \left|\frac{k-k'}{(k+k')}\right|^2, \quad T = \left|\frac{4kk'}{(k+k')^2}\right| \tag{5.11}$$

となり，

$$R + T = 1 \tag{5.12}$$

が成立する．これは反射と透過での粒子数保存に他ならない．また，入射波の振幅が反射波の振幅よりも大きいことがわかる．古典力学では反射率は 0 で，透過率は 1 であるが，量子力学では $E > V_0$ の場合でもポテンシャルの影響を受けて透過波の振幅が減少する．ただし，E が V_0 に比べて十分大きいときには，R と T は古典力学の結果と一致してそれぞれ 0 と 1 になる．

次に，$E < V_0$ の場合には

$$A + B = C, \quad ik(A - B) = -\kappa C \tag{5.13}$$

となるので，

$$\frac{B}{A} = \frac{ik+\kappa}{ik-\kappa}, \quad \frac{C}{A} = \frac{2ik}{ik-\kappa} \tag{5.14}$$

したがって，反射率は V_0 の大きさに関係なく

$$R = \left|\frac{ik+\kappa}{ik-\kappa}\right|^2 = 1 \tag{5.15}$$

となる．この場合，もちろん透過率は 0 である．しかし，領域 II での波動関数は式 (5.5) で与えられているように，$x > 0$ で減衰関数でであるが，この領域に粒子をみいだす確率は 0 ではない（図 5.1(b)）．この状況は，有限の井戸型ポテンシャルの外側に波動関数がはみだしていたり，あるいは光の全反射の状況と似ている（光が屈折率の小さい領域との境界で全反射するとき，光は境界からの距離とともに指数関数的に減衰しながら侵入する）．

5.2　山型ポテンシャル　—トンネル効果—

次に，階段の幅をどんどん小さくして図 5.2 のような山型ポテンシャルの場合にど

5.2 山型ポテンシャル —トンネル効果—

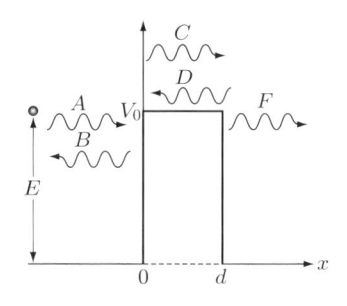

図 5.2 一次元山型ポテンシャル

うなるか調べてみよう．前節でポテンシャル障壁より低いエネルギーをもつ粒子の波動関数が，障壁の中に侵入することをみいだしたが，障壁幅が狭くなれば障壁の向こう側に粒子をみいだす，つまり，粒子があたかも障壁にトンネルを掘って向こう側にすり抜けることが期待される．

そこで，

$$V(x) = \begin{cases} 0 & (x \leq 0) \text{ 領域 I} \\ V_0 & (0 < x < d) \text{ 領域 II} \\ 0 & (x \geq d) \text{ 領域 III} \end{cases} \tag{5.16}$$

で与えられるポテンシャル障壁に向かってエネルギー E をもつ粒子が飛んでくることを考える．領域 (I) はやはり式 (5.3) と同じであるから，波動関数は

$$\varphi_{\mathrm{I}}(x) = Ae^{ikx} + Be^{-ikx}, \quad k = \sqrt{\frac{2mE}{\hbar^2}} \tag{5.17}$$

である．また，領域 (III) では進行波しか存在しないので

$$\varphi_{\mathrm{III}}(x) = Fe^{ikx} \tag{5.18}$$

とする．領域 (II) では階段型ポテンシャルの場合と異なり，透過波に加えて右側の壁で反射される波があるので，波動関数は

$$\varphi_{\mathrm{II}}(x) = Ce^{i\alpha x} + De^{-i\alpha x}, \tag{5.19}$$

$$\alpha = \begin{cases} \dfrac{\sqrt{2m(E-V_0)}}{\hbar} & (E \geq V_0) \\ i\beta, \quad \beta = \dfrac{\sqrt{2m(V_0-E)}}{\hbar} & (E < V_0) \end{cases} \tag{5.20}$$

で与えられる．

まず $E > V_0$ の場合を考えると，境界条件より $x = 0$ では

$$A + B = C + D \tag{5.21}$$

$$k(A - B) = \alpha(C - D) \tag{5.22}$$

$x = d$ では

$$Ce^{i\alpha d} + De^{-i\alpha d} = Fe^{ikd} \tag{5.23}$$

$$\alpha(Ce^{i\alpha d} - De^{-i\alpha d}) = kFe^{ikd} \tag{5.24}$$

を得る．領域（I）での入射波と反射波の伝搬速度は同じであるから，反射率はそれぞれの振幅の比で与えられ，上式から C, D を消去すると反射率は

$$R = \frac{v|B|^2}{v|A|^2} = \left\{1 + \frac{4E(E - V_0)}{V_0^2 \sin^2(\alpha d)}\right\}^{-1} = 1 - T \tag{5.25}$$

となる．この反射率は古典的な直感と一致して，E が V_0 より大きくなるにつれて減少し，次第に 0 に漸近することを示している．さらに，

$$\alpha d = n\pi, \text{ つまり, } \frac{\sqrt{2m(E - V_0)}d}{\hbar} = n\pi, \quad (n = 1, 2, \ldots) \tag{5.26}$$

が満足されるとき，つねに $R = 0$, $T = 1$ となる．領域（II）で粒子の波数は α であるから，この粒子のド・ブロイ波長は $\lambda = h/p = 2\pi/\alpha$ となる．これを上式に代入すると

$$2d = n\lambda \tag{5.27}$$

となる．つまり，ポテンシャル障壁の幅の二倍が波長の整数倍になるとき，障壁の高さとは関係なく透過率は 1，反射率は 0 になる．これは障壁を直接透過する波と障壁の中を往復した波の光路差 $(2d)$ が位相差 $(2n\pi)$ に等しいとき互いに強め合い，反射波では二つの波の位相差が $(2n + 1)\pi$ となって互いに打ち消し合う干渉効果の結果であり，波長と同程度の薄い膜を透過する光の場合にも観察される現象である．

次に，$E < V_0$ の場合を考える．この場合は式 (5.25) で α を $i\beta$ で置き換え，

$$R = \left\{1 + \frac{4E(V_0 - E)}{V_0^2 \sinh^2(\beta d)}\right\}^{-1} \tag{5.28}$$

$$T = 1 - R = \left\{1 + \frac{V_0^2 \sinh^2(\beta d)}{4E(V_0 - E)}\right\}^{-1} \tag{5.29}$$

となる．ここで，$\sinh x = (e^x - e^{-x})/2$ である．$\beta d \gg 1$ のとき，すなわち障壁幅 d が指数関数の特性減衰長 $1/\beta$ に比べて大きい場合は近似的に

$$T \simeq \exp\left\{-\frac{2d}{\hbar}\sqrt{2m(V_0 - E)}\right\} \tag{5.30}$$

で表され，透過率は障壁幅とともに指数関数的に減少する．この結果は古典的に粒子が壁を通り抜けることができない $E < V_0$ の場合でも，量子力学では有限の確率で障

壁をすり抜けることができることを示している．この**忍法すり抜けの術**はあたかも粒子がポテンシャルの山にトンネルを掘って，ある有限な確率で山の反対側へ到達するので**トンネル効果**とよばれ，粒子の波動性の最も特徴な性質である[1]．左から飛来した粒子の平面波は，障壁内で減衰波となり，トンネルを抜けると再び振幅の小さい平面波として右方向へ一定の速度で伝搬していく．

式 (5.30) から明らかなように，障壁の幅あるいは高さが大きくなるにつれ，トンネル確率は次第に 0 になり，われわれの直感と矛盾しない．また，$\hbar \to 0$ とすれば，古典論の結果と一致してトンネル確率はゼロとなる．図 5.3 は $V_0 = 0.8\,\mathrm{eV}$ の障壁に対するトンネル確率をいくつかの障壁幅 d に対して，E/V_0 を横軸にして具体的に計算した結果を示したものである．d が減少するにともなって，$E/V_0 < 1$ の透過率が次第に増加していることがわかる．また，$d = 100, 200\,\text{Å}$ の場合に $E/V_0 > 1$ でみられる振動は式 (5.27) の条件を満たす干渉効果によるものである．

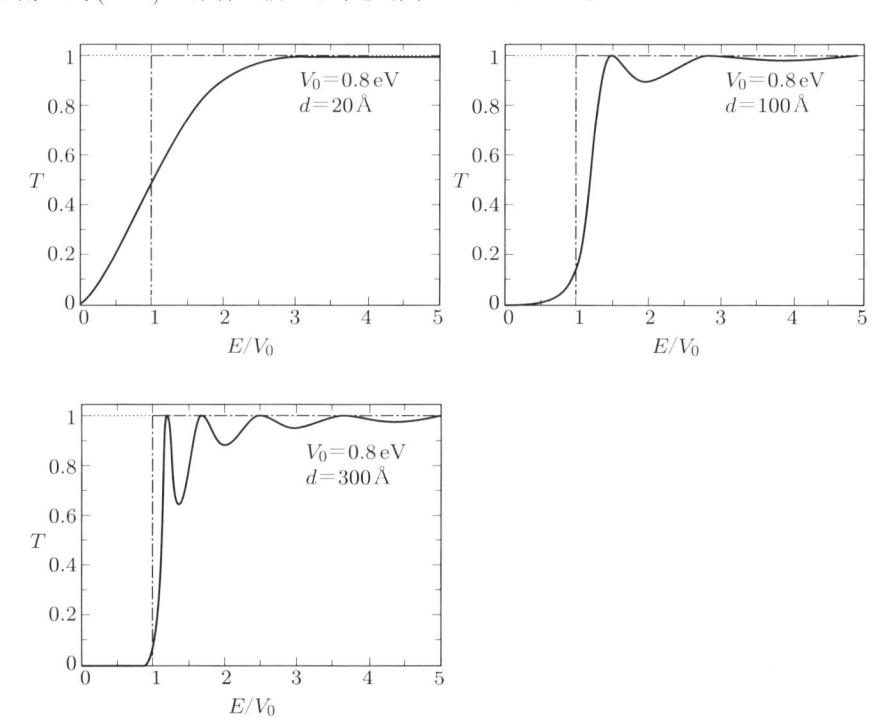

図 5.3 透過率 T のエネルギー依存率 – 障壁幅による変化

---

1) 波束が井戸型ポテンシャルで反射，透過する様子をアニメーションで具体的に示したものが，http://www.nep.chubu.ac.jp/ nepjava/javacode/WaveMap/parWaveMap.html にある．波束の伝搬やトンネル効果を理解する上で非常に参考になる．

5.3　トンネル現象の代表例

粒子が山を前にして"山を登らずにトンネルを掘って，山の向こう側へすり抜ける現象"は回折現象とともに粒子の波動性を示す量子力学の世界に特有な現象である．このトンネル効果はわれわれ日本人にとって，とくに物理学者にとっては特別の意味をもつ．

それは，湯川秀樹博士（1945年），朝永振一郎博士（1965年）につづいて三人目のノーベル物理学賞を，1973年に江崎玲於奈博士が**トンネルダイオード**の発明に対して受賞しているからである．ここでは，最近開発された走査トンネル顕微鏡を含め，いくつかの代表的なトンネル効果の具体例を紹介する．

5.3.1　電場による電子放出

金属内の自由電子は，前節の階段型ポテンシャルの問題でも学んだように，有限な高さ V_0 をもち，無限遠まで広がる壁で囲まれたポテンシャルの中に閉じ込められた粒子と考えることができ，電子を金属内部から真空中に放出させるには，表面のポテンシャル障壁を越えるのに十分なエネルギーを電子に与えなければならない．光照射による光電効果や金属を高温に加熱することによる熱電子放出などがその例である．

金属の表面に一様な電界 F を引加し，図 5.4 で描いたように無限に長い階段ポテンシャルが表面の外側で山のようなポテンシャルに変化するなら，金属内の電子はトンネル効果によって有限な確率で金属の外に飛び出すことができ，これを電界による電子放出とよぶ．

電子の感じるポテンシャルは，金属内部 ($x \leq 0$) と金属外部 ($x > 0$) で異なり

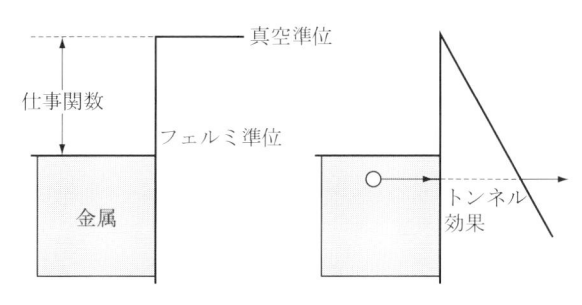

（a）電界をかけないとき　（b）電界をかけたとき

図 **5.4**　電界電子放出

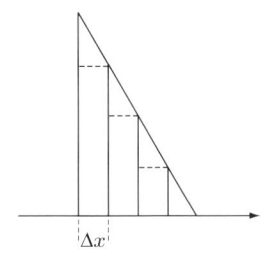

図 5.5 三角ポテンシャルを幅 Δx の井戸型ポテンシャルに分割する

$$V(x) = \begin{cases} 0 & (x \leq 0) \\ V_0 - eFx & (x > 0) \end{cases} \tag{5.31}$$

となる．このとき，エネルギー $E < V_0$ をもつ電子は，$0 \leq x \leq x_0$ の範囲で三角ポテンシャル障壁を感じる．この場合は階段型や井戸型ポテンシャルのように，簡単にシュレーディンガー方程式を解くことはできない．しかし，図 5.5 で示すように，ポテンシャル $V(x)$ を小区間 Δx に細かく分割すれば，Δx の範囲ではほぼ一定の山型ポテンシャルと考えられるので，それらをポテンシャルの全域にわたって積分すれば近似的に解くことができる．したがって，式 (5.30) をそのまま拡張すれば透過率は近似的に

$$T = \exp\left[-2\int_{x_1}^{x_2} \frac{\sqrt{2m[V(x)-E]}}{\hbar} dx\right] \tag{5.32}$$

で与えられる．このような近似法を，開発者の名前にちなんで "WKB 法" (Wentzel, Kramaers, Brillouin) という．式 (5.31) を代入すれば

$$T = \exp\left\{\frac{-2\sqrt{2m}}{\hbar} \int_0^{x_0} (V_0 - eFx - E)^{1/2} dx\right\} \tag{5.33}$$

となる．ここで，x_0 は条件

$$E = V(x_0) = V_0 - eFx_0 \tag{5.34}$$

から決定される．金属内で最大のエネルギーをもつ電子はフェルミ準位にある電子であるから，もっともトンネルしやすい電子に対してエネルギー差 $V_0 - E$ は仕事関数 W で与えられる．この電子に対する透過率は

$$\begin{aligned} T &= \exp\left\{\frac{-2\sqrt{2meF}}{\hbar} \int_0^{W/eF} \left(\frac{W}{eF} - x\right)^{1/2} dx\right\} \\ &= \exp\left\{-\frac{4\sqrt{2m}}{3\hbar} \frac{W^{3/2}}{eF}\right\} \end{aligned} \tag{5.35}$$

と計算される．したがって，透過率は仕事関数の小さい金属ほど，そして電場 F が強いほど大きくなる．

この電場支援トンネル効果によって放出された電子による電流を求めるには，金属内電子の分布関数を考慮してすべての電子のエネルギーについて足し合わさなければならない[2]．数 eV の仕事関数をもつ金属に対して電子放出を起こさせるには，$10^7 \sim 10^8$ V/cm 以上の高電場を金属表面にかける必要がある（演習問題 5.3）．これを実現する一つの方法は，針状の金属の先端を数千 Å 程度の曲率半径をもつように加工することである．このとき，先端部の電場は電圧/曲率半径となるので，たとえば電圧 500 V，曲率半径 5000 Å で 10^7 V/cm の高電場が得られる．

電子放出が起こるためのもう一つの重要なパラメータは障壁の厚さである．多くの金属の仕事関数の値は約 $4 \sim 5$ eV であるから，たとえば，$W = 5$ eV，$F = 10^7$ V/cm とすれば $x_0 = W/eF = 50$ Å となるので，障壁幅がせいぜい 10 Å 程度でなければ電子放出は起こらない．電子放出の強度は金属の仕事関数に敏感に依存するので，先端部の曲率半径を数千 Å にまで鋭くした針状の試料に高電場を引加すると，仕事関数のわずかな違いを反映して表面のいろいろな場所から放出される電子の強度分布が測定できる．この電場に支援された電子のトンネル効果を利用した電界放出顕微鏡は，固体の表面構造を調べる有力な方法として利用されている．

5.3.2 トンネル（エサキ）ダイオード

1948 年のショックレイ，バーディーンとブラッテン（Schockley, Bardeen, Brattain）によるゲルマニウム（Ge）を用いた点接触型トランジスタの発明から 10 年近くたった 1957 年，現在のソニーの前身である東京通信工業にいた江崎氏は Ge に高濃度の不純物を入れると，奇妙な現象が起こることをみいだした[3]．当時の半導体研究のほとんどが不純物のない純粋で完全な半導体結晶を相手にしていたなかで，あえて半導体特性を悪くするかもしれない不純物を多量に加えるなど誰も考えなかった．

Ge の結晶を用いて接合型トランジスタの基本である pn 接合ダイオードの電気的特性を調べていたところ，10^{18} cm^{-3} 程度の不純物濃度までごく普通の整流性を示していた電流–電圧特性は不純物濃度が 10^{19} cm^{-3} 台に突入すると，図 5.6 に示すようにこぶを示したのである．試料の抵抗値はもちろん正であるが，電流がある電圧以上で右下がりで減少するこの現象は負性抵抗（negative resistance）とよばれている．

それでは半導体中の不純物濃度が極端に大きくなるとどうして負性抵抗が現れ，そ

---

[2] 詳しい計算は，たとえば，塚田捷，物理学ワンポイント「仕事関数」（共立出版）にある．
[3] トンネルダイオード発見の舞台裏を含めた当時の様子は，菊地誠「半導体の理論と応用（中）」（裳華房）が詳しい．

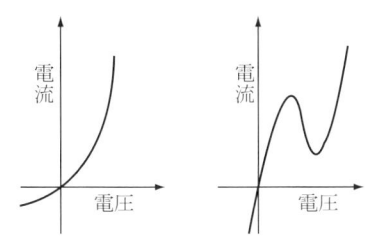

図 5.6 ダイオードの電流-電圧特性

れがどうしてトンネル効果と関係しているのだろうか.

半導体 pn 接合の電流-電圧特性について詳しく説明するのは本書のおもな目的ではないが，固体内電子のトンネル効果の観点からこの問題を考えてみる．7.6 節で水素原子模型の適用例として学ぶように，4 価の Ge に 3 価（5 価）の不純物を加えて作製した p(n) 型半導体ではアクセプタ（ドナー）準位とよばれる離散的な不純物準位が価電子帯の上（伝導帯の下）作られる．孤立原子が集まって結晶を作るとき，離散的なエネルギー準位からバンドが形成されるように，不純物濃度を上げていくと不純物原子に局在していた電子の波動関数の裾が次第に隣の不純物原子のそれと重なるようになり，ある程度のエネルギー幅をもついわゆる**不純物帯**が形成される．これがさらに強められると不純物帯が伝導帯と価電子帯の中にまでもぐり込んだ状況が実現される（これを縮退半導体という，図 5.7）．このとき**空乏層**とよばれる p 型領域と n 型領域を隔てる障壁の幅は（不純物濃度）$^{1/2}$ に逆比例して狭くなり，負性抵抗が観測された試料の不純物濃度で障壁幅は約 100 Å 程度と推定されている．

このように，高濃度に不純物をドープした pn 接合のエネルギーを図 5.8 に示す．バイアスがかけられていないとき，n 型領域（右側）から p 型領域（左側）へ流れる電

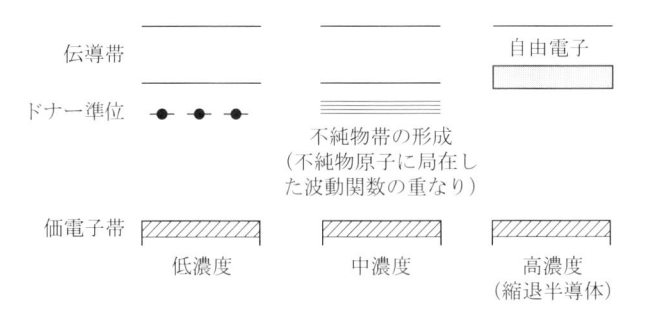

図 5.7 不純物濃度による変化

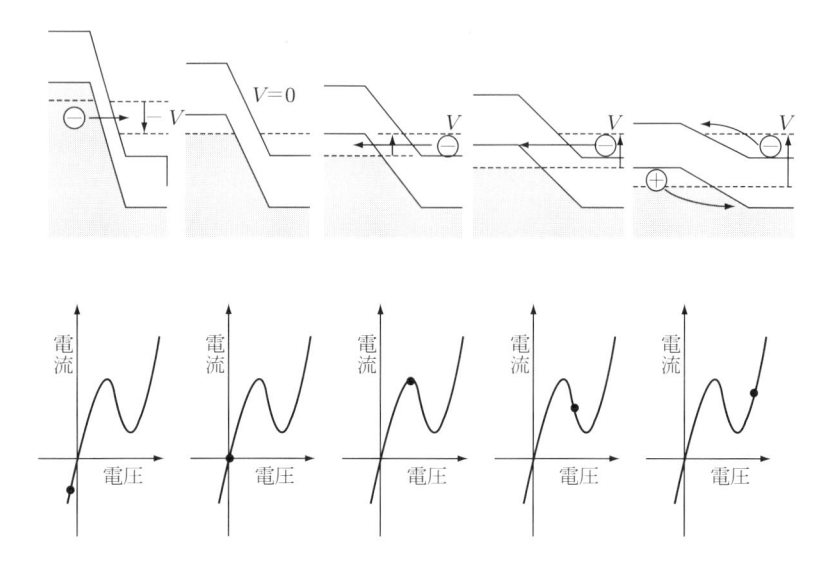

図 5.8 トンネルダイオードのエネルギー帯と電流-電圧特性の関係

子と，逆方向に流れる電子がつり合っているので電流は流れない．p 型が正になる順方向電圧をかけると，n 型領域の伝導帯にある電子が p 型領域にできた空席へ障壁をすり抜けて移動する**トンネル電流**が流れる．さらに電圧を大きくしていくと，n 型領域にある電子のエネルギーは p 型領域ではエネルギー準位のない禁止帯のなかに入るので，トンネルできなくなって電流が次第に減少する．これが電流-電圧特性のくぼみの左側の状況である．

そして，伝導帯の底と価電子帯の頂上が一致したところでトンネル電流は 0 となり，それ以上の電圧では通常の pn 接合の特性にもどり，電流は電圧に対して指数関数的に増加する．反対に p 型が負になる逆方向電圧をかけると，p 型領域の価電子帯にある電子がトンネル効果で n 型領域の伝導帯に移動するので，普通の pn 接合ではほとんど電流の流れない逆バイアスで非常に大きな電流が流れる．

以上がトンネルダイオードの定性的な説明である．この現象の発見は固体内電子に対するトンネル効果の実験的証拠として，発表から 16 年後の 1973 年に江崎博士にノーベル物理学賞が贈られた[4]．

高濃度に不純物をドープしたトンネルダイオードの他にも，普通の pn 接合で逆方向電圧を非常に大きくしていくと，p 型領域の価電子帯と n 型領域の伝導帯の距離が

---

[4] ちなみに，江崎博士の受賞記念講演のタイトルは "Long journey of tunneling"（トンネルの長い旅路）であった．この受賞講演ではトンネルダイオードの他に半導体超格子や共鳴トンネルダイオードのアイデアがすでに提案されている．

狭くなって，p 型領域から n 型領域への電子のトンネルが起こる．この現象は 1934 年にツェナー（Zener）によって見いだされ，**ツェナー効果**とよばれている．

このトンネル確率は，電界放出の式 (5.35) で仕事関数を実効的な禁制帯幅で置き換えて与えられる．さらに，高電界のもとで電子の波動関数が禁止帯ににじみ出し，実効的に禁止帯幅が小さくなることで，半導体の光吸収端が低エネルギー側へシフトするフランツ-ケルディシュ（Franz-Keldysh）効果など，半導体はまさにトンネル効果の宝庫である．さらに，共鳴トンネルトランジスタとよばれる，従来にないまったく新しい高速素子が量子井戸を利用して開発されている．これを含め量子効果を積極的に利用した新しい半導体デバイスの基礎については章を改めて 11 章で学ぶことにする．

5.3.3　走査トンネル顕微鏡

これまでみてきたように，粒子のトンネル確率は障壁の高さと幅で決定される．したがって，金属のような伝導体の表面に先端の尖った金属の針（探針）を数 Å の至近距離まで近づけることができれば，適当な電圧をかけることによって両者の間にはトンネル電流が流れる．1982 年にチューリッヒ IBM 研究所のビーニッヒ（Binnig）とローラー（Rohrer）は量子力学を学んだことのある人なら誰でも常識として知っているトンネル効果を利用したそれまでにないまったく新しい顕微鏡，走査トンネル顕微鏡（Scannig Tunneling Microscope : STM）を開発し，原子的スケールで表面の実像をはじめて観察することに成功した[5]．

図 5.9 のように金属の表面に金属探針を近づけ，探針と試料の間に V の電圧をかけるとトンネル効果により金属側の電子が探針側に移動して電流が流れる．試料と探針の仕事関数を W_s，W_p，障壁幅を d とすれば，フェルミ準位から計って E のエネルギーをもつ電子のトンネル確率は式 (5.30) より

$$T = \exp\left[-\frac{2d\sqrt{2m}}{h}\sqrt{\frac{W_{sp}}{2} + \frac{eV}{2} - E}\right] \tag{5.36}$$

で与えられる．ここで，$W_{sp} = (W_s + W_p)/2$ である．詳しい計算は省略するが，探針と試料表面の距離 d が数 Å だけ変化しただけでも，現在の測定技術をもってすれば数 nA（n；ナノ $= 10^{-9}$）程度のトンネル電流の変化を測定することができる

図 5.9 で描いたような原子スケールで起伏のある表面上で探針を二次元的に走査すればどうなるであろうか．トンネル電流が流れ始めるまで探針を試料表面に近づけ，ある一定のトンネル電流に設定する．この状況のもとで探針を走査すると，もし表面

---

[5]　この業績によりビーニッヒは 4 年後の 1986 年にノーベル物理学賞を受賞した．その年，同じ研究所の近くの研究室で誘電体酸化物の研究をしていたベドノルツとミュラー（Bednorz, Muller）がいわゆる酸化物高温超伝導体を発見し，翌年にノーベル物理学賞を受賞した．

84　5章　トンネル効果

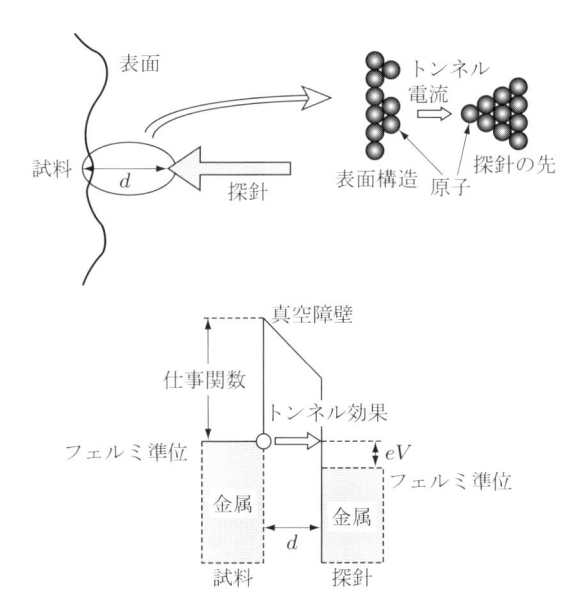

図 5.9　走査トンネル顕微鏡の概念図とそのエネルギーダイヤグラム

が完全に平坦だとすればトンネル電流は変化しない．しかし，原子レベルでも何か突起物のようなものが表面にあれば，そこで実効的なトンネル障壁幅が減少するのでトンネル電流は増加する．逆に，くぼみのようなものがあればトンネル電流は減少する．したがって，探針を走査しているときトンネル電流を一定に保つように探針を上下させればその変位は試料表面の凹凸の様子を示すことになる．このような動作原理に基づき，微小電流を検出するための防振の技術的問題を克服してビーニッヒらは世界ではじめて原子の像を直接観測することに成功した．

図 5.10 (a) は 1.7 節で紹介したシリコン Si (111) 表面の 7×7 表面の STM 像である．白丸は一個一個の Si 原子であり，ひし形を作る黒丸の回りに規則的に周期配列している様子がはっきりと観察されている．実はこの STM 像が観察される前に，わが国の高柳邦夫博士らは透過電子回折の実験から図 5.10 (b) に描いた複雑であるが，整然と整列した清浄な Si (111) 表面の構造モデルを提案していた．Si 原子の抜けた欠陥（黒丸）の回りにある 6 個の Si 原子を含め，この構造モデルと STM 像が完全に一致していることが確かめられた．このことによって長い間謎に包まれていた Si (111) 表面の構造が STM の出現によって明らかにされたのである．

5.3.4　走査トンネル分光

さて，われわれは図 5.10 (a) をあたかも原子そのものを実際に "見ている" ように思うかもしれないが，本当に原子一個を見ているのであろうか．STM で観察される

5.3 トンネル現象の代表例　85

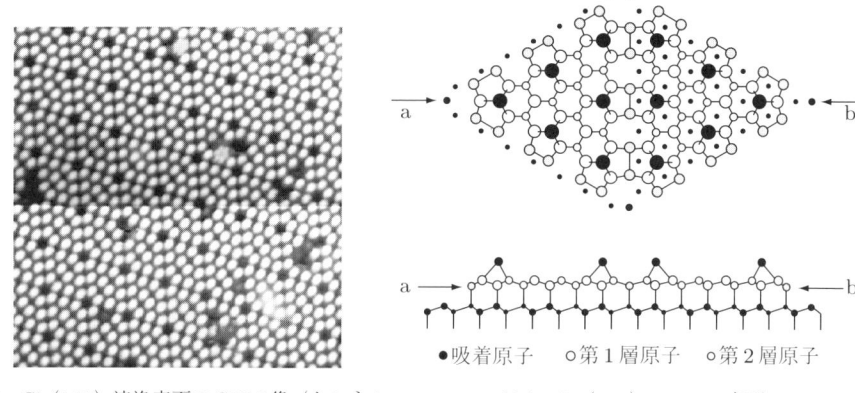

(a) Si(111)清浄表面のSTM像（トンネル電流 0.2×10^{-9} A，印加電圧 2.0 V）

(b) Si(111)-7×7 表面

● 吸着原子　○ 第1層原子　○ 第2層原子

図 5.10　Si(111)清浄表面のSTM像とその 7×7 表面構造

原子（もどき）像は原子そのものを見ているのではなく，探針と基板間に流れるトンネル電流に寄与する電子雲（正確には探針直下の試料表面の波動関数，電子状態）の二次元的な空間分布を観察しているのにほかならない．

図 5.11 に示すように，試料に対して探針を正バイアス印加する場合，電子は試料の占有状態から探針の非占有状態へトンネルする．この逆の負バイアスでは探針の占有状態から試料の非占有状態へトンネル電流が流れる．理論の詳細は本書の範囲ではないので，他の専門書に譲るが，いくつかの仮定[6]のもとで，探針直下の試料表面の位

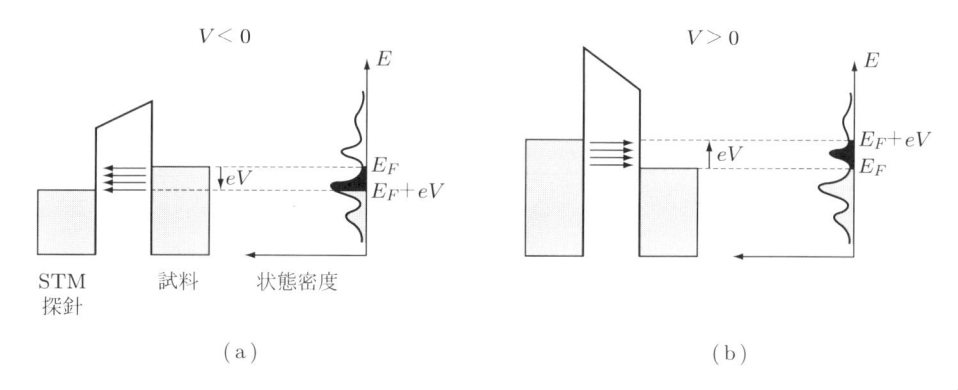

図 5.11　STS による占有，非占有電子状態の観測

---

[6]　温度による電子のフェルミ分布関数のぼけが無視できる十分な低温，探針の電子状態密度がエネルギーによらないで一定などの仮定．

置 r における表面の局所状態密度[7]を $\rho_s(r,E)$，フェルミ準位を E_F とすればトンネル電流は近似的に

$$I \propto \int_{E_F}^{E_F+eV} \rho_s(r,E)dE \tag{5.37}$$

あるいは

$$\frac{dI}{dV} \propto \rho_s(r, E_F + eV) \tag{5.38}$$

に比例するので，トンネル電流を電圧（V）で微分し，V の関数として観測すれば表面の局所状態密度を直接反映したスペクトルを得るすることができる．これを走査トンネル分光（STS；Scanning Tunneling Spectroscopy）という．

1.3 節で学んだ光電効果を利用した光電子分光では電子の占有状態に関する情報を得ることができるが，この走査トンネル分光ではバイアス極性を変えることで，表面における占有，非占有電子状態[8]を原子レベルの空間分解能で同時に調べることができる．

5.3.5　走査トンネル顕微鏡を用いた単一原子，単分子操作

STM の技術は現在も発展途上にあり，金属探針の先端に高電界をかけて表面上の原子をはぎ取ったり（これを電界蒸発という），原子を表面の他の場所に移したりすることも可能になってきた．原子操作（アトミックマニピュレーション）とよばれる STM を用いたこれらの技術は，11 章で学ぶナノ構造を用いた量子効果デバイスを実現する上で中心的な役割を果たすことが期待されている．

1990 年に IBM‐Almaden 研究所の Eigler 博士らは STM 探針をまるでフォークリフトのように駆使して，ニッケル（Ni）の（110）表面上で 35 個の Xe 原子を一つ一つ動かし，"I-B-M" という文字を描いた[9]．世界初の"原子文字"の誕生である．その後も，STM 探針を用いて単一分子操作も可能なことが示され，固体表面において，まるで積み木遊びのように原子や分子を操ることで，究極のナノ構造を原子レベルで創り出す道が拓かれたのである．

図 5.12 は同じく Eigler 博士らが 1991 年に行った Ni 表面と STM のタングステン（W）探針間でのキセノン（Xe）原子移動操作の概略図（図 5.12 (a)）とそれに対応して観測されたトンネル電流の様子を示したものである（図 5.12 (b)）．Xe 原子が基板にあるときには低電流状態（図 5.12 (a)）にあり，ある電圧パルスをかけると Xe 原子

---
[7]　状態密度については 11.2 節を参照のこと．
[8]　あるエネルギーをもった電子を試料に入射し，この電子が非占有状態に遷移する際に放出される光のエネルギーを測定する―光電子放出の逆過程―ことで非占有状態の性質を調べる方法を"逆光電子分光法"という．
[9]　Almaden 研究所 STM ギャラリー：http://www.almaden.ibm.com/vis/stm/gallery.html には実際に作製した原子・分子文字や表面人工構造の実際の STM 像が多く紹介されている．

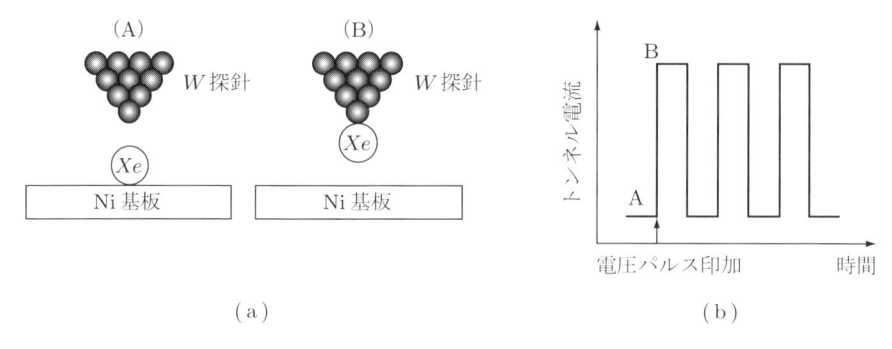

図 5.12 STM 探針を用いた単一 Xe 原子移動の概略と
それに対応したトンネル電流の変化

はタングステン探針の先端に移行し，高電流状態（図 5.12 (b)）となることが観測された．次に逆バイアスパルスをかけると Xe 原子は再び基板に戻り，低電流状態に戻った．これらの電圧パルス操作を繰り返すことで Xe 原子は基板と探針の間を可逆的に移行し，それらに対応して高低電流状態が制御できたのである．これはいわば究極のスイッチング素子であり，**原子スイッチ**あるいは Eigler スイッチとよばれている．このようなスイッチング現象は金属表面に吸着したいくつかの単一分子の運動でも観測されており，電極間に単一もしくは小数の分子を配置した新たな分子エレクトロニクス素子開発の可能性を秘めているといえる．

このように STM は表面の構造や電子状態を究極の原子レベル分解能で調べる手段であると同時に，表面上で一個の原子や分子を思いのままに操ることができるのである．このことは軽薄短小化の道を突き進んできた半導体素子開発とはまったく逆の発想で，金属原子を並べた原子配線や小数個の原子から構成される**ナノ構造**の作製がいわば "ボトムアップ" として可能なことを意味している．STM を用いた単原子・分子操作はあくまでもトンネル電流が必要であるので，基板は導体でなければならない．

最近，原子間力顕微鏡（AFM, Atomic Force Microscope）とよばれる原子間力の測定に基づく顕微鏡が表面構造に対して原子分解能を有し，シリコンなどの半導体表面から Si 原子を剥ぎ取ったり，表面の他の場所に移動させたりすることも可能になった．このように STM と AFM は物質の構成要素である原子の単原子操作を可能にし，従来の軽薄短小化技術では不可能な新規な機能を有したナノ構造や分子素子を新たに創成するために極めて重要な役割を果たすであろう．

練 習 問 題

[**5.1**] 式 (5.27) の条件が満足されるとき，粒子のエネルギーは障壁の高さを無限大にしたときの固有値と一致することを証明し，その意味を考えよ．

[**5.2**] $5\,\mathrm{eV}$ の運動エネルギーをもつ粒子が $5\,\mathrm{Å}$ の幅をもつ $10\,\mathrm{eV}$ の障壁に突入するときのトンネル確率を計算せよ．一方，$0.1\,\mathrm{kg}$ のボールが高さが $h=1\,\mathrm{m}$ で，幅が $0.1\,\mathrm{m}$ の壁にそのポテンシャルエネルギー（mgh, h は重力加速度）の半分の運動エネルギーで当たったときはどうか．

[**5.3**] 式 (5.30) を用いて $d=5\,\mathrm{Å}$, $V_0=1\,\mathrm{eV}$, $E=0.5\,\mathrm{eV}$ の場合の透過率を計算せよ．

[**5.4**] 式 (5.35) を用いて $W=4\,\mathrm{eV}$ とするとき電界放出を起こすにはどの程度の電場強度が必要か検討せよ．

[**5.5**] 式 (5.35) で W/eF を実効的な障壁厚 (L) と考え，$W=4\,\mathrm{eV}$, $F=10^7\,\mathrm{V/cm}$ のときの L を求めよ．

6 調和振動子

　二原子分子を構成する二つの原子がある平衡点を中心にして振動する伸縮振動や原子が規則正しく配列した結晶で原子の作る格子がやはりある平衡位置を中心にして振動する格子振動の性質を理解するための基礎として，平衡点からの変位に比例した引力を受けている粒子のシュレーディンガー方程式を解く．井戸に閉じ込められた粒子の離散的なエネルギーと同様に，粒子の運動が調和ポテンシャルによって束縛されることによって振動エネルギーが離散的となることと，その波動関数の性質を学ぶ．

6.1　単　振　動

　ばねにつけられた質点が小振動するときのように，変位に比例した引力を受けて運動する質点が単振動することは古典力学でよく知られている．質量 m の質点をその平衡位置から x だけ変位させるとき，ばねの力定数を k とすればフックの法則から，質点に働く力は

$$F = -kx \tag{6.1}$$

で与えられ，ポテンシャルエネルギーは

$$V(x) = \frac{1}{2}kx^2 \tag{6.2}$$

となる．質点の速度を v として，ニュートンの運動方程式

$$m\frac{dv}{dt} = m\frac{d^2x}{dt^2} = -kx \tag{6.3}$$

解くと，

$$x = A\sin(\omega t + \delta), \quad \omega = \sqrt{\frac{k}{m}} \tag{6.4}$$

となる．これから得られる質点の速度は

$$v = A\omega\cos(\omega t + \delta) \tag{6.5}$$

であるから，そのエネルギー

$$E = \frac{1}{2}mv^2 + \frac{1}{2}kx^2 = \frac{1}{2}m\omega^2 A^2 \tag{6.6}$$

は時間によらず一定で，振幅 $A = \sqrt{2E/k}$ はエネルギー E とともに変化する．

このような古典力学でよく知られている調和振動子の問題は，量子力学の分野でも分子や固体内原子の熱振動（格子振動），量子化された電磁場を記述するのに適用される．ここでは調和振動子のシュレーディンガー方程式を解いて，その波動関数とエネルギー固有値の性質を学ぶ．

6.2 　調和振動子

三次元で原点からの距離に比例して，原点に向かう力，

$$F_x = -kx, \quad F_y = -ky, \quad F_z = -kz \tag{6.7}$$

を受けている質量 m の粒子に対するシュレーディンガー方程式は

$$\left\{-\frac{\hbar^2}{2m}\left(\frac{\partial^2}{\partial x^2} + \frac{\partial^2}{\partial y^2} + \frac{\partial^2}{\partial z^2}\right) + \frac{k}{2}(x^2 + y^2 + z^2)\right\}\varphi(x,y,z) = E\varphi(x,y,z) \tag{6.8}$$

である．これも式 (3.8) と同様に変数分離形であるので，波動関数とエネルギー固有値は

$$\varphi(x,y,z) = \varphi(x)\varphi(y)\varphi(z) \tag{6.9}$$

$$E = E_x + E_y + E_z \tag{6.10}$$

と表すことができる．したがって，一次元調和振動子のシュレーディンガー方程式

$$\left\{-\frac{\hbar^2}{2m}\frac{d^2}{dx^2} + \frac{k}{2}x^2\right\}\varphi(x) = E_x\varphi(x) \tag{6.11}$$

を解けばよい．この方程式を少しみやすい形にするために，次のように座標とエネルギーについて無次元の量

$$\xi = \alpha x, \quad \alpha = \sqrt{\frac{m\omega}{\hbar}} \tag{6.12}$$

$$\lambda = \frac{2E_x}{\hbar\omega} \tag{6.13}$$

を導入すると，式 (6.11) は

$$\frac{d^2\varphi(\xi)}{d\xi^2} + (\lambda - \xi^2)\varphi(\xi) = 0 \tag{6.14}$$

と書き換えられる．

この微分方程式を解く前にその漸近形を探してみよう．そのヒントとなるのが，4.1 節で学んだ井戸型ポテンシャルの結果である．古典的には粒子が入り込めない井戸の外側で粒子の波動関数は，距離とともに $e^{-k'x}$ で減少し，その減衰定数は

$$k' = \frac{\sqrt{2m(V_0 - E)}}{\hbar} \tag{6.15}$$

で与えられた．ここで，井戸の深さ V_0 の代わりに強引に調和振動子のポテンシャルを代入すると，k' はもはや定数ではなくなり，x の増加とともに大きくなる．x の大きいところで

$$k' = \frac{\sqrt{2m(kx^2/2 - E)}}{\hbar} \to \frac{(km)^{1/2}}{\hbar} x \tag{6.16}$$

となるので，調和振動子の波動関数は x の大きいところでは

$$\varphi(\xi) \sim e^{-a\xi^2} \tag{6.17}$$

のように振舞うと予想される．式 (6.14) で $\xi^2 \gg \lambda$ として

$$\frac{d^2 \varphi(\xi)}{d\xi^2} - \xi^2 \varphi(\xi) = 0 \tag{6.18}$$

に代入すると，大きな ξ に対して $\varphi(\xi) = e^{-\xi^2/2}$ が式 (6.14) の近似解であることがわかる．そこで，この近似解を再び式 (6.14) に代入すると

$$(\lambda - 1)e^{-\xi^2/2} = 0 \tag{6.19}$$

となるので

$$\varphi(\xi) = e^{-\xi^2/2} \tag{6.20}$$

が $\lambda = 1$ に対する特殊解であることがわかる．一般解を求めるために未知の関数 $H(\xi)$ を導入し，

$$\varphi(\xi) = H(\xi) e^{-\xi^2/2} \tag{6.21}$$

とおいて式 (6.14) に代入すると，$H(\xi)$ に関する微分方程式

$$\frac{d^2 H(\xi)}{d\xi^2} - 2\xi \frac{dH(\xi)}{d\xi} + (\lambda - 1)H(\xi) = 0 \tag{6.22}$$

が得られる．この微分方程式の詳しい解法は付録 B に譲り，結果のみを記す．この微分方程式は

$$\lambda = 2n + 1 \tag{6.23}$$

のときのみ解をもち，このときの $H(\xi)$ を $H_n(\xi)$ と表すと，$H_n(\xi)$ は

$$e^{2s\xi - s^2} = \sum_{n=0}^{\infty} \frac{H_n(\xi)}{n!} s^n \tag{6.24}$$

で定義される左辺の母関数を s についてべき展開したときの展開係数 $H_n(\xi)$ に等しく，それは

$$H_n(\xi) = (-1)^n e^{\xi^2} \frac{d^n}{d\xi^n} e^{-\xi^2} \tag{6.25}$$

で与えられる．この $H_n(\xi)$ はエルミートの多項式とよばれ，はじめのいくつかを具体的に示すと，

$$H_0(\xi) = 1, \quad H_1(\xi) = 2\xi, \quad H_2(\xi) = 4\xi^2 - 2, \quad H_3(\xi) = 8\xi^3 - 12\xi, \ldots \tag{6.26}$$

である．
　エルミート多項式には次のような直交関係

$$\int_{-\infty}^{\infty} H_n(\xi) H_m(\xi) e^{-\xi^2} d\xi = 2^n n! \sqrt{\pi} \delta_{nm} \tag{6.27}$$

があるので，一次元調和振動子の波動関数は規格化因子 A_n を含めて

$$\varphi_n(x) = A_n H_n(\alpha x) \exp\left(-\frac{1}{2}\alpha^2 x^2\right), \quad A_n = \sqrt{\frac{\alpha}{\pi^{1/2} 2^n n!}}, \quad \alpha = \sqrt{\frac{m\omega}{\hbar}} \tag{6.28}$$

で与えられる．また，エネルギー固有値は式 (6.13) と式 (6.23) から n を量子数として

$$E_n = \left(n + \frac{1}{2}\right) \hbar \omega \quad (n = 0, 1, 2, \ldots) \tag{6.29}$$

となる．したがって，調和振動子のエネルギーは $\hbar\omega$ の等間隔で並んだ離散的な値をとり，その最低エネルギーは $n=0$ のときの

$$E_0 = \frac{1}{2} \hbar \omega \tag{6.30}$$

である．これを，調和振動子の**零点エネルギー**とよぶ．
　ところで，古典力学によれば調和振動子のエネルギーは

$$E = \frac{p^2}{2m} + \frac{1}{2} k x^2 \tag{6.31}$$

で与えられるので，最低エネルギーは原点に静止した $(x=0, p=0)$ 状態のゼロである．このような粒子の座標と運動量がともにゼロに確定することが許されないことにより最低エネルギーが有限になるのは，2.11 節で述べた不確定性原理の結果である．いま，式 (6.31) の両辺について量子力学的な期待値をとると

$$<E> = \frac{1}{2m} <p^2> + \frac{1}{2} k <x^2> \tag{6.32}$$

となる．そこで，相加平均 $\geq$ 相乗平均を用い，$k = m\omega^2$ を代入すると

$$<E> \geq \omega \sqrt{<p^2><x^2>} \tag{6.33}$$

が得られる．ここで，粒子の位置と運動量の期待値からのずれを

$$\delta x = x - <x>, \quad \delta p = p - <p> \tag{6.34}$$

として，さらにばらつきの程度を表す量として Δx を次式で定義すると，式 (2.145)

に従い

$$(\Delta x)^2 = <(\delta x)^2> = \int \varphi^*(x)(\delta x)^2 \varphi(x)dx, \tag{6.35}$$

$$= \int \varphi^*(x)[x-<x>]^2 \varphi(x)dx \tag{6.36}$$

$$= <x^2> - <x>^2 \tag{6.37}$$

同様に Δp についても

$$(\Delta p)^2 = <p^2> - <p>^2 \tag{6.38}$$

と書くことができる．上で求めた波動関数を用いて，これらの量を具体的に計算すると（演習問題 6.2）

$$<x> = 0, \quad <x^2> = \frac{\hbar}{m\omega}\left(n+\frac{1}{2}\right),$$

$$<p> = 0, \quad <p^2> = m\hbar\omega\left(n+\frac{1}{2}\right) \tag{6.39}$$

より，$n=0$ とすれば

$$(\Delta x)(\Delta p) = \frac{1}{2}\hbar \tag{6.40}$$

を得る．これらを式 (6.33) に代入すると

$$<E> \geq \omega\sqrt{(\Delta x)^2(\Delta p)^2} = \frac{1}{2}\hbar\omega \tag{6.41}$$

となり，式 (6.30) の零点エネルギーが得られる．また，式 (6.39) より運動エネルギーとポテンシャルエネルギーの期待値はそれぞれ

$$\frac{1}{2m}<p^2> = \frac{1}{2}\hbar\omega\left(n+\frac{1}{2}\right), \quad \frac{1}{2}m\omega^2<x^2> = \frac{1}{2}\hbar\omega\left(n+\frac{1}{2}\right) \tag{6.42}$$

と等しいことがわかる．

次に，一次元の場合について波動関数の性質を調べてみよう．一次元調和振動子の波動関数と存在確率を図 6.1 に示した．古典力学で許される運動の領域は

$$E \geq \frac{1}{2}kx^2 \tag{6.43}$$

であり，折り返し点 (x_0) では速度が 0 であるから

$$E_n = \left(n+\frac{1}{2}\right)\hbar\omega = \frac{1}{2}m\omega^2 x_0^2 \tag{6.44}$$

より

$$x_0 = \sqrt{\frac{(2n+1)\hbar}{m\omega}} \tag{6.45}$$

となり，n とともに大きくなる．有限高さの井戸型ポテンシャルの場合と同様に，波動関数は古典的な運動の領域 $|x| < x_0$ からわずかにはみ出しているけれども，ほぼ $|x| < x_0$ に閉じ込められている．調和振動子のエネルギーが離散的な値をとるのはこの閉じ込め効果によるのである．

図 6.1 からわかるように，$n = 0$ で原点に局在する存在確率は n の増加にともなって次第に均一的に分布するようになり[1]（存在確率のピークを示す山の数は $n+1$ 個である），束縛状態から解放された状態に移行する．

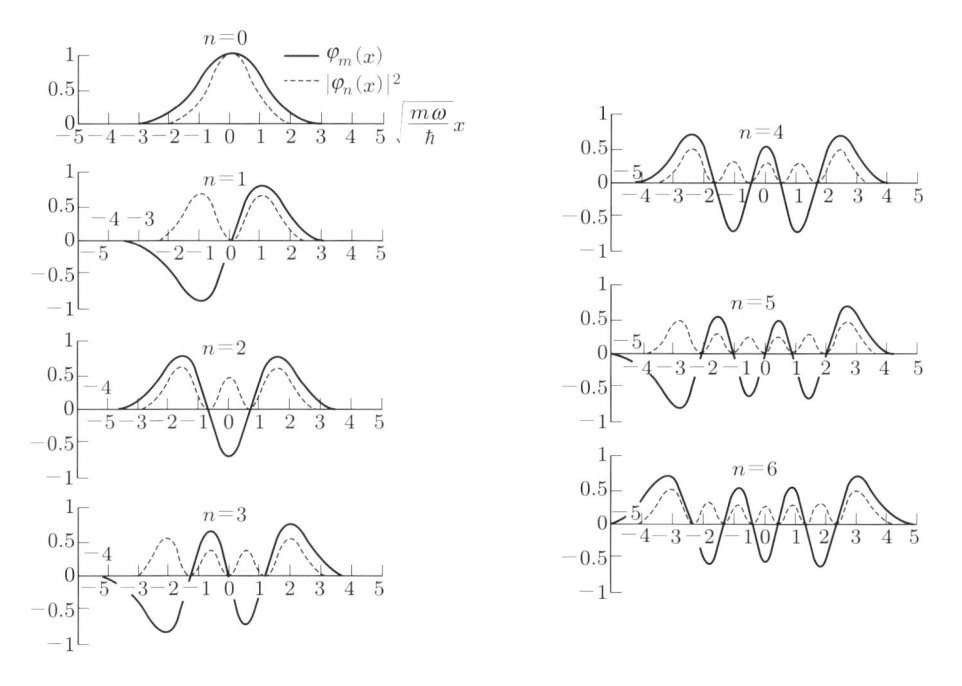

図 **6.1** 調和振動子の波動関数と存在確率

以上の結果をまとめると，規格化された三次元調和振動子の波動関数と固有値は $n = (n_x, n_y, n_z)$ を量子数として，

$$\varphi_n(x, y, z) = A_{n_x} A_{n_y} A_{n_z} H_{n_x}(\alpha x) H_{n_y}(\alpha y) H_{n_z}(\alpha z)$$

---

[1] これは図 3.4 で描いた無限に深い井戸に閉じ込められた粒子の存在確率が量子数の増加に伴って井戸内で均一に分布するようになる傾向と同じである．

$$\exp\left\{-\frac{1}{2}\alpha^2(x^2+y^2+z^2)\right\} \tag{6.46}$$

$$E_{n_x,n_y,n_z} = \left(n_x+n_y+n_z+\frac{3}{2}\right)\hbar\omega \quad (n_x,n_y,n_z=0,1,2,\ldots) \tag{6.47}$$

を得る．したがって，基底状態のエネルギーは $n_x=n_y=n_z=0$ の

$$E_{0,0,0} = \frac{3}{2}\hbar\omega \tag{6.48}$$

である．また，第一励起状態は $n=(1,0,0)=(0,1,0)=(0,0,1)$ の三重に縮退しており，一般に $n_x+n_y+n_z=n$ とおけば励起状態は $(n+1)(n+2)/2$ 重に縮退している．

この調和振動子の問題は分子の振動エネルギー（演習問題 6.3）や固体の格子振動の性質を調べる基礎となり，結晶中の弾性格子振動のエネルギーは量子化され，そのエネルギー量子は**フォノン**とよばれる．

6.3　非調和ポテンシャル

調和ポテンシャル $V(x)=kx^2/2$ は粒子の変位に比例して，その反対方向に力が働くフックの法則に基づいているが，非調和ポテンシャル[2]の場合にはシュレーディンガー方程式を通数値計算で解かなければならない．その一例として，図 6.2 に二つの非調和ポテンシャルついて数値的に求めた存在確率の結果を示す[3]．それぞれのポテンシャルに束縛された離散的準位が現れるが，量子数の増加に伴って，それぞれの波動関数の拡がりが顕著となり，ついには束縛状態から解放され，存在確率が両方のポ

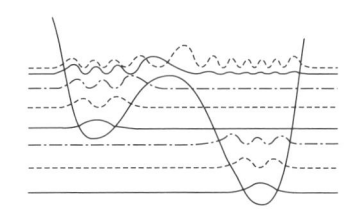

図 **6.2**　二つの非調和ポテンシャルでの存在確率

---

[2]　原子間に働く代表的な非調和ポテンシャルにはレナルド-ジョーンズポテンシャルやモースポテンシャルがある．
[3]　この非調和ポテンシャルは図 5.12 (a) で描いたような基板と STM 探針に束縛された単一原子の状態を表すもっとも簡単なモデルと考えることができる

テンシャルにまたがる状態（これを散乱状態という）が出現する様子がわかる．

練習問題

[**6.1**] 付録 B のエルミート多項式の漸化式を用いて $H_n(\xi)$ が式 (6.22) の微分方程式を満足することを証明せよ．

[**6.2**] 式 (6.39) を証明せよ．

[**6.3**] 質量が m_1 と m_2 の原子からなる 2 原子分子で原子間の距離に比例したポテンシャルエネルギー $V = Cx^2/2$ が働くとして，原子を結ぶ線に沿って振動する分子の振動エネルギーを求めよ．

7 水素原子模型とその応用

ボーアの前期量子論により，水素原子では原子核の周りを回る電子が定常状態とよばれる特定の軌道を描いて円運動を行い，そのエネルギーが離散的な値をとることを学んだ．量子力学において，水素原子の問題は単に前期量子論の正しさを証明するのみならず，その波動関数の性質から，原子やイオンあるいは原子が集まってできる固体の基本的な性質を理解するために重要である．陽子の周りを一個の電子が回る極めて簡単な系であるが，水素原子は量子力学の宝庫といっても過言ではない．

7.1 水素原子のシュレーディンガー方程式

水素原子は，陽子（質量 $= 1.6726 \times 10^{-27}$ kg，電荷 e）と電子（質量 $= 9.1094 \times 10^{-31}$ kg，電荷 $-e$）からなっている．陽子の周りを回る電子の問題は，厳密には2体運動として扱うべきであるが，陽子の質量が電子の 1836 倍であるから，陽子が原点に静止していると考える．ラザフォードの水素原子模型（図 1.11）で陽子から電子までの距離を r とすると，電子には r に反比例した球対称クーロンポテンシャル $V(r) = -e^2/(4\pi\epsilon_0 r)$ が働くので，水素原子に対するシュレーディンガー方程式は

$$\left(-\frac{\hbar^2}{2m}\nabla^2 - \frac{e^2}{4\pi\epsilon_0 r}\right)\varphi(x,y,z) = E\varphi(x,y,z) \tag{7.1}$$

で与えられる．ここで，$r = (x^2+y^2+z^2)^{1/2}$ であるから，このシュレーディンガー方程式は調和振動子の場合のように (x,y,z) 座標系で変数分離形ではない．しかし，ポテンシャルが r だけの関数で，方向に依存しない球対称の場合には，直交座標系を一見複雑になるようにみえる図 7.1 に示す極座標系 (r,θ,ϕ) に変換することで，変数分離形に書き直すことができる．

(x,y,z) 直交座標と (r,θ,ϕ) 極座標の関係は

$$x = r\sin\theta\cos\phi \tag{7.2}$$

$$y = r\sin\theta\sin\phi \tag{7.3}$$

$$z = r\cos\theta \tag{7.4}$$

であり，変域は

$$0 \leq r \leq \infty, \quad 0 \leq \theta \leq \pi, \quad 0 \leq \phi \leq 2\pi \tag{7.5}$$

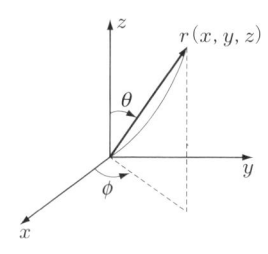

図 7.1 直交座標 (x, y, z) と極座標 (r, θ, ϕ)

である．この座標変換に対応して，微分演算子も次のように変換される[1]．

$$\frac{\partial}{\partial x} = \sin\theta\cos\phi\frac{\partial}{\partial r} + \frac{\cos\theta\cos\phi}{r}\frac{\partial}{\partial \theta} - \frac{\sin\phi}{r\sin\theta}\frac{\partial}{\partial \phi} \tag{7.6}$$

$$\frac{\partial}{\partial y} = \sin\theta\sin\phi\frac{\partial}{\partial r} + \frac{\cos\theta\sin\phi}{r}\frac{\partial}{\partial \theta} + \frac{\cos\phi}{r\sin\theta}\frac{\partial}{\partial \phi} \tag{7.7}$$

$$\frac{\partial}{\partial z} = \cos\theta\frac{\partial}{\partial r} - \frac{\sin\theta}{r}\frac{\partial}{\partial \theta} \tag{7.8}$$

計算は面倒であるが，これらの変換より

$$\nabla^2 = \frac{1}{r^2}\frac{\partial}{\partial r}\left(r^2\frac{\partial}{\partial r}\right) + \frac{1}{r^2\sin\theta}\frac{\partial}{\partial \theta}\left(\sin\theta\frac{\partial}{\partial \theta}\right) + \frac{1}{r^2\sin^2\theta}\frac{\partial^2}{\partial \phi^2} \tag{7.9}$$

となる．

ここで，電子の回転運動にともなう角運動量を考える．古典力学では質点の速度を $\boldsymbol{v}$ とすれば，その運動量は $\boldsymbol{p} = m\boldsymbol{v}$ であり，原点のまわりの運動量のモーメント，つまり，角運動量は

$$\boldsymbol{l} = \boldsymbol{r} \times \boldsymbol{p} \tag{7.10}$$

で与えられる（図 7.2）．運動量をその演算子で書き直して，角運動量演算子

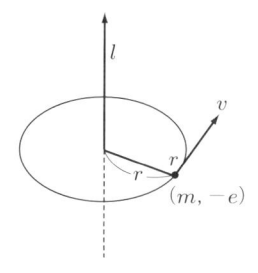

図 7.2 電子の回転運動にともなう角運動量

---

[1] たとえば，$\dfrac{\partial}{\partial x} = \dfrac{\partial r}{\partial x}\dfrac{\partial}{\partial r} + \dfrac{\partial \theta}{\partial x}\dfrac{\partial}{\partial \theta} + \dfrac{\partial \phi}{\partial x}\dfrac{\partial}{\partial \phi}$

$$\boldsymbol{l} = \boldsymbol{r} \times (-i\hbar \nabla) \tag{7.11}$$

を定義すると，その x, y, z 成分はそれぞれ，

$$l_x = -i\hbar \left(y\frac{\partial}{\partial z} - z\frac{\partial}{\partial y} \right) = i\hbar \left(\sin\phi \frac{\partial}{\partial \theta} + \cot\theta \cos\phi \frac{\partial}{\partial \phi} \right) \tag{7.12}$$

$$l_y = -i\hbar \left(z\frac{\partial}{\partial x} - x\frac{\partial}{\partial z} \right) = i\hbar \left(-\cos\phi \frac{\partial}{\partial \theta} + \cot\theta \sin\phi \frac{\partial}{\partial \phi} \right) \tag{7.13}$$

$$l_z = -i\hbar \left(x\frac{\partial}{\partial y} - y\frac{\partial}{\partial x} \right) = -i\hbar \frac{\partial}{\partial \phi} \tag{7.14}$$

で与えられる．さらに，角運動量の大きさは

$$|\boldsymbol{l}|^2 = l_x^2 + l_y^2 + l_z^2 = -\hbar^2 \left\{ \frac{1}{\sin\theta} \frac{\partial}{\partial \theta} \left(\sin\theta \frac{\partial}{\partial \theta} \right) + \frac{1}{\sin^2\theta} \frac{\partial^2}{\partial \phi^2} \right\}$$
$$= -\hbar^2 \Lambda(\theta, \phi) \tag{7.15}$$

となる．これは，ちょうど式 (7.9) の角度成分に一致しているので，極座標表示での水素原子のシュレーディンガー方程式は

$$\left\{ -\frac{\hbar^2}{2m} \frac{1}{r^2} \frac{\partial}{\partial r} \left(r^2 \frac{\partial}{\partial r} \right) + \frac{1}{2mr^2} l^2 + V(r) \right\} \varphi(r, \theta, \phi) = E\varphi(r, \theta, \phi) \tag{7.16}$$

と表される．ここで，左辺のハミルトニアンの第 1 項は動径方向の運動エネルギー，第 2 項は回転運動のエネルギー，そして第 3 項はポテンシャルエネルギーである．

この式を変形すると

$$\left\{ \frac{\partial}{\partial r} \left(r^2 \frac{\partial}{\partial r} \right) + \frac{2mr^2}{\hbar^2} (E - V(r)) \right\} \varphi(r, \theta, \phi) = -\Lambda(\theta, \phi) \varphi(r, \theta, \phi) \tag{7.17}$$

となる．左辺は r のみ，右辺は (θ, ϕ) のみの関数の変数分離形であるから，波動関数を

$$\varphi(r, \theta, \phi) = R(r) Y(\theta, \phi) \tag{7.18}$$

と表して，式 (7.17) に代入し，両辺を $R(r)Y(\theta, \phi)$ で割ると，

$$\frac{1}{R(r)} \frac{d}{dr} \left(r^2 \frac{dR(r)}{dr} \right) + \frac{2mr^2}{\hbar^2} (E - V(r)) = -\frac{1}{Y(\theta, \phi)} \Lambda(\theta, \phi) Y(\theta, \phi) \tag{7.19}$$

となる．この式の両辺はそれぞれ等しい定数でなければならないので，その定数を λ とおくと，動径方向と角度方向に対する微分方程式

$$\left[-\frac{\hbar^2}{2m} \left\{ \frac{1}{r^2} \frac{d}{dr} \left(r^2 \frac{d}{dr} \right) - \frac{\lambda}{r^2} \right\} + V(r) \right] R(r) = ER(r) \tag{7.20}$$

100　7章　水素原子模型とその応用

$$\Lambda(\theta,\phi)Y(\theta,\phi) + \lambda Y(\theta,\phi) = 0 \tag{7.21}$$

に分離できる．このような変数分離が可能なのは，ポテンシャルが球対称で (θ,ϕ) に依存しない中心力場であるからである．

7.2　角運動量と方向の量子化

はじめに，式 (7.21) の (θ,ϕ) 方向の波動関数を求める．

$$\frac{1}{\sin\theta}\frac{\partial}{\partial\theta}\left\{\sin\theta\frac{\partial Y(\theta,\phi)}{\partial\theta}\right\} + \lambda Y(\theta,\phi) + \frac{1}{\sin^2\theta}\frac{\partial^2 Y(\theta,\phi)}{\partial\phi^2} = 0 \tag{7.22}$$

も θ と ϕ についての変数分離形になっているので，

$$Y(\theta,\phi) = \Theta(\theta)\Phi(\phi) \tag{7.23}$$

とおいて，いままでと同様な手続きを行うと

$$\frac{1}{\sin\theta}\frac{d}{d\theta}\left\{\sin\theta\frac{d\Theta(\theta)}{d\theta}\right\} + \left(\lambda - \frac{\nu}{\sin^2\theta}\right)\Theta(\theta) = 0 \tag{7.24}$$

$$\frac{d^2\Phi(\phi)}{d\phi^2} + \nu\Phi(\phi) = 0, \quad \nu は定数 \tag{7.25}$$

となる．

$\Phi(\phi)$ の一般解は

$$\Phi(\phi) = Ae^{i\sqrt{\nu}\phi} + Be^{-i\sqrt{\nu}\phi} \tag{7.26}$$

で与えられ，ϕ について 2π の周期性，

$$\Phi(\phi + 2\pi) = \Phi(\phi) \tag{7.27}$$

を満たさなければならないので，規格化 ($\int_0^{2\pi}|\Phi(\phi)|^2 d\phi = 1$) された解は $\sqrt{\nu} = m_l$ (m_l は整数) とおいて，

$$\Phi(\phi) = \frac{1}{\sqrt{2\pi}}e^{im_l\phi} \quad (m_l = 0, \pm 1, \pm 2, \ldots) \tag{7.28}$$

で与えられる．ここで，m_l は**磁気量子数**とよばれるが，その理由は 8 章で述べる．

$\nu = m_l^2$ を $\Theta(\theta)$ の微分方程式 (7.24) に代入すると

$$\frac{1}{\sin\theta}\frac{d}{d\theta}\left\{\sin\theta\frac{d\Theta(\theta)}{d\theta}\right\} + \left(\lambda - \frac{m_l^2}{\sin^2\theta}\right)\Theta(\theta) = 0 \tag{7.29}$$

となる．(θ,ϕ) が半径 1 の球面上にあると考えても一般性は失われないので，$z = \cos\theta$ と変数変換し，$\Theta(\theta) = P(z)$ と書き直す．$dz = -\sin\theta d\theta$ を用いると，式 (7.29) は

$$\frac{d}{dz}\left\{(1-z^2)\frac{dP(z)}{dz}\right\} + \left(\lambda - \frac{m_l^2}{1-z^2}\right)P(z) = 0 \tag{7.30}$$

となる．この微分方程式は，調和振動子に対するエルミートの微分方程式と同様なべき展開の方法で解くことができるが，結果だけを示すにとどめる[2]．式 (7.30) の微分方程式は

$$\lambda = l(l+1), \quad (l = 0, 1, 2, \ldots) \tag{7.31}$$

のときだけ解が得られ，

$$\frac{d}{dz}\left\{(1-z^2)\frac{dP(z)}{dz}\right\} + \left\{l(l+1) - \frac{m_l^2}{1-z^2}\right\}P(z) = 0 \tag{7.32}$$

をルジャンドル (Legendre) の陪微分方程式という．また $m_l = 0$ の場合

$$\frac{d}{dz}\left\{(1-z^2)\frac{dP(z)}{dz}\right\} + l(l+1)P(z) = 0 \tag{7.33}$$

をルジャンドルの微分方程式とよび，その解は l で指定されたルジャンドルの多項式

$$P_l(z) = \frac{1}{2^l l!}\frac{d^l}{dz^l}(z^2-1)^l \tag{7.34}$$

で与えられる．具体的に $l = 0, 1, 2$ に対する $P_l(z)$ は次式で与えられる．

$$P_0(z) = P_0(\cos\theta) = 1, \tag{7.35}$$

$$P_1(z) = z = \cos\theta, \tag{7.36}$$

$$P_2(z) = \frac{1}{2}(3z^2 - 1) = \frac{1}{4}(3\cos 2\theta + 1) \tag{7.37}$$

また，ルジャンドルの陪多項式とよばれる式 (7.32) の解は l と m_l で指定される

$$P_l^{|m_l|}(z) = (1-z^2)^{|m_l|/2}\frac{d^{|m_l|}}{dz^{|m_l|}}P_l(z) \quad (m_l = 0, \pm 1, \pm 2, \ldots, \pm l) \tag{7.38}$$

で与えられ，最初のいくつかは

$$P_0^0(\cos\theta) = 1 \tag{7.39}$$

$$P_1^0(\cos\theta) = \cos\theta \tag{7.40}$$

$$P_1^1(\cos\theta) = \sin\theta \tag{7.41}$$

$$P_2^0(\cos\theta) = \frac{3}{2}\cos^2\theta - \frac{1}{2} \tag{7.42}$$

$$P_2^1(\cos\theta) = 3\sin\theta\cos\theta \tag{7.43}$$

---

[2] この微分方程式の解であるルジャンドルの（陪）多項式を含め，エルミートの多項式，球面調和関数，ラゲールの（陪）多項式など量子力学では多くの特殊関数で出てくる．それらの詳細は物理数学や微分方程式の専門書に譲り，以後もあまり数学的なことにとらわれないで，結果のみを利用する．

$$P_2^2(\cos\theta) = 3\sin^2\theta \tag{7.44}$$

である．

ルジャンドルの陪多項式には次の直交関係

$$\int_{-1}^{1} P_l^{|m_l|}(z) P_{l'}^{|m_l|}(z) dz = \frac{2}{2l+1} \frac{(l+|m_l|)!}{(l-|m_l|)!} \delta_{ll'} \tag{7.45}$$

があるので，規格化条件 $\int_0^\pi |\Theta(\theta)|^2 \sin\theta d\theta = 1$ を満足する $\Theta(\theta)$ は

$$\Theta(\theta) = \sqrt{\frac{2l+1}{2}\frac{(l-|m_l|)!}{(l+|m_l|)!}} P_l^{|m_l|}(\cos\theta) \tag{7.46}$$

で与えられる．式 (7.27) と式 (7.46) をまとめると，波動関数の角度成分は m_l が負の場合も含めて

$$Y_{l,m_l}(\theta,\phi) = (-1)^{(m_l+|m_l|)/2}$$

$$\frac{1}{\sqrt{2\pi}} \sqrt{\frac{2l+1}{2}\frac{(l-|m_l|)!}{(l+|m_l|)!}} P_l^{|m_l|}(\cos\theta) e^{im_l\phi} \tag{7.47}$$

$$(l = 0, 1, 2, 3, \ldots) \tag{7.48}$$

$$m_l = -l, -l+1, \ldots, -1, 0, 1, \ldots, l-1, l \tag{7.49}$$

となり，この $Y_{l,m_l}(\theta,\phi)$ を球面調和関数とよぶ．$l = 0, 1, 2$ に対する具体的な Y_{l,m_l} は次のように与えられる．

$$Y_{0,0} = \frac{1}{\sqrt{4\pi}} \tag{7.50}$$

$$Y_{1,0} = \sqrt{\frac{3}{4\pi}} \cos\theta = \sqrt{\frac{3}{4\pi}} \frac{z}{r} \tag{7.51}$$

$$Y_{1,\pm 1} = \mp\sqrt{\frac{3}{8\pi}} \sin\theta e^{\pm i\phi} = \mp\sqrt{\frac{3}{8\pi}} \frac{x \pm y}{r} \tag{7.52}$$

$$Y_{2,0} = \sqrt{\frac{5}{16\pi}} (3\cos^2\theta - 1) \tag{7.53}$$

$$Y_{2,\pm 1} = \mp\sqrt{\frac{15}{8\pi}} \sin\theta \cos\theta e^{\pm i\phi} \tag{7.54}$$

$$Y_{2,\pm 2} = \sqrt{\frac{15}{32\pi}} \sin^2\theta e^{\pm 2i\phi} \quad (\text{複号同順}) \tag{7.55}$$

以上の結果より，球対称ポテンシャル中の粒子の角度 (θ,ϕ) 成分に対する波動関数は，球面調和関数 $Y_{l,m_l}(\theta,\phi)$ で与えられ，

$$\boldsymbol{l}^2 Y_{l,m_l}(\theta,\phi) = l(l+1)\hbar^2 Y_{l,m_l}(\theta,\phi) \quad (l = 0, 1, 2, \ldots) \tag{7.56}$$

$$l_z Y_{l,m_l}(\theta,\phi) = m_l \hbar Y_{l,m_l}(\theta,\phi) \quad (m_l = 0, \pm 1, \pm 2, \pm l) \tag{7.57}$$

の固有方程式を満足することがわかった．つまり，$Y_{l,m_l}(\theta,\phi)$ は角運動量の 2 乗とその z 成分の固有関数であり，その固有値はそれぞれ $l(l+1)\hbar^2$ と $m_l\hbar$ である．したがって，$Y_{l,m_l}(\theta,\phi)$ の固有状態で $\boldsymbol{l}^2$ と l_z の期待値を測定すれば，それらが $l(l+1)\hbar^2$ と $m_l\hbar$ の確定値をとる．ここで，l は角度方向の波動関数を特徴づけるので**方位量子数**とよばれる．

古典力学では，図 7.3 で描いたように角運動量をベクトルで表し，その終点 (l_x, l_y, l_z) が正確に測定できることを暗黙に仮定している．しかし，量子力学では角運動量演算子の交換関係は

$$[l_x, l_y] = i\hbar l_z, \quad [l_y, l_z] = i\hbar l_x, \quad [l_z, l_x] = i\hbar l_y \tag{7.58}$$

となる．つまり，l_x, l_y, l_z のどの二つをとっても交換可能でないということは，式 (2.147) の不確定性関係から二つの角運動量成分を同時に確定することができないことを示している．たとえば，z 成分が $m_l\hbar$ の確定値をもつときには ($\Delta l_z = 0$)

$$\Delta l_x \cdot \Delta l_y \geq \frac{1}{2}\left|\int Y_{l,m_l}^*[l_x, l_y]Y_{l,m_l}\sin\theta d\theta d\phi\right|$$

$$= \frac{1}{2}\left|\int Y_{l,m_l}^*(i\hbar l_z)Y_{l,m_l}\sin\theta d\theta d\phi\right|$$

$$= \frac{|m_l|}{2}\hbar^2 \tag{7.59}$$

であるから，$m_l = 0$ の場合を除いて $\Delta l_x = 0$, $\Delta l_y = 0$ となることは不確定性原理に反するので許されない．

中心力ポテンシャル中では特別な方向というものはなく z 軸は空間の任意の方向にとることができるので，極座標の軸を x 軸にとったり y 軸にとったりしても同じ結果

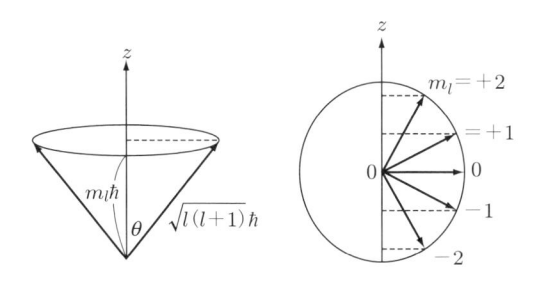

図 **7.3** 軌道角運動量のベクトル模型

が得られる．したがって，空間の任意の方向に一つの軸をとると，その方向の角運動量成分が量子化され，$\hbar$ を単位とした $m_l\hbar$ の離散的な値しか取り得ない．また，$\boldsymbol{l}^2$ の固有値が $l(l+1)\hbar^2$ であるから，図 7.3 のようなベクトル模型を導入すると，角運動量ベクトルの大きさが

$$|\boldsymbol{l}| = \sqrt{l(l+1)}\hbar \tag{7.60}$$

で，その z 成分が $m_l\hbar$ にのみ限られた状態しか許されない．このことは，角運動量ベクトルと z 軸の角度

$$\theta = \cos^{-1}\frac{m_l}{\sqrt{l(l+1)}} \tag{7.61}$$

がとびとびの方向しか向くことができないことを意味している．このように，軌道角運動量の一成分 (l_z) だけが $\hbar$ を単位として離散的な値しかとり得ないことを l の**方向の量子化**といい，l を方位量子数とよぶ理由である．また，$l=0$ の場合を除いて l で指定された状態は異なる m_l について $(2l+1)$ 重に縮退している．この縮退は 9.2 節で学ぶように z 方向に磁場を加えると解けることから m_l を磁気量子数とよぶ．

7.3 動径方向の波動関数とエネルギー固有値

水素原子の波動関数の角度方向が，量子数の組 (l, m_l) で指定された球面調和関数で与えられることがわかったので，残る動径方向の固有関数を考える．$\lambda = l(l+1)$ を式 (7.20) に代入すると，動径方向の波動関数 $R(r)$ に関する微分方程式は

$$\left[-\frac{\hbar^2}{2m}\frac{1}{r^2}\frac{d}{dr}\left(r^2\frac{d}{dr}\right) + \frac{\hbar^2 l(l+1)}{2mr^2} + V(r)\right]R(r) = ER(r) \tag{7.62}$$

である．$\chi(r) = rR(r)$ として，この式を書き換えると

$$-\frac{\hbar^2}{2m}\frac{d^2\chi(r)}{dr^2} + \left\{\frac{\hbar^2 l(l+1)}{2mr^2} + V(r)\right\}\chi(r) = E\chi(r) \tag{7.63}$$

となるので，動径方向の運動は { } 内の

$$\frac{\hbar^2 l(l+1)}{2mr^2} + V(r) \tag{7.64}$$

というポテンシャル中における一次元のシュレーディンガー方程式と考えてもよい．このポテンシャルの第 1 項は古典的には円運動する粒子の遠心力ポテンシャルに対応している．

図 7.2 に示したように，古典粒子が軌道平面に垂直で原点を通る軸の周りに l の角運動量をもっているとする．原点からの距離 r における角速度を ω とすれば，$l = mr^2\omega$

で与えられる．r を一定に保つような円運動をするためには向心力と遠心力が等しくなければならないので

$$m\frac{v^2}{r} = mr\omega^2 = \frac{l^2}{mr^3} \Leftrightarrow -\frac{d}{dr}\left(\frac{\hbar^2 l(l+1)}{2mr^2}\right) \tag{7.65}$$

から，式 (7.64) の第一項が粒子の円運動による遠心力ポテンシャルに対応していることがわかる．

式 (7.63) の微分方程式を解く詳細は付録に譲り，結果のみを記すと，ボーアの前期量子論で求められた値と一致するエネルギー

$$E_n = -\frac{m}{2\hbar^2}\left(\frac{e^2}{4\pi\epsilon_0}\right)^2\frac{1}{n^2} \tag{7.66}$$

が得られる．このエネルギーを決める n を**主量子数**といい，n は

$$n \geq l+1 \tag{7.67}$$

を満足する正の整数でなければならない．l は 0 あるいは正の整数であるから，$n=1$ のときは $l=0$ のみ，$n=2$ のときは $l=0, 1$，$n=3$ では $l=0, 1, 2$ の場合が許される．

また，規格化された動径方向の波動関数は

$$R_{n,l}(r) = -\sqrt{\left(\frac{2}{na_B}\right)^3 \frac{(n-l-1)!}{2n\{(n+l)!\}^3}} \left(\frac{2r}{na_B}\right)^l$$
$$\times \exp\left(-\frac{r}{na_B}\right) L_{n+l}^{2l+1}\left(\frac{2r}{na_B}\right) \tag{7.68}$$

で与えられる．ここで，

$$L_{n+l}^{2l+1}(\xi) = \sum_{k=0}^{n-l-1}(-1)^{k+1}\frac{\{(n+l)!\}^2 \xi^k}{(n-l-1-k)!(2l+1+k)!k!} \tag{7.69}$$

をラゲールの陪多項式といい，最初のいくつかは，

$$L_1^1(\xi) = -1, \quad L_2^1(\xi) = 2\xi - 4, \quad L_2^2(\xi) = 2 \tag{7.70}$$

$$L_3^1(\xi) = -3\xi^2 + 17\xi - 17, \quad L_3^2(\xi) = -6\xi + 7, \quad L_3^3 = -6 \tag{7.71}$$

などである．

これらを用いて動径方向の波動関数のいくつかを具体的にあげておくと

$$R_{1,0}(r) = \left(\frac{1}{a_B}\right)^{3/2} 2\exp\left(-\frac{r}{a_B}\right) \tag{7.72}$$

$$R_{2,0}(r) = \left(\frac{1}{a_B}\right)^{3/2}\frac{1}{\sqrt{2}}\left(1 - \frac{r}{2a_B}\right)\exp\left(-\frac{r}{2a_B}\right) \tag{7.73}$$

$$R_{2,1}(r) = \left(\frac{1}{a_B}\right)^{3/2} \frac{1}{2\sqrt{6}} \left(\frac{r}{a_B}\right) \exp\left(-\frac{r}{2a_B}\right) \tag{7.74}$$

$$R_{3,0}(r) = \left(\frac{1}{a_B}\right)^{3/2} \frac{2}{3\sqrt{3}} \left\{1 - \frac{2}{3}\frac{r}{a_B} + \frac{2}{27}\left(\frac{r}{a_B}\right)^2\right\} \exp\left(-\frac{r}{3a_B}\right) \tag{7.75}$$

$$R_{3,1}(r) = \left(\frac{1}{a_B}\right)^{3/2} \frac{8}{27\sqrt{6}} \left(\frac{r}{a_B}\right) \left(1 - \frac{r}{6a_B}\right) \exp\left(-\frac{r}{3a_B}\right) \tag{7.76}$$

$$R_{3,2}(r) = \left(\frac{1}{a_B}\right)^{3/2} \frac{4}{81\sqrt{30}} \left(\frac{r}{a_B}\right)^2 \exp\left(-\frac{r}{3a_B}\right) \tag{7.77}$$

である．

7.4 水素原子のエネルギー固有値と波動関数

以上の結果をまとめると，水素原子の波動関数は

$$\varphi_{n,l,m_l}(r,\theta,\phi) = R_{n,l}(r) Y_{l,m_l}(\theta,\phi) \tag{7.78}$$

で与えられ，それぞれの量子数のとり得る値は

$$n = 1, 2, 3, \ldots, \quad 主量子数 \tag{7.79}$$

$$l = 0, 1, 2, \ldots, n-1, \quad 方位量子数 \tag{7.80}$$

$$m_l = 0, \pm 1, \pm 2, \ldots, \pm l, \quad 磁気量子数 \tag{7.81}$$

である．また，エネルギー固有値

$$E_n = -\frac{m}{2\hbar^2}\left(\frac{e^2}{4\pi\epsilon_0}\right)^2 \frac{1}{n^2} \tag{7.82}$$

は主量子数 n だけで決定され，方位量子数や磁気量子数に依存しない．したがって，n を決めたときの一つのエネルギー固有値 E_n に対して $l = 0, 1, \ldots, n-1$ の n 個，そのおのおのに対して $2l+1$ 個の異なる波動関数が存在するので，$\sum_{l=0}^{n-1}(2l+1) = n^2$ の n^2 重に縮退している．ふつう，$l = 0, 1, 2, 3, \ldots$ の状態をそれぞれ s, p, d, f 状態とよび，主量子数 n と組み合わせて 1s, 2s, 2p, 3s, 3p, 3d 状態と書いてそれぞれの状態を特定する．図 7.4 に水素原子のエネルギー準位 E_n を $n = 3$ まで示した．いうまでもなく，エネルギーが負の離散的な値しかとらないのは，電子がクーロンポテンシャルによって陽子の周りに束縛されているからである．一方，エネルギーが正であれば電子は陽子によるクーロン束縛から解放された自由電子の状態になる．これは，

7.4 水素原子のエネルギー固有値と波動関数　107

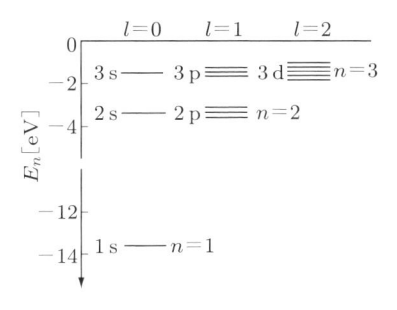

図 7.4 水素原子のエネルギー準位

電子が陽子から離れ，残された陽子が +1 価にイオン化された状態であるので，基底状態にある電子を自由にするために必要なエネルギーを**イオン化エネルギー**ともよぶ．

このようにして，ボーアが古典力学模型に基づきながらも，電子に対する定常状態の量子化条件を仮定して求めた水素原子の周りを円運動する電子のエネルギーが物質波に対するシュレーディンガー方程式を解くことで導き出された．シュレーディンガーは "粒子の従う波動方程式＝シュレーディンガー方程式" が新しい波動力学（量子力学）の出発点となる基礎方程式であることを立証したのである．この成功は，ボーアの前期量子論と一致するエネルギー固有値が求められたということのみならず，シュレーディンガー方程式から，水素原子の周りを回る電子の実体が明らかにされたのである．

まず，波動関数の動径方向の性質を調べてみよう．電子の存在確率は $|\varphi(r,\theta,\phi)|^2$ で与えられるので，(n,l) 状態にある電子を r と $r+dr$ の間にみいだす確率を $\rho_{n,l}(r)dr$ とすれば

$$\rho_{n,l}(r)dr = \int_0^{2\pi}\int_0^{\pi} |R_{n,l}(r)|^2 r^2 dr \sin\theta d\theta d\phi$$
$$= 4\pi r^2 |R_{n,l}(r)|^2 dr \tag{7.83}$$

であるから

$$\rho_{n,l}(r) = 4\pi r^2 |R_{n,l}(r)|^2 \tag{7.84}$$

となる．たとえば，1s 状態を考えて式 (7.72) の $R_{1,0}(r)$ をこの式に代入すると

$$\rho_{1s}(r) = 16\pi \left(\frac{1}{a_B}\right)^3 r^2 \exp\left(-\frac{2r}{a_B}\right) \tag{7.85}$$

となる．この式を r で微分すれば

$$\frac{d\rho_{1s}(r)}{dr} = 32\pi \left(\frac{1}{a_B}\right)^3 \left(1 - \frac{r}{a_B}\right) r \exp\left(-\frac{2r}{a_B}\right) \tag{7.86}$$

となるので、$\rho_{1s}(r)$ はボーア半径 $r = a_B$ で最大を示す．古典的に考えれば電子は常に半径 a_B の軌道上に存在し、軌道から外れた場所には存在しない．量子力学では粒子の波動性を反映してその位置を確定できず、ある有限な領域に分布しているのである．

図 7.5 にいくつかの状態について $\rho_{n,l}(r)$ を示した．主量子数 n が大きくなるにつれて、主ピークの位置も大きくなっていく様子がわかる．これはボーアの原子模型で n の増加とともにその軌道半径が $a_B n^2$ に比例して大きくなることに対応している．また、動径方向での位置の期待値は、たとえば 1s 状態に対して $<r> = \dfrac{3}{2} a_B$ となり（演習問題 7.1）、最大値をとる a_B より大きい．これは図 7.5 からもわかるように、動径方向の存在確率が a_B より大きな所まで、すそをひいて分布していることからも理解できる．

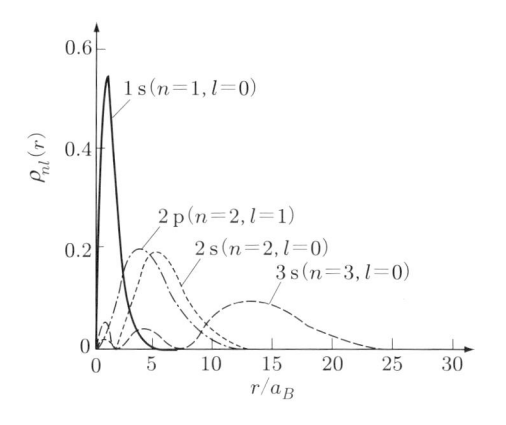

図 7.5 水素原子の電子の動径方向存在確率

さらに、電子の空間分布はその角度成分 (θ, ϕ) にも大きく依存する．$l=0$ の s 状態は球対称であるから、動径成分だけで全体の空間分布が決定されるが、$l \neq 0$ の状態は角度成分に大きく依存する．具体的に $l=1$ の 2p 状態を考えてみよう．式 (7.51)、(7.52) で与えられているように、2p 状態には 3 個の独立した関数 $Y_{1,0}$, $Y_{1,1}$, $Y_{1,-1}$ がある．このうちで $Y_{1,1}$ と $Y_{1,-1}$ から作られる規格直交性を満たす波動関数は、

$$\varphi_{px}(\theta, \phi) = \frac{1}{\sqrt{2}} (Y_{1,-1} - Y_{1,1}) = \sqrt{\frac{3}{4\pi}} \sin\theta \cos\phi = \sqrt{\frac{3}{4\pi}} \frac{x}{r} \quad (7.87)$$

$$\varphi_{py}(\theta, \phi) = \frac{i}{\sqrt{2}} (Y_{1,-1} + Y_{1,1}) = \sqrt{\frac{3}{4\pi}} \sin\theta \sin\phi = \sqrt{\frac{3}{4\pi}} \frac{y}{r} \quad (7.88)$$

となり、それぞれ x, y 方向に分布し

$$\varphi_{pz}(\theta,\phi) = Y_{1,0} = \sqrt{\frac{3}{4\pi}}\cos\theta = \sqrt{\frac{3}{4\pi}}\frac{z}{r} \tag{7.89}$$

は z 方向にのみ分布する．これらは図 7.6 に描いたように各座標軸に沿って球を串刺しにしたような方向依存性をもっている．s 状態が方向性のない球対称分布しているのとは対照的に，一軸方向性をもつ p 軌道は原子が集まってできる分子や結晶での原子の結合や電子の振舞いを理解するのに極めて重要になる．

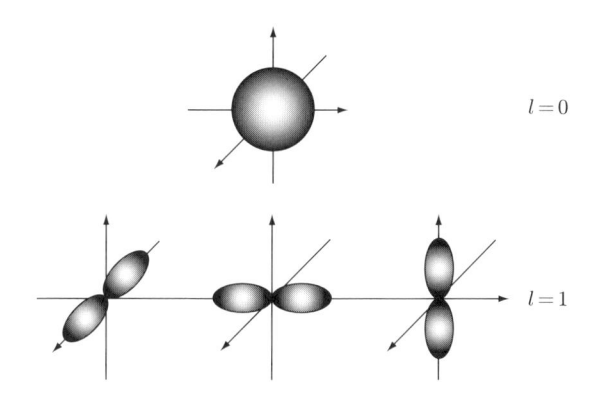

図 **7.6** 波動関数の空間分布

7.5 シリコン結晶の共有結合

水素原子は $+e$ の電荷をもった陽子と $-e$ の電荷をもった電子から構成されている原子番号が 1 の元素であるが，代表的な半導体元素であるシリコン (Si) は原子番号が 14 であり，14 個の電子をもっている．陽子の周りを回る電子の状態は三つの量子数の組 (n,l,m) で指定されることを学んだが，さらに後で簡単に示すように (8.3 節)，これに加えてスピン量子数も加わり，一つの量子数の組で決定される準位に 2 個の電子が収容される．この法則（パウリの排他原理）に従って Si の 14 個の電子をエネルギーが最も低い 1s 準位から順番につめていくと図 7.7 のようになる．この電子の詰まる様子を"電子配置"というが，Si では

$$1s^2 2s^2 2p^6 3s^2 3p^2 \tag{7.90}$$

と表す．ここで，2p 状態に 6 個入っているのは p 状態が 3 重に縮退しているからである．これから明らかなように，Si では 1s 準位から 2p 準位まで完全に埋まっており，これ以上電子が入ることができない．一方，3p 準位には 2 個の電子しか入っていないので，まだ **4 個**の席に余裕がある．このような一番外側の準位を最外殻準位といい，

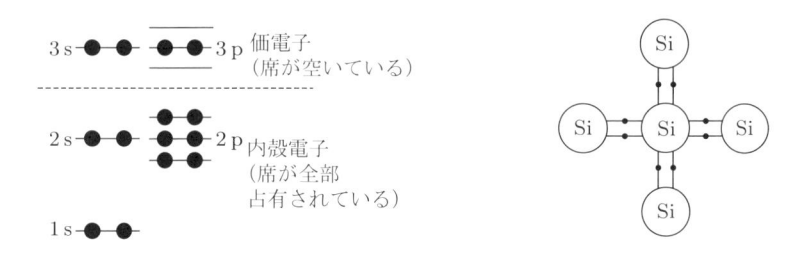

図 7.7 シリコン原子（原子番号 14）の電子配置　　**図 7.8** シリコンの共有結合

最外殻の電子を**価電子**とよぶ．一般に，原子の化学結合や反応では，この最外殻にある電子の性質が大きな役割を果たす．たとえば，周期律表の一番右側にある希ガス原子の仲間であるネオン（Ne）は 10 価の元素であり，その電子配置は最外殻まで完全に占有されている $1s^2 2s^2 2p^6$ の閉殻配置である．アルゴンやクリプトンなどの希ガス原子も同様であり，これが希ガス原子が化学的に極めて安定，不活性な理由である．

Si とゲルマニウム（Ge, 原子番号 32）ではいずれも最外殻に 4 個の電子があるので炭素（C, 原子番号 6）とともに周期律表の第 4 族元素に属している．このような C, Si および Ge 原子が集まって結晶を形成するとどうなるか Si を例にして考えてみよう．原子が集まって結晶を作るには，原子同士が互いに**手**を出し合って結合する．Si 原子は最外殻に 4 個の電子をもっているので，集まって結晶を作るときにはお互いに 4 本の手を出し合って周りの 4 個の原子と結合する（図 7.8）．Si 原子の最外殻状態である 3p 軌道にはさらに 4 個の電子を受け入れる席があり，お互いに電子を共有しあうことであたかも閉殻配置をとっているような安定な構造になるのである．

このように，お互いに電子を共有しあって中性原子間で強い結合を作ることを**共有結合**といい，Si 結晶は図 7.9 に図示した**ダイヤモンド構造**をとる．ここで，一つの素朴な疑問に答えておかなければならない．つまり，図 7.7 のような平面的な共有結合では三次元結晶はできず，Si 原子が集まって結晶を構成する際に，どのようにして立体的な 4 本の結合手を作るのであろうか．

Si 原子の最外殻電子は，方向性をもたない球対称の空間分布をもつ s 電子と x, y, z 方向に伸びた分布をもつ p 電子から構成されているので，このままでは 4 個の方向性をもった結合手はできない．原子の状態で $3s^2 3p^2$ 最外殻電子配置をもつ Si 原子は結晶を作るとき，自らの安定構造を形成するためにみごとなほどの**七変化**をやってのけるのである．Si 結晶中の Si 原子は 4 個の正三角形からなる正四面体の中心点から

図 7.9 ダイヤモンド構造　　　**図 7.10** sp³ 混成軌道

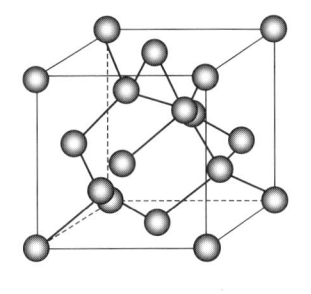

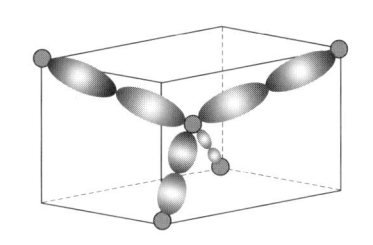

各頂点に伸びたの結合手を形成する[3]．すなわち，結晶の中では図 7.10 に描いたように $3s^2 3p^2$ を $3s^1 3p^3$ 配置に組み替えて，4 本の結合手を作り，周りの Si 原子と結合するのである．これを **sp³ 混成軌道** という．結晶中で価電子の s 軌道波動関数を φ_s，三つの p 軌道波動関数を φ_{px}, φ_{py}, φ_{pz} とすれば，これらは 4 個の最隣接原子の方向に正四面体的に伸びた四つの軌道

$$\varphi_1 = \frac{1}{2}(\varphi_s + \varphi_{px} + \varphi_{py} + \varphi_{pz}) \tag{7.91}$$

$$\varphi_2 = \frac{1}{2}(\varphi_s - \varphi_{px} - \varphi_{py} + \varphi_{pz}) \tag{7.92}$$

$$\varphi_3 = \frac{1}{2}(\varphi_s + \varphi_{px} - \varphi_{py} - \varphi_{pz}) \tag{7.93}$$

$$\varphi_4 = \frac{1}{2}(\varphi_s - \varphi_{px} + \varphi_{py} - \varphi_{pz}) \tag{7.94}$$

を作り，この四つの軌道にそれぞれ 1 個ずつ電子が収容された電子配置をとるのである．

さて，結晶中で Si がこのような sp³ 混成軌道を作るとき，そのエネルギーがどうなっているかを考えてみよう．原子の状態では，四つの軌道のエネルギーの和は $\epsilon_s + 3\epsilon_p$ で与えられる．ここで，ϵ_s, ϵ_p はそれぞれ s 軌道，p 軌道のエネルギー準位である．$s^2 p^2$ 電子配置のエネルギーは，$2\epsilon_s + 2\epsilon_p$ であるから原子の状態では sp³ 電子配置の方が $\epsilon_p - \epsilon_s (> 0)$ だけ高いので，このような組み替えは孤立原子では起こらない．ところが，結晶を作ると正四面体的に伸びた四つの軌道が隣接する原子から伸びてくる軌道と相互作用することによって，このエネルギーの損を上回る得があるのである．

話を単純化するために，隣り合った 2 個の原子に局在した二つの波動関数を $\varphi_i(r)$, $i = a, b$ と仮定する．両者が同じエネルギー固有値 (ϵ_0) をもっているとすると，その

---

[3] この正四面体は牛乳のテトラパックに似ており，テトラというのは四を意味するギリシャ語に由来する．また海岸で見られる波よけのテトラポットはこの四面体構造（正三角形を四面もち，中央と各頂点に原子がある構造）のつながりがダイヤモンドに似て極めて強いことにヒントを得たのかもしれない．

シュレーディンガー方程式は

$$H\varphi_i(r) = \epsilon_0 \varphi_i, \quad \epsilon_0 = \int \varphi_i^*(r) H \varphi_i(r) dr \tag{7.95}$$

となる．ここで，$\varphi_i(r)$ は規格直交性

$$\int \varphi_i^*(r) \varphi_j(r) dr = \delta_{ij} \tag{7.96}$$

を満足しているとする．$v(r)$ のポテンシャルを介してこれらの原子間に相互作用が働くときの系の波動関数を $\varphi_i(r)$ の線型結合

$$\varphi(r) = a\varphi_a(r) + b\varphi_b(r) \tag{7.97}$$

で表すと，そのシュレーディンガー方程式は

$$[H + v(r)]\varphi(r) = E\varphi(r) \tag{7.98}$$

となる．これを解くために，両辺に左から $\varphi_a^*(r)$ をかけて積分し，式 (7.95) の関係を用いると

$$a(\epsilon_0 + C) + bV = Ea, \tag{7.99}$$

同様に，$\varphi_b^*(r)$ をかけて積分すると

$$b(\epsilon_0 + C) + aV = Eb, \tag{7.100}$$

を得る．ここで

$$C = \int \varphi_a^*(r) v(r) \varphi_a(r) dr = \int \varphi_b^*(r) v(r) \varphi_b(r) dr \tag{7.101}$$

$$V = \int \varphi_a^*(r) v(r) \varphi_b(r) dr = \int \varphi_b^*(r) v(r) \varphi_a(r) dr \tag{7.102}$$

はそれぞれクーロン積分，共鳴積分とよばれ，一般に負の値である．0 でない a, b の解が存在するための条件は，それらの係数が作る行列式が 0 となることであるから，

$$\begin{vmatrix} \epsilon_0 + C - E & V \\ V & \epsilon_0 + C - E \end{vmatrix} = 0 \tag{7.103}$$

を解いて

$$E_\pm = \epsilon_0 + C \pm V \tag{7.104}$$

が得られる．これを式 (7.99)，式 (7.100) に代入し，規格化条件 $a^2 + b^2 = 1$ を用いると $a = 1/\sqrt{2}, b = \pm 1/\sqrt{2}$ となるので，上式の複号に対応して

$$\varphi_\pm = \frac{1}{\sqrt{2}}(\varphi_a \pm \varphi_b) \tag{7.105}$$

で表される新しい状態が形成される．$V < 0$ であるから，φ_+ の状態が φ_- の状態よりエネルギーが低い．

7.5 シリコン結晶の共有結合

図 7.11 に示されているように，φ_+ の状態では原子間の中央部分の分布が大きいので結合によるエネルギーの得があり，結合（ボンディング）軌道とよばれる．これに対して，原子間の中央部分で電子分布が 0 になる φ_- を反結合（アンチボンディング）軌道とよぶ．この簡単な解析は 2 原子分子の共有結合の様子を表したものであるが，同じ原子の sp^3 混成軌道間の共有結合にも適用できる．

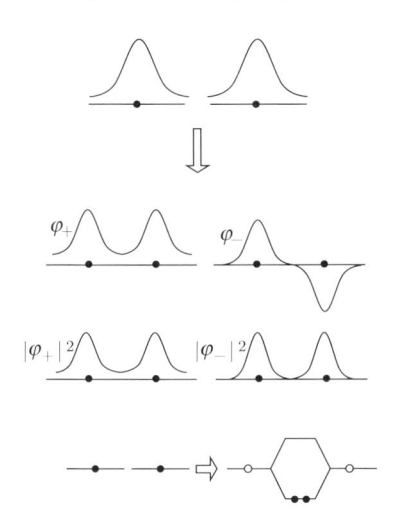

図 7.11 結合軌道と反結合軌道

このようにして，式 (7.91)〜式 (7.94) の混成価電子軌道 φ_i ($i = 1, 2, 3, 4$) に対して，それと向かいあう最隣接原子からの軌道を $\overline{\varphi}_i$ とすると，電子を共有する混成軌道間に強い相互作用が働いてそれぞれ，結合軌道，反結合軌道とよばれる二つの新しい軌道

$$\varphi_{iv} = \frac{1}{\sqrt{2}}(\varphi_i + \overline{\varphi}_i) \tag{7.106}$$

$$\varphi_{ic} = \frac{1}{\sqrt{2}}(\varphi_i - \overline{\varphi}_i) \tag{7.107}$$

に分裂する．結晶を作る前には φ_i と $\overline{\varphi}_i$ にそれぞれ 1 個の電子がいたのであるから，結合軌道が 2 個の電子を占有し，反結合軌道は空の状態となる．電子で占有されたエネルギー準位と空のエネルギー準位が多く集まって，それぞれが一つの帯（バンド）を作ると，エネルギーギャップで隔てられた価電子帯（valence band）と伝導帯（conduction band）が形成される（図 7.12）．

式 (7.106) と (7.107) の波動関数に v と c の添字をつけたのはこのためである．価電子帯を作る電子は，もとをただせば sp^3 混成軌道を介して共有結合を形成している

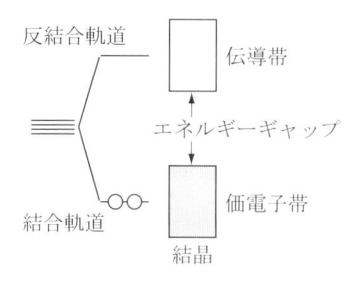

図7.12 sp³ 混成軌道のエネルギー準位と結晶のバンド構造

から，原子の周りに局在し，結晶中を自由に動き回ることはできない．また，反結合状態から形成される伝導帯は空である．このようにして，水素原子の周りを回る電子の波動関数の空間的な振舞いを知ることによって，代表的な共有結合半導体であるSiの基本的な性質を化学結合の立場から理解することができる．

7.6 半導体の不純物準位

水素原子模型の適用例として，次に半導体の不純物準位を考える．原子の離散的なエネルギー準位が集まってできる結晶のエネルギー帯構造の観点から眺めた半導体の特徴は，原子間の共有結合に関与している電子によって占められている価電子帯と禁止帯で隔てられた伝導帯で特徴づけられる．したがって，真性半導体とよばれる不純物を含まない半導体では原子の周りに局在し，共有結合に参加している価電子を熱的にその束縛から解放しない限り結晶中を電流が流れない．そこでいま，図7.13で示したように，共有結合で結晶を作っているSi原子の一つをV族元素のヒ素（As）で置換してみよう．Asの原子番号は33で，その最外殻電子配置は$4s^24p^3$であるから5個の価電子をもっている．したがって，Asが不純物としてSi結晶中に入ると（これを

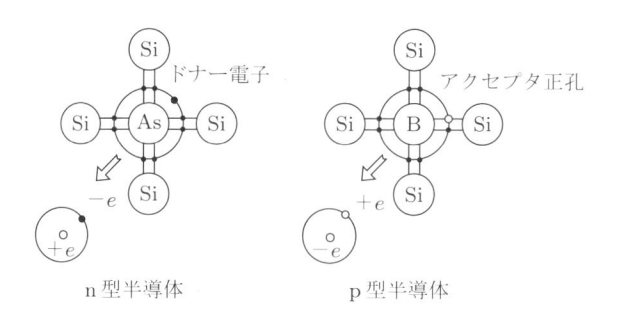

図7.13 不純物半導体

ドーピングという）4個の価電子は周りのSi原子と共有結合するが，結合に関与できない電子が1個残されてしまう．これは，実効的に$+e$の電荷をもったAsの原子核の周りを1個の電子が回っているとみなすことができるので，水素原子模型がそのまま適用できる．

ただし，真空中の水素原子と異なってAsの陽子と電子の間に働くクーロン引力は結晶の比誘電率ϵ_rで遮蔽され，$e^2/(4\pi\epsilon_0\epsilon_r r^2)$と弱くなる．式(7.66)の結果をそのまま適用すると，Si結晶中のAs不純物に束縛された電子の束縛エネルギーは水素原子のエネルギーを用いて，

$$\epsilon_D = -\frac{m^* e^4}{2\hbar^2}\left(\frac{1}{4\pi\epsilon_0\epsilon_r}\right)^2 \frac{1}{n^2} = -13.6 \times \frac{1}{\epsilon_r^2}\frac{m^*}{m}\frac{1}{n^2} \text{ [eV]} \quad (7.108)$$

また，円軌道の半径はボーア半径を用いて

$$a_D = \frac{4\pi\epsilon_0\epsilon_r\hbar^2}{m^* e^2} = 0.53 \times \epsilon_r \frac{m}{m^*} \text{ [Å]} \quad (7.109)$$

と表すことができる．ここで，m^*は**有効質量**とよばれる結晶中の電子の質量である．このようにクーロン引力が$1/\epsilon_r$だけ弱くなることで，水素原子と比較して束縛エネルギーは$1/\epsilon_r^2$だけ小さくなり，円軌道の半径はϵ_r倍になる（演習問題7.5）．

水素原子ではエネルギーの原点は真空準位であったが，不純物原子に束縛された電子がその束縛から解放され，結晶中を自由に動き回るようになるのは伝導帯に励起されるときなので，この場合のエネルギーの原点は伝導帯の底である．このように，Asは伝導帯に電子を供給するので**ドナー**（donor）**不純物**とよばれ，伝導帯の下にドナー準位を作り（図7.14），式(7.108)をドナーの**イオン化エネルギー**ともよぶ．また，ドナー不純物をドープした結晶を流れる電流の担い手は負（negative）電荷をもった電子であるので，その頭文字をとって**n型半導体**という．Si中のドナー不純物としてはAsの他にリン（P）やアンチモン（Sb）がある．

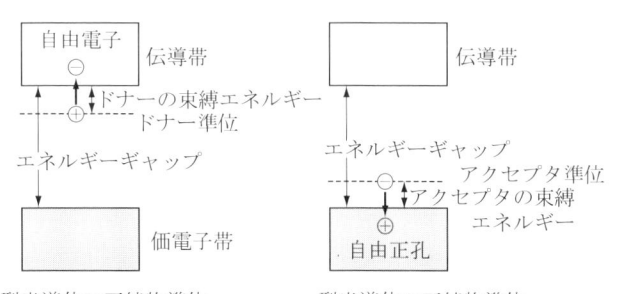

図7.14 半導体の不純物準位

一方，SiにIII族元素をドープしたらどうなるだろうか．たとえば，ホウ素（B）の最外殻電子配置は$2s^2 2p^1$であるからSiと完全な共有結合を作るには価電子が1個不足する．これを補うために，図7.13のように隣のSi原子から電子を奪って共有結合を完成させようとする．電子を奪われたSi原子には電子の抜け孔（正孔，hole）ができる．Bの原子核は有効的に$-e$の電荷をもっているので，正孔は弱くB原子に束縛されていると考えられる．このように，Bは電子を受け入れることができるので，アクセプタ（acceptor）不純物とよばれ，ドナー準位と同様に水素原子的なエネルギー準位（アクセプタ準位）を価電子帯の上に作る（図7.14）．

温度が上がると，価電子帯の少し上にあるアクセプタ準位に電子が励起されるので，いわば正孔がアクセプタ準位から価電子帯に励起されて，結晶中を自由に動き回ることになる．このとき，電流の担い手は正（positive）の電荷をもった正孔であるので，このような半導体をp型半導体という．このような不純物としてはBの他にアルミニウム（Al），ガリウム（Ga）やインジウム（In）がある．

練習問題

[7.1] 水素原子の周りを回る電子の1s状態における動径方向の位置の期待値$<r>$を求めよ．

[7.2] 同じく1s状態の波動関数を用いて$<p^2>$と$<1/r>$を計算し，1s状態のエネルギーを求めよ．

[7.3] 水素原子の$l = n-1$の状態の動径方向における存在確率はボーア半径で最大となることを証明せよ．

[7.4] $\epsilon_r = 12$，$m^* = 0.2\,m$として，式(7.108)と式(7.109)から$n=1$の不純物準位のエネルギーとボーア半径を計算せよ．

[7.5] 半導体を光照射すると伝導帯と価電子帯にそれぞれ電子と正孔が作られる．電子と正孔はそれぞれ$-e$と$+e$の電荷をもっているので，両者にはクーロン引力が働き，電子と正孔が一緒になった束縛状態を形成することができる．このような電子-正孔対を"励起子"（exciton）という．電子と正孔の質量は同程度であるから，水素原子と同様に扱うことはできないが，二体運動の相対運動については水素原子模型の結果がそのまま適用できる．電子と正孔の質量をそれぞれ$m_e = 0.07\,m$，$m_h = 0.5\,m$（mは自由電子の質量），誘電率$\epsilon = 13$として励起子の基底状態の束縛エネルギーとボーア半径を計算せよ．

8 磁気モーメントとスピン

　中心力を受けて運動する荷電粒子では角運動量が重要な役割を果たし，円軌道を描くときには円電流が磁気モーメントと等価であることは，古典論との対応からも容易に理解できる．電子の軌道角運動量が量子化されていることををはじめて観測したシュテルンとゲルラッハは同時に古典論の世界にない－スピン－の存在を発見した．スピン（spin）は回転を意味し，直感的には太陽のまわりを回りながら自転している地球を連想すればよいが，そのような古典力学的な類推が正しくないことを含めて，スピンとその磁気モーメントについて学ぶ．

8.1　軌道磁気モーメント

　はじめに，電磁気学の復習をしておく．電流の作る磁場に関するビオ・サバールの法則（Biot-Savart's law）によれば電流 I の流れている素片 $d\boldsymbol{s}$ が $\boldsymbol{r}'$ にあるとき，点 $d\boldsymbol{r}$ に作る磁束密度は

$$d\boldsymbol{B}(\boldsymbol{r}) = \frac{\mu_0}{4\pi}\frac{d\boldsymbol{s}\times(\boldsymbol{r}-\boldsymbol{r}')}{|\boldsymbol{r}-\boldsymbol{r}'|^3} \tag{8.1}$$

で与えられる．半径 r の円形コイルに電流 I が流れているとき，円の中心で垂直に z の位置における磁束密度は

$$B_z = \frac{\mu_0 r^2 I}{2(r^2+z^2)^{3/2}} \tag{8.2}$$

となるので，円の中心での磁束密度は $z=0$ として

$$B = \mu_0 I/2r \tag{8.3}$$

で与えられ，その方向は方向は円電流に沿って回した右ねじの進む方向（$\boldsymbol{n}$）である．ここで，$\mu_0 = 1.26\times 10^{-6}\,[\mathrm{H\cdot m^{-1}}]$ は真空透磁率である．このとき磁気モーメント μ は

$$\mu = \mu_0 \times 円電流 \times 円の面積 = \mu_0 I\pi r^2\,[\mathrm{A\cdot m^2}] \tag{8.4}$$

で定義され，その方向は磁束密度の向きと同じであり，電子の場合はその回転方向と逆向きの電流が流れるので，図 8.1 で示すように下向きである．また，電流を電子に分解して考えると，ある軌道に沿って電子が回転運動するとき，磁気モーメントをもっていると考えられる．前章でみたように回転運動を特徴づける物理量は角運動量なので，電子の角運動量と磁気モーメントの関係を調べてみよう．

8章 磁気モーメントとスピン

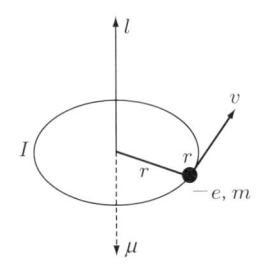

図 8.1 電子の回転運動にともなう角運動量と磁気モーメント

図 8.1 のように，電子が半径 r の円軌道に沿って等速円運動しているときの円電流は $I = -ev/2\pi r$ であるから，$\boldsymbol{\mu}/\mu_0$ を磁気モーメントと定義すれば

$$\boldsymbol{\mu} = \pi r^2 \frac{-ev}{2\pi r}\boldsymbol{n} = -\frac{e}{2}rv\boldsymbol{n} = -\frac{e}{2m}rp\boldsymbol{n} = -\frac{e}{2m}\boldsymbol{l} \tag{8.5}$$

で与えられる．ここで，$\boldsymbol{l} = \boldsymbol{r} \times \boldsymbol{p}$ は式 (7.10) で定義した電子の角運動量である．角運動量の単位は $\hbar$ であるから，

$$\boldsymbol{\mu} = -\frac{e\hbar}{2m}\frac{\boldsymbol{l}}{\hbar} = -\mu_B \frac{\boldsymbol{l}}{\hbar} \tag{8.6}$$

と書いて，

$$\mu_B = \frac{e\hbar}{2m} = 9.274 \times 10^{-24} \text{ [J/T]} \tag{8.7}$$

をボワー磁子[1]とよぶ．式 (8.5) で $\boldsymbol{p} \to -i\hbar\nabla$ とすれば，軌道磁気モーメントの演算子は

$$\boldsymbol{\mu} = i\frac{e\hbar}{2m}\boldsymbol{r} \times \nabla \tag{8.8}$$

と書ける．これにより，磁気モーメントの z-成分の期待値を求めると，式 (7.57) より

$$<\mu_z> = -\frac{\mu_B}{\hbar}<l_z> = -m_l\mu_B \tag{8.9}$$

となり，μ_B を単位として m_l 倍の離散値だけをとる．これが，m_l を磁気量子数とよぶ理由である．また，磁気ベクトルの方向は角運動量ベクトルの方向と正反対であり，その z-成分は μ_B を単位として量子化された $-l\mu_B, (-l+1)\mu_B, \ldots, l\mu_B$ しか許されない．

---

[1] CGS 単位では $\mu_B = e\hbar/2mc = 0.9274 \times 10^{-20}$ erg/gauss, 1T（テスラ） $= 10^4$ ガウス．

8.2　ゼーマン効果

7.2 節では $l \neq 0$ の方位量子数で指定された量子状態は磁気量子数 m_l に関して $(2l+1)$ 重に縮退していることを学んだ．このことをさらに詳しく調べるために，水素原子に一様な磁場 $\boldsymbol{H}$ をかけると，その固有状態がどのように変化するかを考えてみよう．電磁気学によれば，磁場中におかれた磁気モーメントがもつエネルギーは磁束密度を $\boldsymbol{B} = \mu_0 \boldsymbol{H}$ とすれば $-\boldsymbol{\mu} \cdot \boldsymbol{B}$ である．これを量子力学に移行させるには $\boldsymbol{\mu}$ として式 (8.8) を用いればよい．

磁場がないときの水素原子のハミルトニアンを H_0 とすれば磁場中でのハミルトニアンは磁気モーメントのもつエネルギーに対応するハミルトニアン

$$H' = -\boldsymbol{\mu} \cdot \boldsymbol{B} = \frac{\mu_B}{\hbar} \boldsymbol{l} \cdot \boldsymbol{B} \tag{8.10}$$

が加わった

$$H = H_0 + H' \tag{8.11}$$

で与えられる[2]．したがって，このときの水素原子のシュレーディンガー方程式は

$$(H_0 + H')\varphi_{n,l,m_l}(r,\theta,\phi) = E_n \varphi_{n,l,m_l}(r,\theta,\phi) \tag{8.12}$$

となる．磁場のない場合の水素原子の波動関数はすでに求められているので，磁場があるときの解は一般的には 9 章で学ぶ摂動論の問題であるが，一様な磁場が z 方向を向いている，つまり，$\boldsymbol{B} = (0, 0, B)$ と仮定すれば簡単に解くことができる．このとき，式 (8.12) は

$$\left(H_0 + \frac{\mu_B B}{\hbar} l_z \right)\varphi_{n,l,m_l}(r,\theta,\phi) = E_n^{(0)} \varphi_{n,l,m_l}(r,\theta,\phi)$$
$$+ \frac{\mu_B B}{\hbar} l_z \varphi_{n,l,m_l}(r,\theta,\phi) \tag{8.13}$$

となる．ここで，$E_n^{(0)}$ は式 (7.82) で与えられている磁場がないときの水素原子のエネルギーである．水素原子の波動関数は $\varphi_{n,l,m_l}(r,\theta,\phi) = R_{n,l}(r)\Theta_{l,m_l}(\theta)\Phi_{m_l}(\phi)$ と変数分離でき，l_z は $\Phi(\phi)$ のみ作用するので式 (7.57) より

$$l_z \varphi_{n,l,m_l} = m_l \hbar \varphi_{n,l,m_l} \tag{8.14}$$

を式 (8.13) に代入して，磁場中の水素原子のエネルギー固有値は

$$E_n = E_n^{(0)} + m_l \mu_B B \tag{8.15}$$

となる．つまり，磁場がないときと比較して

---

[2]　$\boldsymbol{\mu} \cdot \boldsymbol{B}$ の次元を確認しておく．$\boldsymbol{\mu} : [\mathrm{A \cdot m^2}]$，$\boldsymbol{B} : [\mathrm{H \cdot m^{-1}}] \cdot [\mathrm{A \cdot m^{-1}}]$，$H = \frac{[\mathrm{N \cdot m}]}{[\mathrm{A}]^2} = \frac{[\mathrm{J}]}{[\mathrm{A}]^2}$（ここで H はヘンリー，A はアンペア）であるから，$\boldsymbol{\mu} \cdot \boldsymbol{B} : [\mathrm{A \cdot m^2}] \cdot \frac{[\mathrm{H \cdot A}]}{[\mathrm{m^2}]} = [\mathrm{HA^2}] = [\mathrm{J}]$

8章 磁気モーメントとスピン

$$\Delta E = m_l \mu_B B = -l\mu_B B, \quad (-l+1)\mu_B B, \ldots, (l-1)\mu_B B, \quad l\mu_B B \tag{8.16}$$

だけ変化する．このエネルギーのことを"ゼーマン（Zeeman）エネルギー"という．したがって，図 8.2 に示したように，"$(2l+1)$ 重に縮退した方位量子数 l のエネルギー準位は磁場によって縮退が解け，$\mu_B B$ の等間隔に並んだ $(2l+1)$ 個の準位に分離する．"これを後で触れる電子のスピンが関係した異常ゼーマン効果と区別して"正常ゼーマン効果"という．

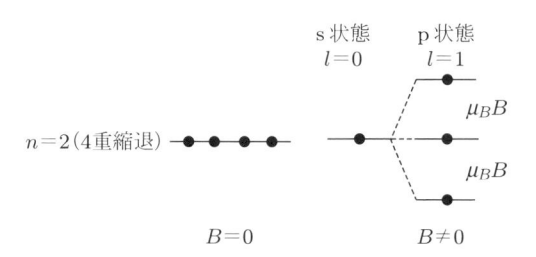

図 8.2 水素原子 ($n=2$) のゼーマン効果

8.3 電子のスピンとスピン角運動量

磁場中での電子の方向量子化を最初に実験で観測したのは 1922 年のシュテルン（Stern）とゲルラッハ（Gerlach）である．実験は，銀を加熱して飛び出させた銀原子ビームをビームに対して垂直な不均一磁場中に入れ，磁場による銀原子の曲がりを見ようとしたものであった．なぜ，この実験が方向量子化を捕らえたのかを明らかにするために磁場中での磁気モーメントの運動について考えてみる．

磁気モーメント $\boldsymbol{\mu}$ をもった粒子は磁界 $\boldsymbol{H}$ 中ではトルク $\boldsymbol{N} = \boldsymbol{\mu} \times \boldsymbol{H}$ を受ける．ここで，磁場は $\boldsymbol{B} = \mu_0 \boldsymbol{H}$（真空中）であり，$\boldsymbol{\mu}$ を μ_0 単位と考えて，トルクは

$$\boldsymbol{N} = \boldsymbol{\mu} \times \boldsymbol{B} \tag{8.17}$$

と書ける．トルクは角運動量の時間変化に等しいので運動方程式は

$$\boldsymbol{N} = \frac{d\boldsymbol{l}}{dt} = -\frac{e}{2m}\boldsymbol{l} \times \boldsymbol{B} \tag{8.18}$$

で与えられる．ここでも磁場を z 軸にとり，この式を各成分について書き改めると

$$\frac{dl_x}{dt} = -\frac{e}{2m}(l_y B_z - l_z B_y) = -\frac{e}{2m} l_y B \tag{8.19}$$

$$\frac{dl_y}{dt} = -\frac{e}{2m} l_x B, \quad \frac{dl_z}{dt} = 0 \tag{8.20}$$

となる．これを解くと
$$l_x = A\cos(\omega_L t + \delta), \quad l_y = A\sin(\omega_L t + \delta),$$
$$l_z = 一定; \quad \omega_L = \frac{eB}{2m} \tag{8.21}$$

となり，図 8.3 で示すような角運動量ベクトルの先端が (x, y) 面内で ω_L の角速度で回転し，その z 成分は一定であることがわかる．この回転をラーマー（Larmor）の才差運動という．

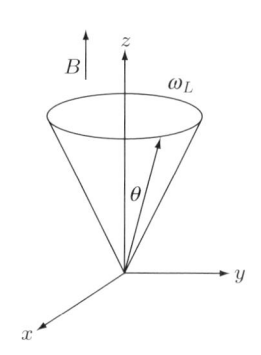

図 **8.3** ラーマーの才差運動

プランク定数を含まないことから明らかなように，この運動は純粋に古典的であるが，量子論でも同じ結果が得られる．ただし，古典論では才差運動の z 軸に対する角度は任意であるが，量子力学では角運動量とその z 成分の値が量子化されているので $\theta = \cos^{-1} m_l / \sqrt{l(l+1)}$ に限定される．

このように，磁気モーメントの z 成分は磁気モーメントと磁場の角度に依存せず，一定に保たれるが，磁場の大きさが z 方向で変化する場合には

$$F_z = \mu_z \frac{\partial B(z)}{\partial z} \tag{8.22}$$

の力をうける．いま，図 8.4 のように質量 M の原子が一定速度 v で進行方向と垂直（z 軸）な不均一磁場中を直進しているとする．ある距離 $d_1 = vt$ だけ進む間に磁場による F_z の力のために原子は z 方向に

$$z_1 = \frac{1}{2}\frac{F_z}{M}\left(\frac{d_1}{v}\right)^2 = \frac{d_1^2}{2Mv^2}\mu_z\frac{\partial B(z)}{\partial z} \tag{8.23}$$

だけ変位する．また，この間に原子の得た z 方向の運動量は

$$p_z = F_z t = \frac{d_1}{v}\mu_z\frac{\partial B(z)}{\partial z} \tag{8.24}$$

であるから，直進方向から

$$\tan\alpha = \frac{p_z}{Mv} = \frac{d_1}{Mv^2}\mu_z\frac{\partial B(z)}{\partial z} \tag{8.25}$$

の角度だけ曲げられる．この不均一磁場中を通過した後はそのまま直進運動するので，さらに d_2 だけ進んだときの z 方向の変位は

$$z_2 = d_2\tan\alpha = \frac{d_1 d_2}{Mv^2}\mu_z\frac{\partial B(z)}{\partial z} \tag{8.26}$$

となる．したがって，z 方向の全変位は

$$z = z_1 + z_2 = \frac{d_1}{Mv^2}\left(d_2 + \frac{d_1}{2}\right)\mu_z\frac{\partial B(z)}{\partial z} \tag{8.27}$$

で与えられる．この式の意味するところは磁気モーメントあるいは角運動量が任意の値をとり得ずに量子化された値しか許されないとするなら，z 方向の変位も飛び飛びの値しか示さないということである．

このような指針に基づいて観測された原子ビームの分布の概略を図 8.4 に示した．磁場がないとき，加熱した原子ビームの速度のばらつきによる幅のついた一本のピークは不均一磁場の増加とともに次第に広くなり，十分に強い不均一磁場では二本のピークに分離した．この結果は原子の磁気モーメントが大きさが等しい反対向きの二つの状態に量子化されていることを示唆しており，ピーク間隔から求めた μ_z の値は μ_B と同程度であった．

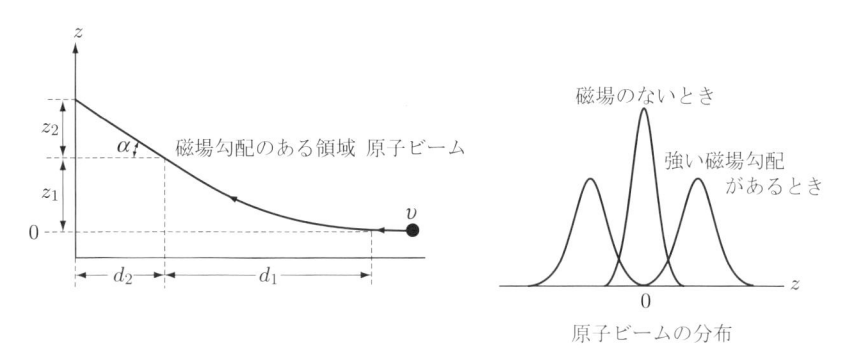

図 8.4 シュテルン-ゲルラッハの実験

このようにして，シュテルン-ゲルラッハの実験は角運動量の z 成分が確かに量子化されていることを証明したが，同時に大きな謎もみいだされた．この実験で観測した磁気モーメントが電子の円運動によるなら，量子力学的な μ_z の期待値は $<\mu_z> = -m_l\mu_B$ であるから磁場中では縮退が解け $(2l+1)$ 個の値をとり，これに対応してビーム分布のピークも $2l+1$ 本（奇数）に分裂するはずである．これは二本のピークしか観測さ

8.3 電子のスピンとスピン角運動量

れなかったシュテルン-ゲルラッハの実験の実験結果に反する.

この難問を解決し,古典力学では現われることのなかった新しい物理量の存在をみいだしたのは当時まだ学生だったウーレンベック (Uhlenbeck) とハウトシュミット (Goudsmit) であった.その謎解きにヒントを与えた実験結果は図 8.5 に示した Na 原子の輝線スペクトルである.原子番号が 11 の Na 原子の電子配置は $1s^2 2s^2 2p^6 3s^1$ であり,閉殻軌道の外側の 3s 軌道に一個だけ電子が存在する.したがって,その最低エネルギー準位は $l=0$, $m=0$ の状態であるので,$l=1$ と $l=0$ の準位間の遷移に対応した一本の線スペクトルが観測されるはずである.ところが,これに対応した D 線と呼ばれるスペクトルは磁場がない場合でも 5896 Å (D_1) と 5890 Å (D_2) の二本に分離して観測された.このことは電子のエネルギー状態を決める自由度が他にもあることを示唆している.

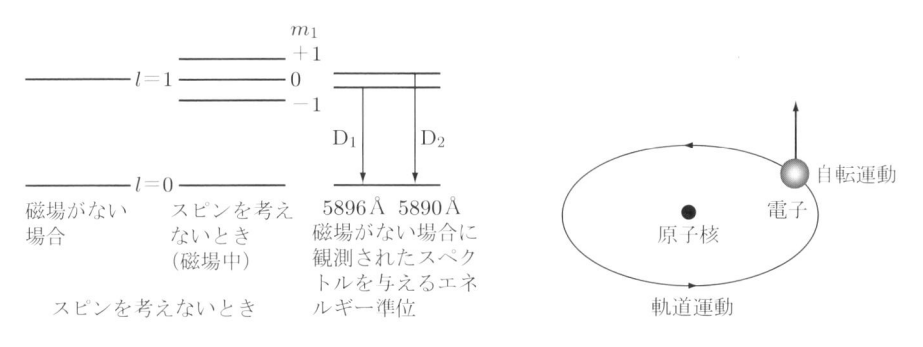

図 8.5 Na 原子の最外殻電子のエネルギー準位

図 8.6 電子スピンの直感的理解 (本当は正しくない)

1925 年にウーレンベックとハウトシュミットは隠れた自由度として電子の "スピン" という考えを提唱した.つまり,図 8.6 で描いたように,電荷をもった電子が軌道運動に加えて,それ自身の回転運動をすれば回転軸のまわりに円電流が発生し,その結果として回転軸の方向に磁気モーメント $\boldsymbol{\mu}_s$ が存在する.したがって,軌道磁気モーメントの場合と同様に磁場によってゼーマン効果が起こることになる.ただし,この場合にはかならずしも外部磁場は必要でなく,電子の軌道運動が誘起する内部磁場でもゼーマン効果が起こり得る.

このような "スピン角運動量" を $\boldsymbol{s}$ で表すと,8.2 節と同じ取り扱いができ,$\boldsymbol{s}^2$ の固有値は $s(s+1)\hbar^2$,s_z の固有値は $s\hbar$, $(s-1)\hbar$, …, $-s\hbar$ の $(2s+1)$ 個ある.しかし,シュテルン-ゲルラッハの実験結果によれば p 準位 ($l=1$) が二つに分かれたので,s は

$$2s+1=2, \quad \text{つまり} = \frac{1}{2} \tag{8.28}$$

しか許されない．したがって，s_z の固有値は

$$\pm \hbar/2 \tag{8.29}$$

だけである．$l=0$ の s 状態では電子のスピンによるエネルギー準位の分裂は起こらないが，$l \neq 0$ の p 状態や d 状態から s 状態へ遷移するときにはスピン分裂によってわずかに波長の異なる二重線スペクトルが現われることになる．以上の結果より，スピン角運動量 $\boldsymbol{s}$ の磁気モーメントは

$$\boldsymbol{\mu}_s = -\frac{2\mu_B}{\hbar}\boldsymbol{s} \tag{8.30}$$

で与えられ，精密な測定による電子のスピン磁気モーメントの大きさは

$$\mu_s = 9.284832 \times 10^{-24}\,[\text{J/T}] = 1.0011596\,\mu_B \tag{8.31}$$

である．

電子スピンの発見は同時に角運動量の量子化をはじめて観測したシュテルン-ゲルラッハの実験結果も矛盾なく説明した．電気的に中性な銀原子では電子の軌道角運動量はゼロであり，これによる磁気モーメントも 0 であるから軌道運動によるゼーマン効果はない．電子スピンによる磁気モーメントを介した力で銀原子ビームの分布が二つに分かれたのである．すなわち，シュテルン-ゲルラッハの実験は電子に固有の角運動量であるスピンが存在することを示した実験でもある．

スピン角運動量 $\boldsymbol{s}$ に対応する演算子として $\hat{\boldsymbol{s}}$ を定義するとその z 成分の期待値 $<\hat{s_z}>$ は

$$<\hat{s_z}> = m_s \hbar, \quad m_s = \pm\frac{1}{2} \tag{8.32}$$

である．ここで，m_s をスピン量子数とよぶ．いま，スピン固有関数として仮に回転角を ξ とした $S(\xi)$ を仮定し，軌道角運動量 $\hat{l}_z$ と同じ固有方程式に従うものとすると

$$-i\hbar\frac{d}{d\xi}S(\xi) = <s_z> S(\xi) \tag{8.33}$$

から，A を定数として

$$S(\xi) = A\exp\left(\pm\frac{\xi}{2}i\right) \tag{8.34}$$

を得る．ここで，一周まわしてみると，

$$S(\xi+2\pi) = A\exp\left(\pm\frac{\xi}{2}i\right) \times \exp\left(\pm i\pi\right) = -S(\xi) \tag{8.35}$$

となってもとの状態に戻らない．すなわち，固有関数が一義的に決定できないことになる．実はこのことは，そもそも電子スピンを球が回転しているような古典的描像で

考えてはいけないことを意味している．

図 8.6 で描いた模型はスピンのイメージを想像する助けにはなるけれども，回転角で決められるような古典的類推は成立しない．スピン角運動量は粒子が球のようにその軸のまわりに回転することによって生じると考えてはならない．つまり，電子のスピンは電荷や質量と同様に電子に備わった固有の性質と考えるべきであり，スピンに対応する古典的な物理量は存在しない．

いままで学んできた多くの量子力学と古典物理学の世界には，本質的な相違やある条件のもとでの類似性をみることができた．しかし，スピンに関する限りそのような関係は一切なく，スピンの存在こそ量子力学の申し子ともいうべき固有な性質なのである．この電子の内部自由度により，一つのエネルギー準位を $m_s = +1/2$ と $-1/2$ をもつ 2 個の電子が占有できることになる．普通は $+1/2$ を上向きスピン，$-1/2$ を下向きスピンとよぶ．

これが電子配置で一つの軌道に 2 個の電子をつめた理由である．ただし，一つの準位に同じ向きのスピンをもつ 2 個の電子が入ることはできない．これを"パウリ (Pauli) の排他原理"という（図 8.7）．したがって，スピンによる二つの縮退まで考慮すれば，一つの方位量子数 l の準位について磁気量子数 m_l による $(2l+1)$ 個に 2 をかけた $2(2l+1)$ 個の電子が収容される．

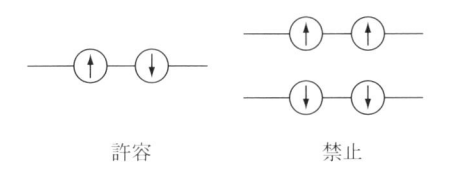

図 **8.7** パウリの排他原理

これまでの議論ではエネルギー固有値はスピンに関係なく決定されるが，軌道磁気モーメントとスピン軌道磁気モーメントの相互作用まで考慮するとエネルギー固有値はスピン量子数によって変化する．この相互作用のを"スピン-軌道相互作用"といい，この相互作用のために軌道角運動量 l が 0 の s 状態以外のエネルギー準位が分裂する．たとえば，スピンの存在を示唆する契機となった Na の D 線とよばれるスペクトルはスピン-軌道相互作用によって二つのエネルギー準位に分裂した p 励起状態から s 基底状態への遷移として理解される．

このように，スピン-軌道相互作用によって分裂したエネルギー準位のことを一般に多重項といい，その固有状態は軌道角運動量，スピン角運動量およびそれらの和である"全角運動量"で指定される．このときの全磁気モーメントは軌道磁気モーメン

トとスピン磁気モーメントの和で与えられ，磁場がないときスピン-軌道相互作用で分裂した二つの準位は磁場中でさらに"異常ゼーマン効果"とよばれるさらに複雑な分裂を示す．

先にも触れたように量子力学で登場する物理量はすべて古典的にも存在するが，"スピン"は古典力学では一切登場しなかった電子に固有な自由度であり，量子力学の"申し子"と言っても過言ではない．従来の動作原理に基づいた半導体デバイスの中で電子のスピンがあらわな形で役割を果たすことはなかった．しかし，第11章で学ぶ量子効果ナノデバイス（たとえば"**スピン電界効果トランジスタ**"や**量子計算機**の実現に向けて，主役を演じる可能性が模索されている．

練習問題

[8.1] 水素原子内の電子の電流密度 $I(r)$ にともなう磁気モーメント μ が電子の角運動量期待値 $<l>$ に比例し，

$$\mu = -\frac{e\hbar}{2m}<l>$$

で与えられることを証明せよ．

[8.2] 式 (8.27) に実際の実験に近い値（Ag 原子の平均運動エネルギー $= 16.5 \times 10^{-21}$ J，磁場勾配 10^{-2} T/m，$d_1 = 0.13$ m，$d_2 = 0.5$ m，$2z = 0.004$ m）を代入して，μ_z の値を計算せよ．

[8.3] 水素原子の 2p 状態で磁束密度 1T の磁場中における $m_l = 1, 0, -1$ 状態間のエネルギー差を求めよ．

[8.4] 磁場がない場合でも分裂した Na の D 線（5896, 5890 Å）は原子の磁場と電子スピン磁気モーメントの相互作用による．この分裂を与える原子の作る磁場の強さを計算せよ．

9 摂動論

前章まで井戸型ポテンシャル，調和振動子および水素原子のシュレーディンガー方程式を解いて，波動関数とエネルギー固有値の性質を学んだ．シュレーディンガー方程式の厳密解が得られるのは，ポテンシャルが簡単な形をしているこれらの系だけであり，頁数の制約からその他の例を省略したわけではない．現実の系のいろいろな問題に対して，これらは基礎的に重要な知識を与えてくれるが，より複雑な系に対してシュレーディンガー方程式を厳密に解くことができないので何らかの近似解法が必要となる．この章では，その中でも最も一般的な摂動論を学ぶ．

9.1 時間に依存しない摂動論

摂動 (perturbation) を手元にある英和辞典でみると，「混乱させること」，「動揺」のほかに「主星の回りを運動している惑星に他の天体の引力などの力が加わって規則的な軌道上の運動に乱れが生ずる現象」と書いてある．摂動論という言葉はこのように量子力学の誕生以前に天体力学から派生したものであり，他からの影響がなければ厳密に運動が解ける系に対して，"乱れ"を生じさせるような小さな力（摂動）が働いたとき，摂動がない系（無摂動系）がどのように変化するかを近似的に調べる方法である．

縮退のない無摂動系のシュレーディンガー方程式

$$H_0 \varphi_n^{(0)}(\boldsymbol{r}) = E_n^{(0)} \varphi_n^{(0)}(\boldsymbol{r}) \tag{9.1}$$

が解けており，固有値 $E_n^{(0)}$ と固有関数 $\varphi_n^{(0)}(\boldsymbol{r})$ が既知である場合に，摂動ハミルトニアン H' が加わった系

$$(H_0 + H')\varphi_n(\boldsymbol{r}) = E_n \varphi_n(\boldsymbol{r}) \tag{9.2}$$

を近似的に解くことを考える．ここで重要なことは，摂動が加わっても，その影響は無摂動系の性質を大きく変えてしまわないということである．言い換えるならば，初めの状態 $\varphi_n^{(0)}$ を壊してしまうような大きい力は摂動論の対象にはならない．便宜上，H' を $\lambda H'$ (λ は無次元の定数) とおいて，求めたい $\varphi_n(\boldsymbol{r})$ と E_n を λ のべきで次のように展開する．

$$\varphi_n(\boldsymbol{r}) = \varphi_n^{(0)}(\boldsymbol{r}) + \lambda \varphi_n^{(1)}(\boldsymbol{r}) + \lambda^2 \varphi_n^{(2)}(\boldsymbol{r}) + \ldots, \tag{9.3}$$

$$E_n = E_n^{(0)} + \lambda E_n^{(1)} + \lambda^2 E_n^{(2)} + \ldots \tag{9.4}$$

これらを式 (9.2) に代入し，両辺の λ のべきの係数を比較すると λ のゼロ次は無摂動系そのものであるので式 (9.1) が得られ，λ の一次では

$$H_0 \varphi_n^{(1)} + H' \varphi_n^{(0)} = E_n^{(0)} \varphi_n^{(1)} + E_n^{(1)} \varphi_n^{(0)} \tag{9.5}$$

が得られる．また，λ の二次では次式が得られる．

$$H_0 \varphi_n^{(2)} + H' \varphi_n^{(1)} = E_n^{(0)} \varphi_n^{(2)} + E_n^{(1)} \varphi_n^{(1)} + E_n^{(2)} \varphi_n^{(0)} \tag{9.6}$$

式 (9.5) から λ について一次の補正項である $E_n^{(1)}$ と $\varphi_n^{(1)}$ を求めるために，$\varphi_n^{(1)}$ を既知の $\varphi_n^{(0)}$ を用いて次のように展開する．

$$\varphi_n^{(1)} = c_1 \varphi_1^{(0)} + c_2 \varphi_2^{(0)} + \ldots = \sum_i c_i \varphi_i^{(0)} \tag{9.7}$$

実は，摂動論の本質はこの近似にあるといってよい．すなわち，摂動を受けた系の波動関数を無摂動系の波動関数で展開するということは摂動によってもとの固有状態そのものの性質は変わらず，状態の組み替えが起こることを意味している．式 (9.7) を式 (9.5) に代入し，式 (9.1) の関係を用いると

$$\sum_i c_i (E_i^{(0)} - E_n^{(0)}) \varphi_i^{(0)} + H' \varphi_n^{(0)} = E_n^{(1)} \varphi_n^{(0)} \tag{9.8}$$

を得る．この両辺に左側から $\varphi_n^{*(0)}$ をかけて積分すると

$$E_n^{(1)} <n|n> = \sum_i c_i (E_i^{(0)} - E_n^{(0)}) <n|i> + <n|H'|n> \tag{9.9}$$

を得る．ここで，一般に

$$<i|j> = \int \varphi_i^{*(0)}(\boldsymbol{r}) \varphi_j^{(0)}(\boldsymbol{r}) d\boldsymbol{r} = \delta_{ij} \tag{9.10}$$

$$<i|H'|j> = \int \varphi_i^{*(0)}(\boldsymbol{r}) H' \varphi_j^{(0)}(\boldsymbol{r}) d\boldsymbol{r} \tag{9.11}$$

と定義した．式 (9.9) の右辺の第一項は 0 であるから，"一次の摂動エネルギー"は

$$E_n^{(1)} = <n|H'|n> \tag{9.12}$$

で与えられる．

次に，式 (9.8) の両辺に左側から $\varphi_j^{*(0)} (j \neq n)$ をかけて積分すると

$$\sum_i c_i (E_i^{(0)} - E_n^{(0)}) <j|i> + <j|H'|n> = E_n^{(1)} <j|n> \tag{9.13}$$

となるので，再び式 (9.11) の関係を用いると左辺の第一項は $i = j$ のときのみ 0 でないので，

$$c_j = \frac{<j|H'|i>}{E_n^{(0)} - E_j^{(0)}}, \quad j \neq n \tag{9.14}$$

を得る．したがって，一次近似での固有関数は

$$\varphi_n^{(1)} = \varphi_n^{(0)} + \sum_{i \neq n} \frac{<i|H'|n>}{E_n^{(0)} - E_i^{(0)}} \varphi_i^{(0)} \tag{9.15}$$

で与えられる．二次の摂動エネルギーも同様の方法で求められ，その結果のみ示すと，

$$E_n^{(2)} = \sum_{i \neq n} \frac{|<n|H'|i>|^2}{E_n^{(0)} - E_i^{(0)}} \tag{9.16}$$

である．さらに，同じような計算を進めれば高次の摂動エネルギーが求められるが，特殊な場合を除いて高次になればなるほどそれらの寄与は小さくなり，ほとんどの場合二次摂動の範囲で良い近似解が得られる．

具体例として，一次元調和振動子

$$H_0 = -\frac{\hbar^2}{2m} \frac{d^2}{dx^2} + \frac{1}{2} m \omega^2 x^2 \tag{9.17}$$

に

$$H' = cx, \quad c: \text{定数} \tag{9.18}$$

の摂動が加わるときの基底状態の波動関数とエネルギーの変化を計算する．

$$H = H_0 + H',$$

$$= -\frac{\hbar^2}{2m} \frac{d^2}{dx^2} + \frac{1}{2} m \omega^2 x^2 + cx,$$

$$= -\frac{\hbar^2}{2m} \frac{d^2}{dx^2} + \frac{1}{2} m \omega^2 \left(x + \frac{c}{m \omega^2} \right)^2 - \frac{c^2}{2 m \omega^2} \tag{9.19}$$

と変形すればわかるように，この問題は摂動論を用いなくても厳密解が得られ，摂動により振動の原点が $x=0$ から $x=-c/m\omega^2$ へ移動し，エネルギー固有値は

$$E_0 = \frac{1}{2} \hbar \omega - \frac{c^2}{2 m \omega^2} \tag{9.20}$$

と変化する．

この厳密に解ける問題をあえて摂動論で解くとどうなるか調べてみる．一次の摂動エネルギーは式 (6.28) の波動関数を用いると，

$$E_0^{(1)} = c<0|x|0> = c \sqrt{\frac{m\omega}{\pi \hbar}} \int_{-\infty}^{\infty} x \exp\left(-\frac{m\omega}{\hbar} x^2\right) dx \tag{9.21}$$

となるが，被積分関数が x の奇関数であるから，この積分値は 0 である．次に，二次の摂動エネルギーは式 (9.16) より

$$E_0^{(2)} = \sum_{i \neq 0} \frac{|<0|H'|i>|^2}{E_0^{(0)} - E_i^{(0)}} \tag{9.22}$$

で与えられる．分子の計算

$$<0|H'|i> = cA_0 A_i \int_{-\infty}^{\infty} H_0(\alpha x) x H_i(\alpha x) e^{-\alpha^2 x^2} dx \tag{9.23}$$

で $\alpha x = \xi$ とおくと

$$<0|H'|i> = \frac{cA_0 A_i}{\alpha^2} \int_{-\infty}^{\infty} H_0(\xi) \xi H_i(\xi) e^{-\xi^2} d\xi \tag{9.24}$$

となる．付録（B.15）のエルミート多項式の漸化式

$$2\xi H_i(\xi) = H_{1+1}(\xi) + 2i H_{i-1}(\xi) \tag{9.25}$$

を用いると，この積分は

$$\int_{-\infty}^{\infty} H_0(\xi) H_{i+1}(\xi) e^{-\xi^2} d\xi + 2i \int_{-\infty}^{\infty} H_0(\xi) H_{i-1}(\xi) e^{-\xi^2} d\xi \tag{9.26}$$

と書き換えられる．さらに，式 (6.27) の直交関係を用いると第 1 項は 0 であり，第 2 項も $i = 1$ のときだけ値をもつので，結局

$$<0|H'|i> = c\sqrt{\frac{\hbar}{2m\omega}} \tag{9.27}$$

と計算できる．したがって，二次摂動エネルギーは

$$E_0^{(2)} = -\frac{c^2}{2m\omega^2} \tag{9.28}$$

となり，式 (9.20) と一致する．

次に，基底状態の波動関数の変化は式 (9.15) を用いると

$$\varphi_0 = \varphi_0^{(0)} + \sum_{i \neq 0} \frac{<i|H'|0>}{E_0^{(0)} - E_i^{(0)}} \varphi_i^{(0)} \tag{9.29}$$

で与えられるので，式 (9.27) の結果を代入すると

$$\varphi_0 = \varphi_0^{(0)} - c\sqrt{\frac{1}{2m\omega^3 \hbar}} \varphi_1^{(0)} \tag{9.30}$$

となる．式 (6.28) から得られる $\varphi_0^{(0)}$ と $\varphi_1^{(0)}$ を代入すると

$$\varphi_0(x) = A_0 \left(1 - \frac{cx}{\hbar\omega}\right) \exp\left(-\frac{m\omega}{2\hbar} x^2\right) \tag{9.31}$$

となるので，$1 - cx/\hbar\omega \simeq \exp(-cx/\hbar\omega)$ とすれば

$$\varphi_0(x) = A_0 \exp\left\{-\frac{m\omega}{2\hbar} \left(x + \frac{c}{m\omega^2}\right)^2\right\} \tag{9.32}$$

となり，式 (9.19) と一致して振動の原点が $x = -c/m\omega^2$ に移動していることが確か

次に，基底状態にある水素原子に強さが E の一様な電場を z 方向に印加した問題を考える．7.3 節で求めたように，基底状態の水素原子の波動関数は

$$\varphi_{1s}^{(0)}(r) = \sqrt{\frac{1}{\pi a_B^3}} \exp^{-r/a_B} \tag{9.33}$$

である．電子の電荷を $-e$ とすれば，電子が電場から受ける力は $-z$ 方向に eE であるから，極座標表示での摂動ハミルトニアンは

$$H' = erE\cos\theta \tag{9.34}$$

で与えられる．一次の摂動エネルギーは

$$E_{1s}^{(1)} = <\varphi_{1s}^{(0)}|H'|\varphi_{1s}^{(0)}>$$
$$= \frac{eE}{\pi a_B^3}\int_0^\infty r^3 \exp^{-2r/a_B} dr \int_0^{2\pi} d\phi \int_0^\pi \cos\theta\sin\theta d\theta$$
$$= 0 \tag{9.35}$$

となるので，電場の一次の範囲でエネルギーは変化しない．次に，二次の摂動エネルギー

$$E_{1s}^{(2)} = \sum_{i\neq 1s} \frac{|<\varphi_{1s}^{(0)}|H'|\varphi_i^{(0)}>|^2}{E_{1s}^{(0)} - E_i^{(0)}} \tag{9.36}$$

をすべての励起状態 i（ここで i は水素原子の量子数の組 (n,l,m_l) を代表して表す）に対して計算するのは大変であるから，次のような近似を導入する．図 7.4 からもわかるように，基底状態 ($n=1$) 以外のエネルギー準位は $n=1$ から大きく離れて 0 の近くにあるので，上式の分母をすべて $E_{1s}^{(0)}$ で近似すれば，

$$E_{1s}^{(2)} = \frac{1}{E_{1s}^{(0)}}\sum_i |<\varphi_{1s}^{(0)}|H'|\varphi_i^{(0)}>|^2 = \frac{1}{E_{1s}^{(0)}}<\varphi_{1s}^{(0)}|H'^2|\varphi_{1s}^{(0)}>$$
$$= \frac{1}{E_{1s}^{(0)}}\frac{e^2E^2}{\pi a_B^3}\int_0^\infty r^4 \exp^{-2r/a_B} dr \int_0^{2\pi} d\phi \int_0^\pi \cos^2\theta\sin\theta d\theta$$
$$= -2(4\pi\epsilon_0)a_B^3 E^2 \tag{9.37}$$

と計算される．より厳密な計算結果によれば上式の 2 は 9/4 となり，電場の二次の範囲での水素原子の基底状態エネルギーは

$$E_{1s} = E_{1s}^{(0)} - \frac{1}{2}\alpha E^2, \quad \alpha = \frac{9}{2}(4\pi\epsilon_0)a_B^3 E^2 \tag{9.38}$$

で与えられ，α を"分極率"という．

電場がないとき，水素原子の基底状態の波動関数は原点（陽子）の回りに球対称であるから，電子の負電荷の雲の中心は陽子の正電荷と一致している．そこで，電場により電子の電荷分布がどのように変化するかを調べてみよう．式 (9.15) より一次摂動の範囲で基底状態の波動関数は

$$\varphi_{1s} = \varphi_{1s}^{(0)} + \sum_i \frac{<\varphi_i^{(0)}|eEz|\varphi_{1s}^{(0)}>}{E_{1s}^{(0)} - E_i^{(0)}} \varphi_i^{(0)} \tag{9.39}$$

で与えられる．この摂動を受けた状態について z 方向での電子の位置の期待値 $<z>$ を調べてみよう．

$$<z> = <\varphi_{1s}|z|\varphi_{1s}>,$$

$$= <\varphi_{1s}^{(0)}|z|\varphi_{1s}^{(0)}> + 2\sum_i \frac{<\varphi_{1s}^{(0)}|eEz|\varphi_i^{(0)}>}{E_{1s}^{(0)} - E_i^{(0)}} <\varphi_i^{(0)}|z|\varphi_{1s}^{(0)}>$$

$$+ \sum_{ij} \frac{<\varphi_{1s}^{(0)}|eEz|\varphi_i^{(0)}>}{E_{1s}^{(0)} - E_i^{(0)}} \frac{<\varphi_j^{(0)}|eEz|\varphi_{1s}^{(0)}>}{E_{1s}^{(0)} - E_j^{(0)}}$$

$$\times <\varphi_i^{(0)}|z|\varphi_j^{(0)}>. \tag{9.40}$$

$\varphi_{1s}^{(0)}$ は球対称であるから積分関数が奇関数である右辺の第 1 項の積分は 0 である．$<\varphi_{1s}^{(0)}|z|\varphi_i^{(0)}>$ で有限値を与える $\varphi_i^{(0)}$ は $l=1$ の p 状態であるが，このとき最後の因子 $<\varphi_i^{(0)}|z|\varphi_j^{(0)}>$ は 0 であるから第 3 項も 0 になる．したがって，

$$<z> = 2\sum_i \frac{<\varphi_{1s}^{(0)}|eEz|\varphi_i^{(0)}>}{E_{1s}^{(0)} - E_i^{(0)}} <\varphi_i^{(0)}|z|\varphi_{1s}^{(0)}> \tag{9.41}$$

を得る．この式の $<\varphi_i^{(0)}|z|\varphi_{1s}^{(0)}>$ で z を eEz に置き換え，全体を eE で割ると

$$<z> = 2\frac{1}{eE}\sum_i \frac{<\varphi_{1s}^{(0)}|eEz|\varphi_i^{(0)}>}{E_{1s}^{(0)} - E_i^{(0)}} <\varphi_i^{(0)}|eEz|\varphi_{1s}^{(0)}>$$

$$= 2\frac{1}{eE} E_{1s}^{(2)} \tag{9.42}$$

となり，二次の摂動エネルギー $E_{1s}^{(2)}$ を用いて表すことができる．式 (9.37) の $E_{1s}^{(2)} = -1/2\alpha E^2$ をこの式に代入すると

$$<z> = 2\frac{1}{eE}\left(-\frac{1}{2}\alpha E^2\right) \tag{9.43}$$

から

$$-e<z> = \alpha E \tag{9.44}$$

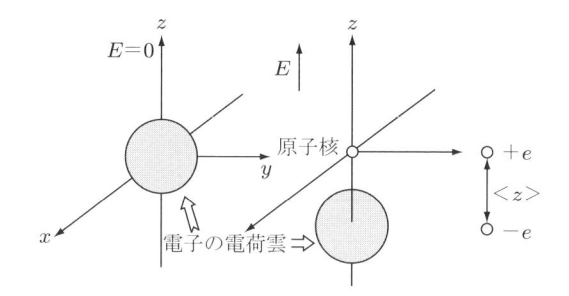

図 **9.1** 電場による電気双極子モーメントの形成

の関係が得られる．これは $+e$ の電荷をもつ陽子が原点にあり，$-e$ の電荷雲の中心が電場によって $<z>=0$ から $<z>=-\alpha E/e$ に移動することで水素原子に $-e<z>$ の双極子モーメントが誘起されたことを意味しており（図 9.1），その大きさは電場に比例する．そして，その比例係数が分極率なのである．

9.2　時間に依存する摂動論

前章では時間に依存しない摂動により定常状態の固有関数とエネルギー固有値がどのように変化するかを近似的に調べる方法を学んだが，次に時間的に変化する摂動が加えられたときにそれまで定常状態にあった系が時間とともにどのような変化をするかを考える．さらに，この方法を光（電磁波）と物質系（電子）の相互作用の問題に適用し，光吸収と放出の基本的な性質について学ぶことにする．

9.2.1　遷移確率

無摂動系の時間を含めたシュレーディンガー方程式は，式 (2.50) で示したように

$$H_0\Psi^{(0)}(\boldsymbol{r},t) = i\hbar\frac{\partial}{\partial t}\Psi^{(0)}(\boldsymbol{r},t) \tag{9.45}$$

で与えられ，その解は

$$\Psi^{(0)}(\boldsymbol{r},t) = \sum_n c_n \varphi_n(\boldsymbol{r})\exp\left(-i\frac{E_n^{(0)}}{\hbar}t\right) \tag{9.46}$$

$$H_0\varphi_n(\boldsymbol{r}) = E_n^{(0)}\varphi_n(\boldsymbol{r}) \tag{9.47}$$

である．式 (9.46) の絶対値の二乗

$$|\Psi^{(0)}(\boldsymbol{r},t)|^2 = \sum_n |c_n|^2 |\varphi_n(\boldsymbol{r})|^2 \tag{9.48}$$

からわかるように，摂動が加わる前の系は時間に依存せず（定常状態），$|c_n|^2$ の存在確率で n 状態に分布している．

この系に時間に依存する摂動 $H'(t)$ が加わるとき，解くべきシュレーディンガー方程式は

$$[H_0 + H'(t)]\Psi(\boldsymbol{r},t) = i\hbar\frac{\partial}{\partial t}\Psi(\boldsymbol{r},t) \tag{9.49}$$

である．これを解くために求めたい $\Psi(\boldsymbol{r},t)$ を

$$\Psi(\boldsymbol{r},t) = \sum_n c_n(t)\varphi_n(\boldsymbol{r}) \exp\left(-i\frac{E_n^{(0)}}{\hbar}t\right) \tag{9.50}$$

と展開する．ここで，$c_n(t)$ は時間に依存する展開係数である．これは摂動が加わる前に $\Psi^{(0)}(\boldsymbol{r},t)$ で記述される定常状態にあった系が $H'(t)$ によって時間的に変化する様子を展開係数 c_n の時間依存性に負わせることを意味している．式 (9.50) を式 (9.49) に代入すると，

$$\sum_n (H_0 + H'(t))c_n(t)\varphi_n(\boldsymbol{r})\exp\left(-i\frac{E_n^{(0)}}{\hbar}t\right)$$

$$= \sum_n i\hbar\frac{\partial}{\partial t}c_n(t)\varphi_n(\boldsymbol{r})\exp\left(-i\frac{E_n^{(0)}}{\hbar}t\right), \tag{9.51}$$

$$= i\hbar\sum_n\left[\frac{dc_n(t)}{dt} - \frac{i}{\hbar}c_n(t)E_n^{(0)}\right]\varphi_n(\boldsymbol{r})\exp\left(-i\frac{E_n^{(0)}}{\hbar}t\right), \tag{9.52}$$

となる．式 (9.47) を用いると，この式の左辺第 1 項と右辺第 2 項は打ち消しあうので，

$$\sum_n c_n(t)H'(t)\varphi_n(\boldsymbol{r})\exp\left(-i\frac{E_n^{(0)}}{\hbar}t\right) = i\hbar\sum_n\frac{dc_n(t)}{dt}\varphi_n(\boldsymbol{r})\exp\left(-i\frac{E_n^{(0)}}{\hbar}t\right) \tag{9.53}$$

となる．この両辺に左側から $\varphi_f(\boldsymbol{r},t)$ をかけて，さらに直交関係 $<f|n> = \delta_{fn}$ を用いると，

$$\frac{dc_f(t)}{dt} = -\frac{i}{\hbar}\sum_n c_n(t)H'_{fn}(t)e^{i\omega_{fn}t} \tag{9.54}$$

を得る．ここで，

$$\omega_{fn} = \frac{E_f^{(0)} - E_n^{(0)}}{\hbar}, \quad H'_{fn}(t) = \int \varphi_f^*(\boldsymbol{r})H'(t)\varphi_n(\boldsymbol{r})d\boldsymbol{r} \tag{9.55}$$

である．式 (9.54) は c_f に関する連立微分方程式であり，これを解けば式 (9.50) の波動関数の時間変化が求められる．

時間に依存しない場合と同様に $H'(t)$ を $\lambda H'(t)$ とおき，さらに，
$$c_n(t) = c_n^{(0)}(t) + \lambda c_n^{(1)}(t) + \lambda^2 c_n^{(2)}(t) + \dots, \tag{9.56}$$
と展開して，式 (9.54) へ代入する．そして，両辺の λ のべきを等しいとすれば，

$$\lambda^0: \quad \frac{dc_f^{(0)}(t)}{dt} = 0, \tag{9.57}$$

$$\lambda^1: \quad \frac{dc_f^{(1)}(t)}{dt} = -\frac{i}{\hbar} \sum_n c_n^{(0)} H'_{fn}(t) e^{i\omega_{fn} t}, \tag{9.58}$$

$$\lambda^2: \quad \frac{dc_f^{(2)}(t)}{dt} = -\frac{i}{\hbar} \sum_n c_n^{(1)} H'_{fn}(t) e^{i\omega_{fn} t}, \tag{9.59}$$

となり，逐次積分によって $c_f^{(0)}, c_f^{(1)}, \dots$ が次々と求められる．λ の 0 次から得られる $c_f^{(0)}(t)$ は時間に依存しない定数であり，摂動が働く前に系がどのような状態にあったのかを特定する．いま，簡単のために，系が $t=0$ で i 状態（始状態）にあったとして，
$$c_i^{(0)}(0) = 1, \quad c_n^{(0)}(0) = 0, \quad (n \neq i) \tag{9.60}$$
の初期条件を式 (9.58) に代入すると
$$\frac{dc_f^{(1)}(t)}{dt} = -\frac{i}{\hbar} H'_{fi}(t) e^{i\omega_{fi} t}, \tag{9.61}$$
を解いて，
$$c_f^{(1)}(t) = -\frac{i}{\hbar} \int_0^t H'_{fi}(t) e^{i\omega_{fi} t} dt \tag{9.62}$$
が得られる．したがって，具体的な $H'(t)$ の形を与えれば，$c_f^{(1)}(0) = 0$ の初期条件のもとで $c_f^{(1)}(t)$ が求められる．

そもそも，$\Psi(\bm{r}, t)$ を式 (9.50) のように無摂動系の固有関数で展開するということは摂動が加わる前に $\Psi^{(0)}(\bm{r}, t)$ の定常状態（今の場合は $c_i^{(0)} = 1$, $c_n^{(0)} = 0$, $n \neq i$）にあった系が摂動によって変化し，i 状態から f 状態（終状態）へ "遷移"（transition）することを意味している．したがって，ある時刻 t で系を f 状態にみいだす確率は
$$P_{i \to f}(t) = |c_f^{(1)}(t)|^2 \tag{9.63}$$
で与えられる．簡単のために，一定の摂動 H' が $t=0$ に加えられ，その後のある時刻 t で除かれる階段型摂動の場合を考える．このとき，式 (9.62) の $H'(t)$ は積分の外に出せるので

$$c_f^{(1)}(t) = -\frac{H'_{fi}}{\hbar}\frac{e^{i\omega_{fi}t}-1}{\omega_{fi}} \tag{9.64}$$

となり，**遷移確率**として

$$P_{i\to f}(t) = \frac{4|H'_{fi}|^2}{\hbar^2}\frac{\sin^2\frac{1}{2}\omega_{fi}t}{\omega_{fi}^2} \tag{9.65}$$

を得る．このように，H'_{fi} は i 始状態から f 状態への遷移を可能にする"橋渡し"の役割をもち，"遷移行列要素"とよばれる．一般に，状態間で遷移が起こるか（許容遷移），起こらないか（禁止遷移）は H_{fi} が有限か 0 かで決定され，これを"**遷移の選択則**"という．

9.2.2 遷移の選択則

摂動によって固有状態が変化する様子は一般的に遷移行列要素

$$H'_{ij} = <i|H'|j> = \int \varphi_i^* H' \varphi_j d\boldsymbol{r} \tag{9.66}$$

で決定される．この変化（あるいは遷移）が起こるか否かを決定する選択則を電場との相互作用

$$H'_{ij} = -e\boldsymbol{r}\cdot\boldsymbol{E} = -e(xE_x + yE_y + zE_z) \tag{9.67}$$

について具体的に考えてみよう．

一次元調和振動子の場合は波動関数が式 (6.28)

$$\varphi_i(x) = A_i e^{-\xi^2/2} H_i(\xi), \quad \xi = \alpha x \tag{9.68}$$

で与えられるので，選択則は次の積分

$$H'_{ij} = \int_{-\infty}^{\infty} \varphi_i^*(x) x \varphi_j(x) dx \tag{9.69}$$

で決まる．この式で $\xi = \alpha x$ と変数変換すれば

$$\int_{-\infty}^{\infty} H_i(\xi) H_j(\xi) \xi e^{-\xi^2} d\xi \tag{9.70}$$

を調べればよいことがわかる．この式に付録 B にあるエルミート多項式の漸化式 (B.14)

$$\xi H_j = \frac{1}{2}(H_{j+1} + 2jH_{j-1}) \tag{9.71}$$

を代入すれば

$$\int_{-\infty}^{\infty} H_i(\xi)\left[\frac{1}{2}H_{j+1}(\xi) + 2jH_{j-1}(\xi)\right]e^{-\xi^2}d\xi \tag{9.72}$$

となるので，式 (6.27) の直交関係より，この積分が有限値をとるのは

$$i = j \pm 1 \tag{9.73}$$

のときだけであることがわかる．すなわち，一次元調和振動子では量子数の一つ違う状態間でのみ遷移が許され，その際 $\hbar\omega$ のエネルギーをもつ電磁波が吸収あるいは放出される．

水素原子の場合には，波動関数は
$$\varphi_{n,l,m_l}(r,\theta,\phi) = R_{n,l}(r)Y_{l,m_l}(\theta,\phi) \tag{9.74}$$
で与えられ，双極子遷移の選択則は
$$<i|\boldsymbol{r}|j> = \int \varphi_i^*(\boldsymbol{r})\boldsymbol{r}\varphi_j(\boldsymbol{r})d\boldsymbol{r} \tag{9.75}$$
となる．極座標表示であらわな形に書くと
$$<i|x,y,z|j> = \int_0^\infty R_{n,l}(r)rR_{n',l'}(r)r^2 dr$$
$$\times \int_0^\pi \int_0^{2\pi} Y_{l,|m_l|}^*(\theta,\phi)f(\theta,\phi)Y_{l',|m_{l'}|}(\theta,\phi)\sin\theta d\theta d\phi \tag{9.76}$$

となる．ここで，$f(\theta,\phi) = \sin\theta\cos\phi$（$x$ に対して），$\sin\theta\sin\phi$（y に対して），$\cos\theta$（z に対して）である．

一般に，動径成分は任意の (n, l, m_l) と $(n', l', m_{l'}')$ の組み合わせに対して 0 にならないので，選択則は角度成分の積分値が有限か 0 かで決定される．まず，もっとも簡単な電場が z 方向を向いて場合を考える．このとき，角度成分の積分は
$$\int_0^\pi P_l^{|m_l|}(\cos\theta)P_{l'}^{|m_{l'}|}(\cos\theta)\cos\theta\sin\theta d\theta \int_0^{2\pi} e^{i(m_{l'}-m_l)\phi}d\phi \tag{9.77}$$
となるので，$m_l = m_{l'}$，つまり，磁気量子数が同じ状態間でのみ遷移が可能となる．

この条件のもとで θ 成分の積分は
$$I = \int_0^\pi P_l^{|m_l|}(\cos)P_{l'}^{|m_l|}(\cos)\cos\theta\sin\theta d\theta \tag{9.78}$$
となるので，$\zeta = \cos\theta$ と変数変換すれば
$$I = \int_{-1}^1 P_l^{|m_l|}(\zeta)P_{l'}^{|m_l|}(\zeta)\zeta d\zeta \tag{9.79}$$
となる．ここで，ルジャンドル陪関数の漸化式
$$\zeta P_l^{|m_l|}(\zeta) = \frac{l+|m_l|}{2l+1}P_{l-1}^{|m_l|}(\zeta) + \frac{l-|m_l|+1}{2l+1}P_{l+1}^{|m_l|}(\zeta) \tag{9.80}$$
を用いて書き直せば，式 (7.45) の直交関係から
$$l' = l \pm 1 \tag{9.81}$$
以外では $I = 0$ になることがわかる．

したがって，z方向の電場に対して
$$l' = l \pm 1, \quad m_l = m_{l'} \tag{9.82}$$
の関係を満足する状態間でのみ遷移が許される"，ということがわかる．

同様にして，x, y方向の電場に対して $\cos\phi = (e^{i\phi} + e^{-i\phi})/2$, $\sin\phi = (e^{i\phi} - e^{-i\phi})/2i$ の関係を利用すると，式 (9.78) に代わる積分は
$$\int_0^{2\pi} e^{i(m_{l'} - (m_l \pm 1))\phi} d\phi \tag{9.83}$$
となるので，$m_{l'} = m_l \pm 1$ のときのみ 0 でない．

以上の結果をまとめれば，水素原子に電場を引加したときの電気双極子遷移の選択則は

主量子数の変化：Δn：制限なし
方位量子数の変化：$\Delta l = \pm 1$
磁気量子数の変化：$\Delta m_l = 0\,(E_z), \pm 1\,(E_x, E_y)$

で与えられる．

これらを踏まえて，水素原子の輝線スペクトル（図 1.13）を改めて眺めてみると，たとえば，ライマン系列に属する $n = 2$ から $n = 1$ への遷移は $2s \to 1s\,(\Delta l = 0)$ ではなく，$2p \to 1s\,(\Delta l = 1)$ によることがわかる．

9.3 光の吸収と放出

電子を含めた荷電粒子は光という電磁場の力を受け，その運動状態を変えるとともに，その運動にともなって電磁波（光）を放出する．このような物質と光の相互作用の基本的な性質を 9.2.1 項で求めた遷移確率の式を用いて調べる．この問題を量子力学的に扱うには古典的にはマックスウェルの方程式で記述される電磁場を量子化した光の粒子像（光子，photon）に基づいて，光子と電子の相互作用を厳密に考慮しなければならないが，光はあくまでも古典的な電磁場として扱うことにする[1]．

光の波長は原子の大きさに比べてはるかに大きく，電子に働く電場は空間的に一様であると考えてよいので，光を正弦波として
$$\boldsymbol{E} = \boldsymbol{E}_0 \cos\omega t \tag{9.84}$$
とすれば，電子と電場の相互作用（電子に働く摂動ポテンシャル）は
$$H'(t) = -e\boldsymbol{r} \cdot \boldsymbol{E}_0 \cos\omega t \tag{9.85}$$

---

[1] 光子と電子の相互作用の厳密な量子力学的扱いは，小出昭一郎：「量子力学（II）」（基礎物理学選書 5B，裳華房）

で与えられる．ここで，

$$H'(t) = H'(e^{i\omega t} + e^{-i\omega t}), \quad H' = -\frac{1}{2}e\boldsymbol{r} \cdot \boldsymbol{E}_0 \tag{9.86}$$

とおいて，式 (9.64) へ代入すると

$$c_f^{(1)}(t) = -\frac{H'_{fi}}{\hbar}\left[\frac{e^{i(\omega_{fi}+\omega)t}-1}{\omega_{fi}+\omega} + \frac{e^{i(\omega_{fi}-\omega)t}-1}{\omega_{fi}-\omega}\right] \tag{9.87}$$

を得る．ここで，

$$H'_{fi} = \frac{1}{2} <f|(-e\boldsymbol{r})|i> \cdot \boldsymbol{E}_0 = \frac{1}{2}\boldsymbol{\mu}_{fi} \cdot \boldsymbol{E}_0 \tag{9.88}$$

は電場 $\boldsymbol{E}$ に誘起された電気双極子モーメント $\boldsymbol{\mu} = -e\boldsymbol{r}$ が電場と相互作用することによる"電気双極子遷移"を表し，$\boldsymbol{\mu}_{fi}$ はその"遷移行列要素"である．

式 (9.87) は光との相互作用によって初期状態 (E_i, φ_i) から終状態 (E_f, φ_f) への変化を示すもので，それぞれの分母が 0 に近くなると大きな値をとる．$E_f > E_i$ のときは第二項が支配的となるので遷移確率は

$$P_{i\to f}(t) = |c_f^{(1)}|^2 = 4\frac{|H'_{fi}|^2}{\hbar^2}\frac{\sin^2\left\{\frac{1}{2}(\omega_{fi}-\omega)t\right\}}{\{(\omega_{fi}-\omega)\}^2} \tag{9.89}$$

となる．図 9.2 は $x = \omega_{fi} - \omega$ とした

$$F(x) = \frac{\sin^2\frac{1}{2}xt}{x^2} \tag{9.90}$$

を示したものであり，$x \simeq 0$ の近傍で大きなピークを示し，$|x|$ の増加とともに振動しながら急速に減少している．つまり，

$$\omega = \omega_{fi} = \frac{E_f - E_i}{\hbar} = \frac{E_{fi}}{\hbar} \tag{9.91}$$

を満足する振動数をもつ光を吸収するとき i 状態から f 状態へ"励起"される遷移確率が最大になることを示している．$F(x)$ の振舞いを詳しくみてみると，$\lim_{x\to 0}\sin x/x = 1$ であるから，$F(x)$ は $x = 0$ でピーク高さ $t^2/4$ をもち，$|x| < 2\pi/t$ の領域でのみ大きな値をもつ．したがって，厳密には式 (9.91) を満足する光だけが吸収されるわけではなく，図 9.2 のピーク幅の振動数の光も吸収される．これは時間 t だけ摂動が加えられた後の系のエネルギーが $\hbar \times 2\pi/t = h/t$ 程度の広がりをもつことを示している．スペクトルを測定するとき決して避けることのできないこの幅を不確定性原理によるスペクトルの"自然放出による幅（自然幅）"という．

また，中心ピークの面積を大まかにに見積もれば $t^2/4 \times 4\pi/t = \pi t$ となり，系を f 状態にみいだす確率は t に比例することになる．これは摂動が t 時間加えられるとき，

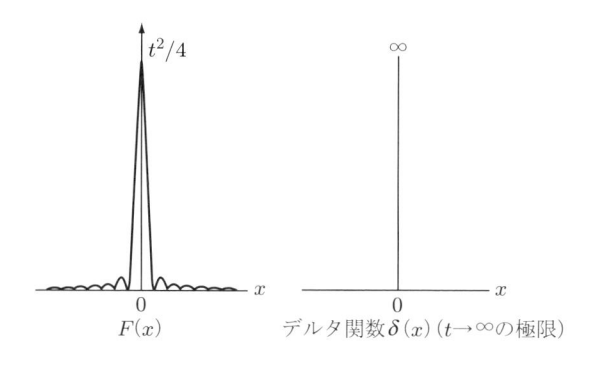

図 9.2　$F(x)$ とデルタ関数 $\delta(x)$

遷移確率がその時間に比例することを意味している．したがって，単位時間の遷移確率として

$$W_{i\to f} = \frac{|c_f(t)|^2}{t} \tag{9.92}$$

を定義する．また，遷移に関与する終状態が離散的準位でなく，ある分布 $\rho(\omega)$ をもっているとすれば，遷移確率は遷移のおこるエネルギー範囲について足しあわせなければならないので単位時間の遷移確率は

$$W_{i\to f} = \frac{2}{t\hbar^2} \int_{-\infty}^{\infty} |H'_{fi}|^2 \frac{2\sin^2 \frac{1}{2}(\omega_{fi}-\omega)t}{(\omega_{fi}-\omega)^2} \rho(\omega)d\omega \tag{9.93}$$

で与えられる．ここで，$|H'_{fi}|$ と $\rho(\omega)$ が $\omega = \omega_{fi}$ の近傍でゆるやかに変化する関数であるとすれば，これらを積分の外に出して，

$$W_{i\to f} = \frac{2}{t\hbar^2} |H'_{fi}|^2 \rho(\omega_{fi}) \int_{-\infty}^{\infty} \frac{2\sin^2 \frac{1}{2}(\omega_{fi}-\omega)t}{(\omega_{fi}-\omega)^2} d\omega \tag{9.94}$$

となる．右辺の積分値は πt であるから，

$$W_{i\to f} = \frac{2\pi}{\hbar^2} |H'_{fi}|^2 \rho(\omega_{fi}) \tag{9.95}$$

を得る．したがって，この近似の範囲では式 (9.90) の $F(t)$ をデルタ関数 $\delta(x)$ を用いて $F(x) = \pi t \delta(x)$ と近似しても差し支えないので，

$$|c_f(t)|^2 = \frac{2\pi}{\hbar^2} |H_{fi}|^2 t \delta(\omega - \omega_{fi}) \tag{9.96}$$

$$W_{i\to f} = \frac{2\pi}{\hbar^2} |H'_{fi}|^2 \delta(\omega - \omega_{fi}) = \frac{2\pi}{\hbar} |H'_{fi}|^2 \delta(E - E_{fi}) \tag{9.97}$$

を得る．ここで，デルタ関数は遷移に対するエネルギー保存則 $E = E_{fi} = E_f - E_i$ を

表している．時間に依存しない遷移確率を与えるこの式は"**フェルミの黄金則（golden rule）**"とよばれる重要な関係式である．

次に $E_f < E_i$ の場合を考える．このときには，式 (9.87) の第一項が支配的となり，系は

$$\omega = \frac{E_i - E_f}{\hbar} \tag{9.98}$$

の振動数の光を放出して i-状態から f-状態へ遷移する．式 (9.91) と式 (9.98) は光吸収と光放出のエネルギーが遷移に関与する準位のエネルギー差に等しいという"ボワーの振動数条件の式 (1.48)に一致している．

エネルギーの高い状態から低い状態に遷移するとき，エネルギーの高い状態はある"寿命"τ をもっており，系がこの励起状態にいることが確認できる時間の不確定さ Δt はその寿命で支配され

$$\Delta t \simeq \tau \tag{9.99}$$

と考えられる．したがって，エネルギーと時間の不確定性関係

$$\Delta E \Delta t \simeq h \tag{9.100}$$

により，エネルギーに対して，少なくとも

$$\Delta E \simeq \frac{h}{\tau} \tag{9.101}$$

の不確定性（エネルギー準位のぼけ）があり，離散的な準位間の遷移による光スペクトルに幅（自然幅）がつく．

9.4 半導体の光吸収スペクトル

遷移確率に対する式 (9.98) の黄金則を半導体の光吸収スペクトルの計算に適用してみよう．一般に半導体の光吸収は，光のエネルギーの小さい方から自由キャリア吸収とよばれている同じエネルギーバンド内での遷移，不純物や格子振動による吸収過程に続いて近赤外から可視領域にかけて禁止帯で隔てられた価電子帯から伝導帯への"バンド間遷移"とよばれる吸収が現われる．この価電子帯の電子が光のエネルギーを吸収して伝導帯へ励起される過程を半導体の"基礎吸収"という．

このバンド間遷移を厳密に計算するためにはバンドを形成している結晶内電子と電磁場の相互作用ハミルトニアンを求めなければならない．その詳細は遷移行列 H'_{fi} に含められるので（付録 G），ここでは簡単に $H'_{fi} = M$（一定）としておく．

図 9.3 のような価電子帯の頂上と伝導帯の底が $\boldsymbol{k} = 0$ にあり，エネルギーギャップ E_g で隔てられた簡単なエネルギー帯構造をもつ半導体において，波数ベクトル $\boldsymbol{k}$ をも

142 9章 摂動論

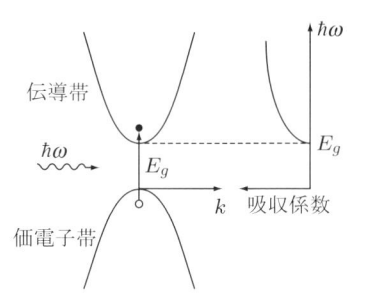

図 9.3 半導体の直接遷移と光吸収スペクトル

つ価電子帯の電子が波数ベクトルを変えずに伝導帯へ励起される直接遷移過程を考える．伝導帯と価電子帯のエネルギーは有効質量 m_e, m_h をもつ自由電子近似を用い，価電子帯の頂上をエネルギーの原点をとって

$$E_i = E_v(\boldsymbol{k}) = -\frac{\hbar^2 k^2}{2m_h}, \quad E_f = E_c(\boldsymbol{k}) = E_g + \frac{\hbar^2 k^2}{2m_e} \tag{9.102}$$

と仮定する．式 (9.98) のエネルギー保存則（デルタ関数）を満たす波数 $\boldsymbol{k}$ をもった電子が光吸収に寄与するので，遷移確率は式 (9.103) を式 (9.93) に代入して，$\boldsymbol{k}$ について和をとれば

$$W_{v \to c} = \frac{2\pi}{\hbar} |M|^2 \sum_{\boldsymbol{k}} \delta(E_c(\boldsymbol{k}) - E_v(\boldsymbol{k}) - \hbar\omega) \tag{9.103}$$

となる．$\boldsymbol{k}$ についての和を積分で置き換え，

$$E_{\boldsymbol{k}} = E_c(\boldsymbol{k}) - E_v(\boldsymbol{k}) = E_g + \frac{\hbar^2 k^2}{2m_r}, \quad \frac{1}{m_r} = \frac{1}{m_e} + \frac{1}{m_h} \tag{9.104}$$

とすれば，

$$W_{v \to c} = \frac{2\pi}{\hbar} |M|^2 \int \delta(E_{\boldsymbol{k}} - \hbar\omega) d\boldsymbol{k} \tag{9.105}$$

ここで，$d\boldsymbol{k} = 4\pi k^2 dk$ と $\boldsymbol{k}$ (9.105) から

$$d\boldsymbol{k} = \frac{4\pi\sqrt{2m_r^3}}{\hbar^3}(E_{\boldsymbol{k}} - E_g)^{1/2} dE_{\boldsymbol{k}} \tag{9.106}$$

となるので，

$$\begin{aligned} W_{v \to c}(\omega) &= \frac{2|M|^2 \sqrt{2m_r^3}}{\pi \hbar^3} \int (E_{\boldsymbol{k}} - E_g)^{1/2} \delta(E_{\boldsymbol{k}} - \hbar\omega) dE_{\boldsymbol{k}} \\ &= \frac{2|M|^2 \sqrt{2m_r^3}}{\pi \hbar^3} (\hbar\omega - E_g)^{1/2} \end{aligned} \tag{9.107}$$

を得る．

このように，価電子帯の頂上と伝導帯の底が k 空間の原点にある"直接遷移型"とよばれる半導体のバンド間遷移確率は，禁止帯エネルギー E_g から立ち上がり，$(\hbar\omega - E_g)^{1/2}$ に比例して増加する．E_g より小さいエネルギーをもつ光が吸収されないのはエネルギー保存則を満足する状態が E_g 以下ではないことから当然である．また，遷移確率が $(\hbar\omega - E_g)^{1/2}$ に比例するのは光学遷移に関与する価電子帯と伝導帯の状態密度を直接反映しているからである．

いろいろな光デバイスに重要な半導体材料である GaAs など III-V 族化合物半導体の多くは光に対する応答特性に優れた直接遷移型の半導体である．一方，Si や Ge では価電子帯の頂上と伝導帯の底が k 空間の異なる位置にあるため，光だけでは光学遷移の運動量保存則を満足させることができない．この場合には運動量の不足を格子振動の運動量で補うことで遷移が可能となり，このような遷移を"間接遷移"とよんでいる．一般に間接遷移型の半導体は直接遷移型半導体と比較して光に対する応答特性が弱いので光デバイスへの応用はあまり期待できない．

9.5　誘導遷移

9.5 節では原子内の電子が電磁場との相互作用により，光を吸収，放出して異なるエネルギー準位間で遷移する確率を時間に依存した摂動論を用いて求めることができた．このような光（電磁場）との相互作用によって引き起こされる遷移のことをとくに"誘導遷移"とよび，光吸収を誘導吸収，光放出を誘導放出（stimulated emission）とよぶ．光吸収による遷移が起こるためには，光を原子系に照射しなければならないが，光放出は必ずしも光の電磁場の作用を必要としない．エネルギーの高い励起状態にある原子は光の作用がなくても自然にエネルギーを放出してエネルギーの低い準位に遷移することができ，これを誘導放出と区別して自然（自発）放出（spontaneous emission）とよぶ．

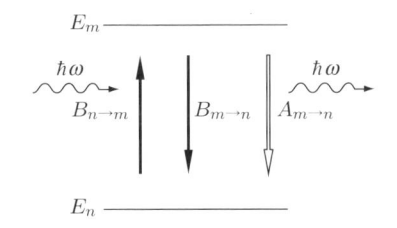

図 9.4　誘導吸収，放出と自然放出

いま，図 9.4 のようなエネルギー E_m，$E_n (E_m > E_n)$ の二準位をもつ原子系を考える．この二準位からなる原子系が電磁場との相互作用でエネルギーを吸収，放出しながらもある温度 T で各準位にいる原子数がボルツマン分布に従う熱平衡を仮定して，誘導放出の遷移確率を計算する．式 (9.88) を式 (9.95) に代入すると

$$W_{m \to n} = \frac{\pi}{2\hbar^2} |<n|\boldsymbol{\mu} \cdot \boldsymbol{E}_0|m>|^2 \rho(\omega) \tag{9.108}$$

となる．ここで，光の電場に偏りがなく，一様であると考えて

$$E_{0x}^2 = E_{0y}^2 = E_{0z}^2 = \frac{1}{3}|\boldsymbol{E}_0|^2 \tag{9.109}$$

とおけば

$$W_{m \to n} = \frac{1}{12\hbar^2}|\boldsymbol{\mu}_{nm}|^2|\boldsymbol{E_0}|^2 \rho(\nu) \tag{9.110}$$

を得る．ただし，ここで $\hbar\omega = h\nu$ の関係を用いて ω から ν に書き換えた．ある温度 T で $\rho(\nu, T)$ の振動数分布をもった光の作る電場のエネルギー密度は

$$I(\mu, T) = \frac{1}{2}\epsilon_0 |\boldsymbol{E_0}|^2 \rho(\nu, T) \tag{9.111}$$

で与えられるので，これを式 (9.111) に代入すれば

$$W_{m \to n} = \frac{1}{6\epsilon_0 \hbar^2}|\boldsymbol{\mu}_{nm}|^2 I(\mu, T) \tag{9.112}$$

となるので，誘導放出の遷移確率が光のエネルギー密度に比例することがわかる．この比例係数

$$B_{m \to n} = \frac{1}{6\epsilon_0 \hbar^2}|\boldsymbol{\mu}_{nm}|^2 \tag{9.113}$$

をアインシュタインの係数とよび，誘導吸収についても同じ関係が成立する．

準位 m にある原子数を N_m とし，$m \to n$ への自発放出の遷移確率を $A_{m \to n}$ とすれば，単位時間に $m \to n$ の遷移をする原子数は

$$N_m\{A_{m \to n} + B_{m \to n} I(\nu, T)\} \tag{9.114}$$

で与えられる．一方，$n \to m$ の遷移は誘導吸収による遷移だけであるので単位時間に $n \to m$ を起こす原子数は

$$N_n B_{n \to m} I(\nu, T) \tag{9.115}$$

である．熱平衡状態では，これらの原子数が等しく，$B_{n \to m} = B_{m \to n}$ とすれば

$$\frac{N_m}{N_n} = \frac{I(\mu, T)}{A_{m \to n}/B_{m \to n} + I(\nu, T)} \tag{9.116}$$

となる．温度 T で熱平衡にある原子数がボルツマン分布則に従うとすれば

$$\frac{N_m}{N_n} = \exp\left\{-\frac{(E_m - E_n)}{kT}\right\} = \exp\left(-\frac{h\nu}{kT}\right), \quad E_m - E_n = h\nu \tag{9.117}$$

となるので，これを式 (9.116) の左辺に代入すると

$$I(\nu, T) = \frac{A_{m\to n}}{B_{m\to n}} \frac{1}{e^{h\nu/kT} - 1} \tag{9.118}$$

を得る．この式を 1.2 節で求めたプランクの空洞輻射スペクトルと比較すれば

$$A_{m\to n} = \frac{8\pi h\nu^3}{c^3} B_{m\to n} = \frac{16\pi\nu^3}{3\epsilon_0 hc^3}|\boldsymbol{\mu}_{nm}|^2 \tag{9.119}$$

を得る．この自然放出と誘導放出の関係は量子力学の誕生前にアインシュタインによって求められ，"アインシュタインの関係"と呼ばれている．自発放出と誘導放出の比 $A_{m\to n}/B_{m\to n}$ が光の波長に依存するということは後で述べるレーザの雑音原因となる自然放出の問題と密接に関係する．また，一個の原子の自発放出で放出されるエネルギーは $A_{m\to n}$ に光子のエネルギーをかけたものであるから

$$A_{m\to n} \times h\nu = \frac{16\pi^3\nu^4}{3\epsilon_0 c^3}|\boldsymbol{\mu}_{nm}|^2 \tag{9.120}$$

となり，プランク定数を含んでいない．この自然放射のエネルギーは電気的双極子から単位時間に放出される輻射エネルギーの古典論の公式と一致する．

練習問題

[**9.1**] シュレーディンガー方程式 $H\varphi = E\varphi$ のエネルギーを近似的に求める"変分法"とよばれる方法がある．これは未知のパラメータ α を含んだ変分関数 $\varphi(\alpha)$ を仮定して期待値

$$<E(\alpha)> = \frac{<\varphi(\alpha)|H|\varphi(\alpha)>}{<\varphi(\alpha)|\varphi(\alpha)>}$$

を変分パラメータ α について最小値を求める方法である．$\varphi(\alpha) = \exp(-\alpha r)$ として水素原子の最低エネルギーとそのときの α を求めよ．

[**9.2**] $t = 0$ まで基底状態にいた水素原子に対して，z 方向に一様な電場 $E(t) = E_0 e^{-i\omega t - \gamma t}$ をかけたとき，$t \to \infty$ で 2p 状態にみいだす確率を求めよ．

[**9.3**] ある原子の励起状態の寿命が 10^8 秒であるとき，この状態のエネルギー幅を求めよ．

[**9.4**] 厚さが d の薄い試料に強さが I_0 で $\hbar\omega$ エネルギーの光を照射し，光が試料内を伝搬するとき，光が吸収されて単位長さ当たり $\alpha(\omega)$（これを吸収係数という）で減衰するとする．反射の効果を無視して，透過率を求めよ．また，遷移確率と吸収係数の関係を求めよ．

10 レーザの原理と半導体レーザの基礎

レーザプリンターやレーザディスクなどの身の回りにあるものから，レーザ通信，レーザ加工，レーザメスなどレーザと名のつくものがいろいろな分野で開発され，コミック雑誌にはレーザ光線銃というものまで登場している．しかし，大学の授業でレーザの話を始める前に質問してみると，レーザという言葉は知っているが，その名前がどうして付けられたかを知っている学生は少ない．

レーザとは"light amplification by stimulated emission of radiation"の頭文字"LASER"をとったもので，訳せば"誘導放射による光の増幅"を意味した名前である．誘導放出（stimulated emission）とは電子と光の相互作用による光の放射（radiation）であることは，すでに学んだので，残る"光の増幅"の意味がわかればレーザの基本原理を理解することができる．

レーザには 1960 年にはじめて開発されたルビーレーザを代表とする固体レーザ，ヘリウムネオンガスを用いた気体レーザ，色素分子を利用した液体レーザ，さらには半導体の pn 接合を利用した半導体レーザなどがあり，それぞれにレーザ発振をさせるための技術と装置，特徴，応用分野がある．それらの詳細は，レーザを主題にした教科書や専門書に譲り，ここではレーザの基本原理とその特性に的を絞って学ぶことにする．

10.1 光のコヒーレンス

前節では，エネルギーの高い準位から低い準位への光放出をともなった遷移には自然放出と誘導放出の本質的に異なる光学遷移があることを示した．誘導放出によるレーザ発光の原理と特性を理解するためにも，まず自然放出の性格をはっきりとさせておこう．自然放出は光の電磁場との相互作用を必要としない電気双極子モーメントを介したエネルギーの高い励起状態からエネルギーの低い状態への光学遷移である．たとえば Na の D 線は放電によって励起された原子が基底状態にもどるときに放出される自然放出光である（図 10.1）．

個々の Na 原子は p 状態と s 状態のエネルギー差に相当する一定の波長の光を放出するが，個々の原子が勝手に放出する光には位相の相関がない．自然放出光は電磁波振動の振幅や位相がランダムにゆらいでいる"雑音"状の電磁波であり，これが後で述べる誘導放出光であるレーザと本質的に異なる．光学では電磁波の振幅や位相のゆ

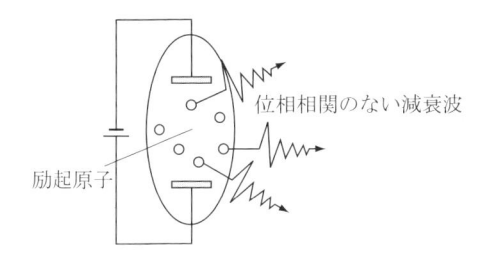

図 10.1 放電による自然放出光

らぎの程度をコヒーレンス（coherence）といい，レーザ光は自然界には存在しない極めて単色性のよい，位相が時間的，空間的にそろった高いコヒーレンスをもつ人工の光なのである．

　コヒーレンスの概念を簡単に説明するために，次のような同じ角周波数 ω をもち，異なる位相 δ_a, δ_b の二つの正弦波

$$a(t) = A\cos(\omega t + \delta_a), \quad b(t) = B\cos(\omega t + \delta_b) \tag{10.1}$$

を考える．この二つの波の積の時間平均を $T = 2\pi/\omega$ を周期として次のように定義する．

$$<a(t)b(t)> = \frac{1}{T}\int_0^T a(t)b(t)dt = \frac{AB}{2}\cos(\delta_a - \delta_b) \tag{10.2}$$

　これだけの準備をしておいて，二つの波に τ の時間差があるときの重ね合わせた強度を計算する．式 (10.1) は振動する振幅のある時刻における値であり，実際に観測されるのは両者の和の二乗を時間平均した量であるから式 (10.2) を用いると

$$I = <\{a(t)+b(t+\tau)\}^2> = \frac{A^2}{2} + \frac{B^2}{2} + AB<\cos(\omega\tau + \Delta\delta)> \tag{10.3}$$

となる．ここで，$\Delta\delta = \delta_b - \delta_a$ は位相差である．異なる光源からでた位相がまったく無関係な波では，第3項の時間平均は0であるから

$$I = \frac{A^2}{2} + \frac{B^2}{2} \tag{10.4}$$

となり，一定の強度を示す．このような光をお互いに"インコヒーレントな光"という．一方，同じ点光源からでた光が分割され，再び重ね合わせるときのように二つの波の位相差 $\Delta\delta$ がはっきりわかるときには平均値を表す $<\ldots>$ はなくなるので，$\Delta\delta = 0$ であれば

$$I = \frac{A^2}{2} + \frac{B^2}{2} + AB\cos\omega\tau \tag{10.5}$$

となる．いま，二つの光の光路差を Δd とすれば，$\omega\tau = \omega\Delta d/c = k\Delta d$ より，

$$I = \frac{A^2}{2} + \frac{B^2}{2} + AB\cos k\Delta d \tag{10.6}$$

となる．したがって，光路差 Δd の関数としてある場所で光の強度は最大値 $I_{\max} = (A+B)^2/2$ と最小値 $I_{\min} = (A-B)^2/2$ の間で変化する．これは位相のそろった光の"干渉効果"そのものであり，このような光を時間的に"コヒーレントな光"という．

ここで，次のような素朴な疑問に答えておかなければならない．光の波動性を確立した有名な 1801 年のヤング（Young）の実験に用いられた光も干渉縞を示すのでコヒーレントな光なのか，という疑問である．もちろん，答えは"ノー"であるが，その理由はそれほど自明ではない．ヤングの実験で干渉縞が観測される光路差は波長の整数倍であり，一つの光源からでた光が二つのスリットを通ってスクリーン上に干渉縞を作るとき，スリットとスクリーンの距離はせいぜい 1〜2m である．

光が式 (10.1) の正弦波を無限に持続させるなら，光路差やスリットとスクリーンの距離をいくら大きくしても干渉縞は観測されるが，実際には減衰波となるので干渉縞は消えてしまう．つまり，位相の合った光でも減衰波であれば，光路差が大きくなると位相相関のない波が干渉し合うことになり，時間平均をとると干渉縞が消えてしまう．たとえば，放電管内で励起された原子はある決まった振動数 ν_0 の光を放出するが，この光の振幅は極めて短時間で対数的に減衰する．

次節で詳しく示すように，減衰波としての光は光を放出する原子の励起状態の寿命 τ で特徴づけられ，もし ν_0 の振動が無限に持続するなら振動数 ν_0 の線スペクトルになる．しかし，図 10.2 に示したように有限の時間しか持続しなければ，そのスペクトルは ν_0 を中心にしてこの持続時間に反比例した広がりをもつ．この振動の減衰（あるいは持続時間）を特徴づける励起状態の寿命 τ をコヒーレンス時間と考えれば，干渉縞が消える光路差を"コヒーレンス長"（あるいは可干渉距離）として

$$L = c\tau \tag{10.7}$$

で定義できる．たとえば，放電によって励起された原子の寿命は約 $10^{-8} \sim 10^{-9}$ 秒であ

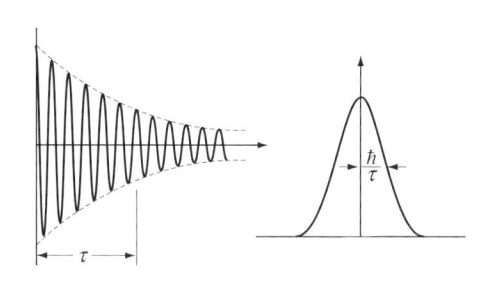

図 **10.2** 放出光の減衰とスペクトルの関係

るから，自然放出光のコヒーレンス長は $L = 0.1 \sim$ 数 m 程度である（練習問題 10.1）．一方，固体レーザでレーザ発振する励起状態の寿命は極めて長く，10^{-3} 秒程度あるいはそれ以上であるので，レーザ光のコヒーレンス長は理想的には数 10 km 以上にも達する．このような長い可干渉距離こそレーザ光を特徴づける第一の性質である．

また，励起状態の寿命が長いということはそこから放出される光のスペクトル幅が狭いことを意味しており，コヒーレンス長が長いということはレーザ光の単色性とも密接に関係しているのである．

このような異なる時間の間の位相関係に依存した"時間的コヒーレンス"に加えて，"空間的なコヒーレンス"もレーザ光の特徴である．空間的にばらばらの位置にある原子がたとえ無限に持続する正弦波の光を放出したとしても，それぞれの波の位相に相関があるとは限らないが，同じ振動数と位相をもつ光の誘導吸収と誘導放出が次々と連なって放出されるレーザ光は位相が空間的にも時間的にも揃った人工の光であり，このことがレーザ光の優れた指向性と集光性を特徴づけている．

10.2　スペクトル線の幅

以上のような優れたコヒーレント性をもつレーザ光がどうして誘導放出によって得られるのかを調べる前に，簡単な二準位系（図 10.3(a)）の自然放出とスペクトルの幅について考える．何らかの方法で励起状態に上げられた原子がある有限の時間だけ励起状態 m にとどまった後に光を放出して下位準位 n へ落ちる遷移確率を A_{mn} とすれば，励起状態を占める原子数 N_m の時間変化は

$$\frac{N_m(t)}{dt} = -A_{mn} N_m(t) \tag{10.8}$$

で記述されるので，初期条件 $N_m(t=0) = N_m(0)$ のもとで

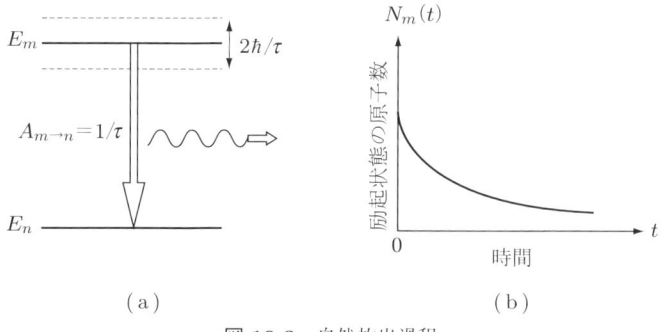

図 10.3　自然放出過程

$$N_m(t) = N_m(0)e^{-A_{mn}t} \tag{10.9}$$

となり，指数関数的に単調減少を示す（図10.3(b)）．ここで，$A_{mn} = 1/\tau$ として，"自然放出の寿命" τ を定義する．

ところで，エネルギーと時間の間の不確定性関係 $\Delta E \Delta t \approx \hbar/2$ によれば，エネルギーが正確に測定されるためには無限に長い時間にわたってその状態にいなければならない．したがって，励起状態が寿命 τ をもっているということはそのエネルギーに

$$\Delta E \approx \frac{\hbar}{\tau} \tag{10.10}$$

程度の不確定性があることを意味し，もはや離散的な準位とはならずに，そのエネルギーがある幅をもつことになる．このエネルギー値の分布を調べるために，$t=0$ でエネルギー E_m の状態 φ_m が減衰定数 $A_{mn} = 1/\tau$ で減衰してゆくとして

$$\varphi_m(t) = \varphi_m(0)e^{-A_m t/2}e^{-iE_m t/\hbar} \tag{10.11}$$

とする．このとき，エネルギー E_m をもつ状態をみいだす確率は

$$|\varphi_m(t)|^2 = |\varphi_m(0)|^2 e^{-A_m t} \tag{10.12}$$

となり，式(10.9)と一致する．エネルギー値の分布（スペクトル）は $\varphi_m(t)$ のフーリエ変換

$$f(E) = \frac{1}{2\pi}\int_0^\infty \varphi_m(t)e^{iEt/\hbar}dt$$

$$= |\varphi_m(0)|^2 \left(\frac{\hbar}{2\pi}\right)^2 \frac{1}{(E-E_m)^2 + (\hbar A_m/2)^2} \tag{10.13}$$

で与えられるローレンツ型の形状を示す．$f(E)$ は $E = E_m$ で最大値をとり，$E = E_m \pm \hbar A_m/2$ で最大値の $1/2$ となり，そこでの幅 $\Gamma = \hbar A_m = \hbar/\tau$ を半値全幅（FWHM：full width at half maximum）とよぶ．このエネルギー分布の広がりのために放出される光のスペクトルも同じ幅を示すことになる．一般に，$E = h\nu_0$ の光が放出あるいは吸収される光学スペクトルを議論するときには

$$\int_{-\infty}^{+\infty} F(\nu)d\nu = 1 \tag{10.14}$$

と規格化された

$$F(\nu) = \frac{1}{\pi}\frac{\Gamma/2}{(\nu-\nu_0)^2 + (\Gamma/2)^2} \tag{10.15}$$

を用いることが多い（図10.4）．また，スペクトル線の広がりは自然放出に限らず，一般に励起状態が有限の寿命をもつときに必ず起こる．励起状態の寿命には不確定性原理によるエネルギーの"ぼけ"以外にも，エネルギーを光ではなく他のチャネル（た

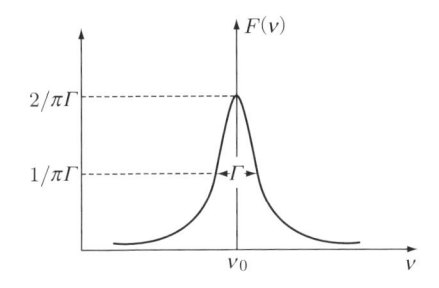

図 10.4 規格化されたローレンツ型スペクトル

とえば,不純物や格子振動など)に放出して下位状態へ遷移する"無放射減衰"による寿命もある.

10.3　誘導放出とレーザ発振

熱平衡状態にある原子系では,あるエネルギー E をもつ原子数はボルツマン分布 $\exp(-E/kT)$ に従い,図 10.5 (a) で示すようにエネルギーの高い準位ほど指数関数的に小さくなる.このことを念頭において,再度,二準位系の光学遷移過程を考えてみる.自発放出過程を無視すれば,$h\nu = E_m - E_n$ の光の誘導放出と誘導吸収による単位時間当たりの光のエネルギー密度変化は

$$\frac{dI(\nu)}{dt} = h\nu B(N_m - N_n)I(\nu) \tag{10.16}$$

で与えられので,初期条件 $I(\nu, t=0) = I_0(\nu)$ のもとでエネルギー密度の時間変化は

$$I(\nu, t) = I_0(\nu) \exp\left[h\nu B(N_m - N_n)t\right] \tag{10.17}$$

となる.ここで,簡単のために $B_{m \to n} = B_{n \to m} = B$ とした.したがって,熱平衡

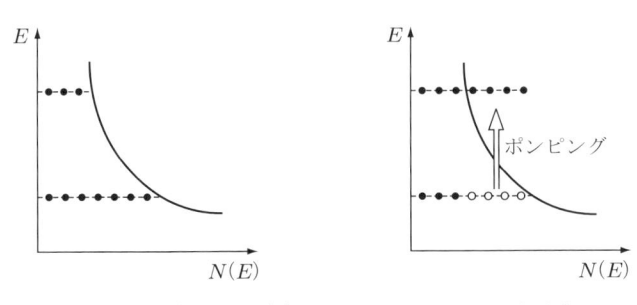

(a)　ボルツマン分布(熱平衡状態)　　(b)　反転分布

図 10.5 ボルツマン分布と反転分布

分布では $N_m < N_n$ なので $I(\nu, t)$ は時間とともに減少する（図 10.6(a)）．ところが，もし何らかの条件によって $N_m > N_n$ となる状況が実現されたなら，光のエネルギー密度は時間とともに指数関数的に増加することになり，これは光の増幅作用に他ならない（図 10.6(b)）．このように，熱平衡分布則に従わずに $E_m > E_n$ でも

$$N_m > N_n \tag{10.18}$$

となり，非熱平衡状態が実現されることを"**反転分布**（population inversion）"という（図 10.5(b)）．ボルツマン分布から

$$\frac{N_m}{N_n} = \exp\left[-\frac{E_m - E_n}{kT}\right] \tag{10.19}$$

であるので，$E_m > E_n$ で $N_m > N_n$（反転分布）となるためには，上式の温度を実効的に負であると考えなければならない．これを反転分布に対応した"**負温度**"という．

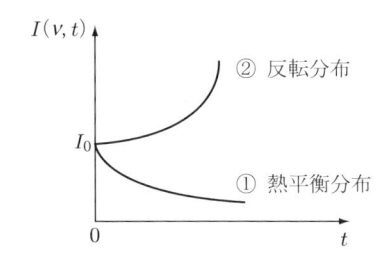

図 10.6 光エネルギー密度の時間変化

熱平衡状態では $N_m < N_n$ であるので，反転分布を実現するためにはエネルギーの低い状態にある原子にエネルギーを与えて上の準位に励起しなければならならない[1]（これを"ポンピング"という）．一般には他の光源の光を用いたり，放電などで励起して反転分布を実現する．レーザ媒質内に反転分布ができると，$h\nu$ のエネルギーをもつ光のみが関与した誘導放出と誘導吸収が繰り返され，光の増幅作用がおこる．いま，光が媒質内の x 方向に伝搬するとして，$x = ct$ の関係を式(10.17)に用いれば

$$I(\nu, x) = I_0(\nu) \exp\left[\frac{h\nu B}{c}(N_m - N_n)x\right] \tag{10.20}$$

となり，反転分布が起きると，光が媒質内を伝搬しながら増幅されることになる．ここで，

$$\alpha(\nu) = \frac{h\nu B}{c}(N_m - N_n) \tag{10.21}$$

---

[1] 簡単のために，ここでは二準位系を考えているが，一般的に反転分布を起こすために励起する下の準位は誘導放出に関与する準位ではない．

を $N_m > N_n$ のとき増幅係数とよび，$N_m < N_n$ のとき吸収係数とよぶ．

一般に光の伝搬にともない，いろいろな原因（不純物による光の吸収や光の漏れなど）で光の損失が起こる．また，光のスペクトルもある分布をもっているので，これらの影響を考慮した実際のレーザ媒質中での光のエネルギー密度変化は式 (10.16) を少し書き換えた

$$\frac{dI(\nu)}{dt} = h\nu BF(\nu)(N_m - N_n)I(\nu) - \frac{I(\nu)}{\tau_p} \tag{10.22}$$

で与えられる．ここで，$F(\nu)$ は式 (10.15) で定義した光のスペクトル関数である．また，τ_p は光の損失を現象論的に考慮した光子の寿命を表すパラメータである．これを解くと式 (10.20) に代わって，

$$I(\nu, t) = I_0(\nu) \exp\left[h\nu BF(\nu)(N_m - N_n) - \frac{1}{\tau_p}\right] t \tag{10.23}$$

が得られ，反転分布の条件は

$$N_m - N_n \geq \frac{1}{h\nu BF(\nu)\tau_p} \tag{10.24}$$

となる．ここで，等号が成立する場合をレーザ発振に必要な**反転分布のしきい値**（threshold）とよぶ．したがって，レーザ光のピーク振動数 $\nu = \nu_0$ に対するしきい値は

$$(N_m - N_n)_t = \frac{\pi\Gamma}{2h\nu_0 B\tau_p} \tag{10.25}$$

で与えられる．この関係をレーザ発振の可能性をはじめて指摘したシャウロウ・タウンズ（Schowlow-Townes）の式という．この式からレーザ発振に不可欠な反転分布を実現するためには右辺ができるだけ小さくなればよいので，そのための条件条件として，

1) 誘導輻射の B 係数が大きいこと，
2) スペクトル幅 Γ が狭い，つまり励起準位の寿命が長く，非放射遷移による減衰が小さいこと，
3) 光子寿命 τ_p が長いこと，つまりエネルギー損失を最小にするような最適光共振器を設計すること

などがあげられる．$\Gamma = \hbar/\tau$ であるから，レーザ発振条件が式 (10.7) で定義した長いコヒーレンス長（あるいはコヒーレンス時間）と直接関係していることがわかる．

熱平衡状態を破る反転分布が実現されるとレーザ発振が可能になことがわかったが，どうして誘導放出によるレーザ光が普通の光よりも単色性に優れ，比較にならないほどの高いコヒーレンスをもっているのだろうか．たとえば，白色光からでもごく狭いフィルターを通せば弱いながらも単色光を得ることができるだろうし，理想的な光共振器があれば白色光からでも増幅された強い単色光が得られるはずである．この素朴

な，しかし本質的な疑問 "誘導放出でどうして光のコヒーレントな増幅ができるのか"．を最後に考えてみよう．このために再度，図 10.2 の二準位系を考える．

一般に電気双極子遷移が許されている原子や分子にそのエネルギー差にほぼ共鳴する入射電磁場が作用すると誘導吸収と誘導放出が起こることはすでに述べた．いま，φ_m と φ_n で表される二準位系に

$$E(t) = E_0 \cos\omega t = \frac{E_0}{2}(e^{i\omega t} + e^{-i\omega t}) \tag{10.26}$$

のコヒーレントな光電場が作用したとすれば，摂動ハミルトニアンは

$$H'(t) = -\hat{\mu}E(t) \tag{10.27}$$

で与えられ，シュレーディンガー方程式

$$i\hbar\frac{\partial \varphi(t)}{\partial t} = (H_0 + H')\varphi(t) \tag{10.28}$$

の解は $\varphi_i \sim \exp(-iE_i t/\hbar), i=n,m$ の重ね合わせとして

$$\varphi(t) = a_m(t)\varphi_m + a_n(t)\varphi_n \tag{10.29}$$

と表せる．このとき，系の双極子モーメントの期待値は

$$<\hat{\mu}> = \int \varphi^* \hat{\mu} \varphi dr = \mu(a_m^*(t)a_n(t)e^{i\omega_{mn}t} + a_n^*(t)a_m(t)e^{-i\omega_{mn}t}) \tag{10.30}$$

で与えられる．ここで，$\mu = \hat{\mu}_{mn} = \hat{\mu}_{nm}$ とした．この式の意味することは重要で，多くの原子からなる系においてそれぞれの原子が確率的に $a_m = 0$ あるいは $a_n = 0$ であれば系全体としての双極子モーメントは誘起されない．つまり，レーザ作用によるコヒーレントな光の誘導放出を考えるときには原子が上と下の状態にいる存在確率を与える $a_m(t)$ と $a_n(t)$ が同時に有限な値をもち，両者に位相相関がなければならない．

式 (10.29) を式 (10.28) に代入すれば，$a_m(t)$ と $a_n(t)$ に対して，次の微分方程式を得る．

$$\dot{a}_m(t) = i\frac{\mu E_o}{2\hbar} a_n(t) e^{-i(\omega-\omega_0)t} \tag{10.31}$$

$$\dot{a}_n(t) = i\frac{\mu E_0}{2\hbar} a_m(t) e^{-i(\omega-\omega_0)t} \tag{10.32}$$

ただし，$\omega_0 = (E_m - E_n)/\hbar$ で，方程式中に含まれる $\exp[\pm(\omega+\omega_0)t]$ は無視した．a_n を消去すると a_m の微分方程式

$$\ddot{a}_m(t) - i(\omega-\omega_0)\dot{a}_m(t) + \left(\frac{\mu E_0}{2\hbar}\right)^2 a_m(t) = 0 \tag{10.33}$$

が得られる．$t=0$ ですべての原子が E_n の準位にあるとして，$a_n(0) = 1$, $a_m(0) = 0$

の初期条件で解くと

$$a_m(t) = i\frac{\mu E_0/2\hbar}{\Omega}\sin\Omega t \exp\left[-\frac{(\omega-\omega_0)}{2}t\right] \quad (10.34)$$

$$a_n(t) = \left[\cos\Omega t - i(\omega-\omega_0)\frac{\sin\Omega t}{2\Omega}\right]\exp\left[\frac{(\omega-\omega_0)}{2}t\right] \quad (10.35)$$

となる．ただし，$\Omega = 1/2\sqrt{(\omega-\omega_0)^2 + (\mu E_0/\hbar)^2}$ とおいた．

二準位間隔 ω_0 に共鳴する入射光に対して，$a_m(t)$ と $a_n(t)$ の振幅を与える前因子で $\omega = \omega_0$ とおけば

$$a_m(t) = i\sin\left(\frac{\mu E_0}{2\hbar}t\right)\exp\left[-\frac{(\omega-\omega_0)}{2}t\right] \quad (10.36)$$

$$a_n(t) = \cos\left(\frac{\mu E_0}{2\hbar}t\right)\exp\left[\frac{(\omega-\omega_0)}{2}t\right] \quad (10.37)$$

となる．これらを式 (10.30) に代入すれば N 個の原子からなる系の巨視的な振動双極子モーメント（分極）の期待値は

$$<\hat{\mu}>_{n\to m} = \left[N\mu\sin\left(\frac{\mu E_0}{\hbar}t\right)\right]\sin\omega t = P(t)\cos\left(\omega t - \frac{\pi}{2}\right) \quad (10.38)$$

となる．同様にして，$t=0$ ですべての原子が励起状態にある場合は

$$<\hat{\mu}>_{m\to n} = P(t)\cos\left(\omega t + \frac{\pi}{2}\right) \quad (10.39)$$

となる．

　この結果は誘導遷移によってどうしてコヒーレントな光が作られるのかを理解するために重要である．つまり，下位準位にある原子が光と相互作用すると入射光より位相が $\pi/2$ だけ遅れた振動双極子が誘起され，励起状態にある原子が光と相互作用すると $\pi/2$ だけ位相の進んだ振動双極子が誘起されて，誘導吸収と誘導放出が起きるのである．つまり，光の吸収と増幅が起こるためには，特定の位相をもったコヒーレントな振動双極子が形成されることが必要なのである．

　これらの誘導過程で形成された双極子はその固有振動数 ω_0 ではなく，入射光と同じ振動数で振動し，ω の光を放出する．自然放出のように位相が不揃いの振動双極子が形成されたとしても，それらは全体として打ち消しあい，コヒーレントな光の増幅は起きないのである．レーザ発振では初めからコヒーレントな入射光があるのではなく，自然放出を契機として誘導吸収と誘導放出が繰り返され，次第に個々の原子に誘起された振動双極子に強い相関が生まれ，位相のそろったコヒーレントな光がレーザ光として放出されるのである．

　これらのことを踏まえて，多くの本に描かれている図 10.7 の誘導放出の概念図を

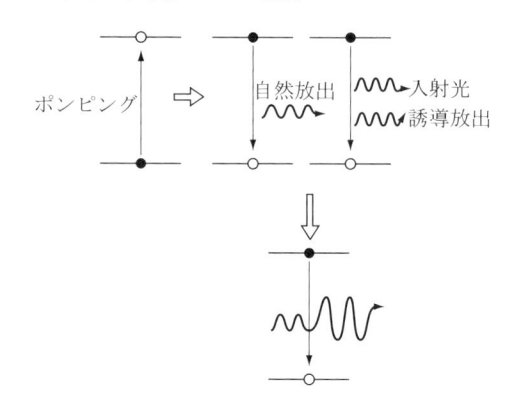

図 10.7 誘導放出とレーザ発振

最後に見て欲しい．何らかの方法によりレーザ媒質内で反転分布が実現されると初めに ω_0 の自然放出が起こる．この光は下位準位にある原子を励起すると同時に，励起状態にある原子を刺激して同位相の光を誘導放出する．この誘導放出光はほかの励起原子にも作用して，誘導放出が次々と繰り返され，入射光の増幅が実現されるのである．これが位相の揃ったコヒーレントな光の誘導放出による光の増幅，すなわちレーザ発振である．

以上，レーザ発振の過程は
1. ポンピングによるレーザ媒質全原子の反転分布の実現
2. 一つの原子の自然放出を入射光の"たね"として，同位相の光の誘導放出
3. 次々と連鎖的起こる他の原子の同位相誘導放出
4. 原子全体としてコヒーレント光の誘導放出による光の増幅の実現

とまとめることができる．

10.4　半導体レーザ

ガスレーザや固体レーザが離散的なエネルギー準位間の誘導放射を利用するのに対して，半導体レーザは禁止帯をはさむ連続的な伝導帯と価電子帯の電子と正孔の再結合誘導放射を利用する．したがって，バンド間遷移による半導体レーザではレーザ発振を起し得る光子エネルギーに幅があり，これが半導体レーザの特性に現れてくる．さらに，レーザ発光波長が固有のエネルギー準位で決定されているガスレーザや固体レーザとは対照的に化合物半導体を用いる半導体レーザでは組成を変化させて禁止帯幅を変化させることができる特徴をもっており，発振波長は遠赤外から可視光に及ぶ．

しかし，半導体レーザがその他のレーザともっとも大きく異なる点は半導体薄膜素

子の技術に支えられたいわゆる"軽薄短小化"が可能なことであり，小さな素子の中に励起の手段から光共振器までレーザ発振に必要な機能をすべて集積化できることである．半導体レーザに関するだけでも一冊の本が十分に書けるだけの豊富な内容があるので，それらを概略的に記述することはやめて前節でのレーザ発振の基礎に基づいて半導体における反転分布の実現とレーザ発振の特徴に限って学ぶことにする．

半導体からの発光現象には様々の過程がある．何らかの方法で伝導帯に分布させた電子が価電子帯の正孔と再結合するバンド間発光，電子と価電子帯の上にあるアクセプタ準位に捕まっている正孔との再結合，ドナー準位に束縛された電子と価電子帯の正孔との再結合，あるいはドナー電子とアクセプタ正孔との再結合など不純物準位が関与した発光，さらには励起子が消滅するときの発光がある．一般的に半導体レーザでは伝導帯の底にある電子と価電子帯の頂上にある正孔のバンド間再結合遷移を介して発光が起こり，運動量保存則の制約から発光効率の高い直接遷移型半導体が用いられる．

図 10.8 は高濃度にドナー不純物とアクセプタ不純物をドープした直接遷移型半導体のエネルギーバンド構造を簡単化して示したものである．トンネルダイオード（5.3.2 項）で説明したように不純物を少しだけドープした n 型半導体では伝導帯の下にドナー準位が，p 型なら価電子帯の上にアクセプタ準位ができる．さらに不純物の量を増やしていくと孤立した離散的な準位が次第に重なって不純物帯を形成し，極めて高濃度にドープすると最後にはそれぞれ伝導帯と価電子帯の中まで入り込んでしまう．

このような状況では不純物をドープする前に禁止帯の中央にあったフェルミ準位 E_F に代わって，伝導帯と価電子帯における電子と正孔の分布を特徴づける擬フェルミ準位 E_{Fc}, E_{Fv} を定義することができる．このような半導体を"縮退半導体"とよび，図 10.8 には電子と正孔がいずれも縮退した状況が描かれている．このとき電子が伝導帯のある状態 $E_c(k)$ を占める確率はフェルミ-ディラック分布関数

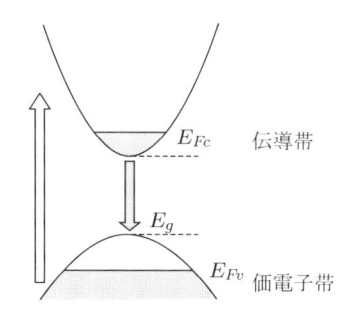

図 10.8 二重縮退半導体の光吸収と発光

$$f_c = \frac{1}{e^{(E_c(k)-E_{Fc})/kT}+1} \tag{10.40}$$

で与えられ，同様に価電子帯の正孔に対しては

$$f_v = \frac{1}{e^{-(E_v(k)-E_{Fv})/kT}+1} \tag{10.41}$$

であるので，状態 $E_v(k)$ に電子をみいだす確率は

$$1 - f_v = \frac{1}{e^{(E_v(k)-E_{Fv})/kT}+1} \tag{10.42}$$

である．熱平衡状態では

$$E_{Fc} = E_{Fv} = E_F \tag{10.43}$$

である．電子が

$$h\nu = E_c(k) - E_v(k) \tag{10.44}$$

の光を吸収して単位時間に $E_v(k)$ から $E_c(k)$ へ直接（垂直）遷移する割合は

$$W_{vc} = B f_v (1-f_c) I(\nu) \tag{10.45}$$

で与えられる．ここで，$(1-f_c)$ は伝導帯で $E_c(k)$ のエネルギー状態が空いている確率である．逆に，$h\nu$ の光を放出する誘導遷移の割合は

$$W_{cv} = B f_c (1-f_v) I(\nu) \tag{10.46}$$

で与えられるので，誘導放出が誘導吸収を上まわるための条件は

$$W_{cv} > W_{vc}, \tag{10.47}$$

から次式を得る．

$$f_c > f_v, \quad E_{Fc} - E_{Fv} > E_c - E_v \tag{10.48}$$

価電子帯と伝導帯の両方が縮退しているときには

$$h\nu + E_{Fv} > E_{Fc} \tag{10.49}$$

を満足する光だけが吸収され，伝導帯の電子と価電子帯の正孔が再結合して放出される光のエネルギーは

$$E_{Fc} - E_{Fv} > h\nu > E_g \tag{10.50}$$

に限られている．したがって，半導体の誘導放出による光の増幅作用は再結合する電子と正孔のエネルギー差がバンドギャップより大きく，擬フェルミエネルギー差より小さいときに可能となる．

半導体レーザで伝導帯と価電子帯の間で反転分布を起こさせる一般的な方法は pn 接合を利用した"キャリア注入"であり，pn 接合レーザあるいはレーザダイオードとよばれている．その代表的な"二重ヘテロ接合構造"の概略を図 10.9 に示す．これは p-GaAs のような直接遷移型半導体をそれよりバンドギャップが大きく，屈折率の小さな n, p-GaAlAs などでサンドイッチにした構造であり，二重ヘテロ接合で挟まれ

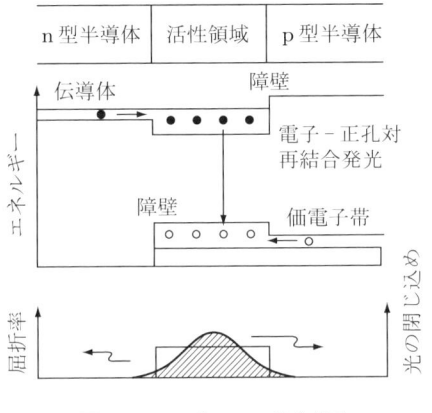

図 10.9 二重ヘテロ接合構造

た領域"(二重縮退領域)のことを"活性領域"とよぶ.

　この構造でp領域が正となる順方向バイアスをかけるとn領域が持ち上げられて電子が活性領域に注入される.この電子はとなりのp領域とのヘテロ接合に存在する電位障壁のために拡散せず,注入された活性領域に閉じ込められる.同時に活性領域にある正孔は価電子帯の電位障壁のためにn領域に入らず,やはり活性領域にとどまっている.このようにしてヘテロ接合による障壁を利用することで,電子－正孔対再結合発光を担うキャリアを効率よく閉じ込めることができる.

　このような pn 接合ダイオードに順方向電圧をかけると,はじめは電子と正孔の再結合による自然放出が起こる.電圧を上げて,電流密度を大きくしていくと活性層内に閉じ込められる電子と正孔の密度が高くなって,式 (10.50) の条件を満足する光が誘導放出されるようになると反転分布が実現してレーザ発振にいたる.このとき放出される光は活性層と両側の層の屈折率の違いによって活性領域に閉じ込められる.ヘテロ構造を利用した"キャリアの閉じ込め"と"光の閉じ込め"こそが半導体レーザの特徴である.

　半導体レーザに電流 I を流したときの伝導帯の電子数 n_e と誘導遷移による光子密度 ρ[2] の速度方程式を調べてみよう.注入された電子密度は I/eV であるから,自然放出による寿命を τ_s,光子の寿命を τ_p とすれば

$$\frac{dn_e}{dt} = \frac{I}{eV} - B(n_e - n_v)\rho - \frac{n_e}{\tau_s} \tag{10.51}$$

$$\frac{d\rho}{dt} = B(n_e - n_v)\rho - \frac{\rho}{\tau_p} \tag{10.52}$$

---

[2] これまで光子密度は $I(\nu)$ で表してきたが,ここでは電流を I とするので光子密度を ρ とする.

を得る．定常状態 $dn_e/dt = 0$, $d\rho/dt$ では

$$B(n_e - n_v)\rho + \frac{n_e}{\tau_s} = \frac{I}{eV} \tag{10.53}$$

$$\rho\left\{B(n_e - n_v) - \frac{1}{\tau_p}\right\} = 0 \tag{10.54}$$

となる．レーザ発振が起きていないときは $\rho = 0$ であるから式 (10.53) より

$$n_e = \frac{\tau_s}{eV}I \tag{10.55}$$

となるので注入された電子数は電流に比例する．発振状態では $\rho \neq 0$ であるから，式 (10.54) より

$$n_e = n_v + \frac{1}{\tau_p B} = n_{th} \tag{10.56}$$

で定義されるレーザ発振のためのしきい値注入密度 n_{th} が得られる．これを式 (10.53) に代入すると光子密度と電流の関係は

$$\rho = \frac{\tau_p}{eV}(I - I_{th}), \tag{10.57}$$

となり，しきい値電流 I_{th} は

$$I_{th} = \frac{eV}{\tau_s \tau_p} n_{th} \tag{10.58}$$

で与えられる．図 10.10 半導体レーザの光出力と電流の関係をスペクトルの特徴とともに定性的に示したものであり，I_{th}A 以下では幅の広い自然放出光，I_{th} 以上では幅の狭い位相の揃ったレーザ光が放出される．

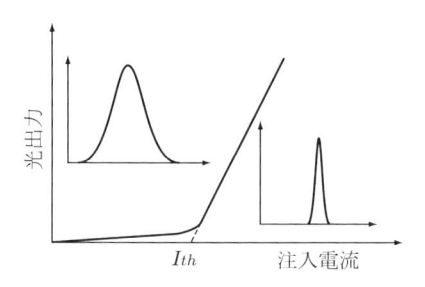

図 10.10

半導体レーザの特徴はなんといっても薄膜素子の成長技術に支えられた小型化と他のデバイスとの集積化が可能なことである．光を閉じ込めて，効率よく活性層内で多重反射を繰り返させる光共振器もキャリアの閉じ込めもヘテロ接合の特性を利用した

ものであり，低電圧，高効率とともにオプトエレクトロニクス[3]の中心的デバイスである．

練習問題

[**10.1**] 波長 500 nm，スペクトル幅が 0.1 nm の光源のコヒーレンス長はいくらか．

[**10.2**] 基底準位 $E_0 = 0$ の原子数密度が $N_0 = 10^{16}/\text{cm}^3$ のとき $E_1 = 0.5\,\text{eV}$，$E_2 = 1.5\,\text{eV}$ の励起状態ある原子数密度を 300 K の熱平衡状態で求めよ．

---

[3] 図 10.2 で示した直接遷移型のエネルギーバンド構造をもつ半導体物質がオプトエレクトロニクスでは用いられ，シリコン等の間接遷移型半導体（伝導帯の底が $k = 0$ にない半導体）は適していない．

11 量子効果ナノデバイス

　私の机の横には，以前に研究室の実験装置を廃棄するときに記念にと思ってとっておいた高さが $16\,\mathrm{cm}$ もある大きな真空管が置いてある．そして机の中には，ある電気メーカーから何かの記念にいただいた $1\,\mathrm{cm}^2$ にも満たない中に数え切れないほどの素子からなる集積回路を埋め込んだネクタイピンがある．集積回路の集積度は一体どこまで上がり，その寸法はどこまで小さくなっていくのか．究極のサイズである原子レベルにまで到達することも夢ではないのだろうか．

　半導体デバイスは，1947 年のトランジスタの発明以来，IC（集積回路），LSI（大規模集積回路），超 LSI へと，シリコンデバイスの微細化，集積化とともにの短小化し，半世紀にわたる微細化の歴史を経て今や nm の世界にたどり着きつつある．この微細化と集積化の進歩は図 11.1 に示す有名な「ムーアの法則」として知られている．

　集積度が 18 ヶ月で 2 倍ずつ向上することを 1960 年代までの半導体素子開発の実績から予測されたこの傾向は現在まで続いており，電界効果トランジスタを例にとれば，ソース - ドレイン間の距離（ゲート長）は近い将来 $50\,\mathrm{nm}$ 以下まで短くすることが必要となる．しかし，ゲート長が数 $10\,\mathrm{nm}$ にまで短くなると，ソース - ドレイン電極間で電子が量子力学的なトンネル効果を起こして，従来のトランジスタの動作原理は破綻すると予想される．

　電子がその物質波としてのド・ブロイ波長程度の領域に閉じ込められると，電子

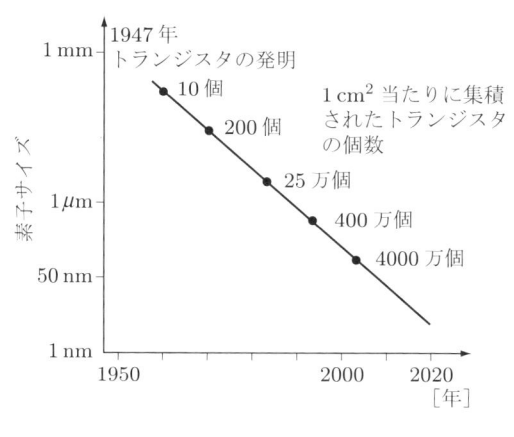

図 11.1　ムーアの法則

の波動性による量子（サイズ）効果が出現することはすでに学んだが，半導体集積回路の微細化が進むと $-e$ の電荷をもつ粒子が集団として運動して電流が流れるという古典的な動作原理に基づく素子の制御が困難になる．そして，究極的には電子を粒子としてではなく，波動としての性質を真正面から見据えなければならなくなる．

そのような意味で，現在ほど半導体物性や半導体デバイスにとって量子力学が今ほど重要である時代はないといっても過言ではない．工学系のための量子力学とあえて題したこの教科書を新しい"量子効果ナノデバイス"の基礎を学ぶことで閉じることにする．

11.1　電子波デバイス

真空管にかわるトランジスタの発明から半世紀を経た現在，ハイテクの時代を支え，"現代産業の米"といわれる半導体集積回路（IC）の集積度は，微細加工技術の進歩に支えられ軽薄短小化の道を走り続け，サブミクロン（1 ミクロン（μm）= 10^{-6} m）の時代に突入し，21 世紀に入ったいま，市販のパソコンに装備された CPU（central processing unit；中央演算素子）で多く用いられている PentiumIV（アメリカ，インテル社製）では MOS 型電界効果トランジスタ（MOSFET；metal-oxide-silicon field effect transistor）が 4000 万個以上も集積されている[1]．

素子サイズをどんどん小さくしても，従来の動作原理がそのまま使えるのであろうか．加工技術の問題は別にして，回路を微細化した行き着く先は物質の構成単位である「原子」のレベルに到達する．配線を原子細線にまで微細化し，膨大な数のトランジスタと配線から構成される素子が実現できたとして，果たして従来の半導体素子の動作原理がそのまま適用できるだろうか．

いうまでもなく，半導体素子では電子の流れ（電流）が情報の伝達と記憶を担っており，電子を $-e$ の電荷をもつ粒子と考え，多くの電子を**集団**として扱うからこそ，その密度を n，速度を v とすれば単位断面積を流れる電流が $I = env$ と表されるのである．

しかし，素子のサイズがどんどん小さくなって素子内を走行する電子数が極端に少なくなると，もはや電子を集団として扱うことは許されなくなる．たとえば，$10^{17}\mathrm{cm}^{-3}$ 程度の不純物をドープした Si の結晶を $0.1\mu m$ 角に小さくすると，その中に含まれる電子数は 100 個，さらに $0.01\,\mu\mathrm{m} = 10\,\mathrm{nm} = 100\,\text{Å}$ にまで小さくすると 1 個の電子しかないので，もはや電子を統計的に扱う従来の手法が適用できなくなり，一つ一つの電子の個性を問題にしなければならない．これが，従来の半導体素子の設計，開発

---

[1] メモリ回路の集積度は，記憶素子の数（ビット数）で表され，$32 \times 32 = 1024$ 個の素子を配置したものを 1 **K** ビットのメモリという．

手法が適用できなくなる**量子限界**である．

　第5章のトンネル効果で学んだように，配線の間隔がどんどん狭くなって行くと，配線の中を流れる電子が隣の配線に乗り移り"配線に電流が流れている"という描像はもはや成立しない．であるとすれば，半導体素子のダウンサイジングはほどほどのところで止めたほうがいいのだろうか．答えは"ノー"である．さらに微細化を進め，高々数十個の原子がつながった1〜10 nmにまでなると，干渉や回折などの波としての電子の性質を反映したさまざまな量子効果が顕著に現われてくるので，電子の波動性の制御を動作原理としたまったく新しい**電子波デバイス**への道が開かれる．

　このような**ナノ次元では電流（電子）が流れている**という描像が必ずしも成立せず，**電子の波が伝わる**と発想を転換しなければならない．また，この領域では閉じ込め効果によるエネルギー準位の離散化が顕著となり，その間隔も室温の熱エネルギーと同等以上となるので，電子波の位相や準位が熱的に乱されない．このことは，**ナノ構造**を用いた**電子波デバイス**の室温動作が可能となることを意味している．この**ナノテクノロジー**の世界こそ電子の波動性が顕在化する世界であり，電子の波動性を積極的に利用しようという新しいデバイス，すなわち**量子効果（電子波）デバイス**が提案されつつある．

　いまからちょうど100年前の1897年にトムソンによって発見された電子が，今世紀初頭に誕生した量子力学によって，あるときは粒子として，あるときは波として振舞うことが明らかにされてきたが，それは主に**科学**（サイエンス）の問題であったといえよう．しかし，半導体素子の集積化がとどまることなく進む中で**電子の量子性**が具体的な**技術**（テクノロジー）の問題として登場してきたのである．以下では，すでに開発されている量子効果を利用した半導体デバイスのいくつかを紹介するとともに，21世紀に向けた新しい電子波デバイスの可能性を探ることにする．

11.2　量子閉じ込め効果

　3.2節で学んだように，(d_x, d_y, d_z)の直方体に閉じ込められた電子のエネルギーは

$$E = \frac{\hbar^2}{2m}k^2 = \frac{\hbar^2}{2m}(k_x^2 + k_y^2 + k_z^2) \tag{11.1}$$

$$k_x = \frac{\pi}{d_x}n_x, \quad k_y = \frac{\pi}{d_y}n_y, \quad k_z = \frac{\pi}{d_z}n_z \tag{11.2}$$

で与えられる．

　閉じ込めサイズ(d_x, d_y, d_z)が電子のド・ブロイ波長程度になると量子効果が現われてくることはすでに述べたが，このとき量子化されたエネルギーがどの程度になるか

を計算してみよう．たとえば，$d_z = 1\,\mathrm{cm}$ に閉じ込めたとすれば，そのエネルギーは $E_n = 0.37 \times 10^{-14} n^2 \,\mathrm{eV}$ となり，エネルギーは連続的に分布していると考えてよく，離散化効果（量子化効果）はまったくないといえる．一方，$d_z = 2\,\mathrm{nm}$ としたときの基底状態（$n_z = 1$）のエネルギーは $0.09\,\mathrm{eV}$ であり，$n_z = 2$ とのエネルギー間隔は $0.27\,\mathrm{eV}$ となる．これは室温の熱エネルギー（$300\,\mathrm{K}$，$0.026\,\mathrm{eV}$）より大きいので，室温でもこの状態のエネルギーや波動関数の位相が熱的に乱されることはない．このことは，量子サイズ効果を利用した電子波デバイスが実現したとするなら十分にその室温動作が可能になることを示唆している．

量子サイズ効果のもう一つの重要な性質は，自由に運動する電子の次元が低下することである．たとえば，z 方向の運動が量子化されるとき，電子は $x-y$ 面内で二次元の自由度をもつことになる（これを**二次元電子ガス**という）．このとき，電子の電子的，光学的性質や輸送現象は，三次元バルクと比べて著しく変化する．この変化をもたらす最も重要な物理量の一つは，単位エネルギー当たりの電子状態の数として定義される状態密度（density of states）$D(E)$ である．

箱に閉じ込められた電子のエネルギーは，一つの量子数の組 (n_x, n_y, n_z) で決まる．$d = d_x = d_y = d_z$ として，(π/d) を単位長さとする図 11.2 のような三次元 **k** 空間を考えると，原点からの距離 $k_x^2 + k_y^2 + k_z^2$ に $\hbar^2/2m$ をかけたものがエネルギーに対応している．スピンの縮退まで考慮すると $n_x = n_y = n_z = 1$ とした $(\pi/d)^3$ の単位体積に二個の状態が対応するので，E と $E + dE$ の間に含まれる状態の数はこの **k** 空間で $k + dk$ を半径とする球と k を半径とする球の体積差の $1/8$（n_x, n_y, n_z が正の値しかとり得ないので）で与えられる．$dE = (\hbar^2 k/m) dk$ を用いると

$$D(E) dE = 2 \times \frac{1}{8} \frac{4\pi/3 (k+dk)^3 - 4\pi/3 \, k^3}{(\pi/d)^3}$$

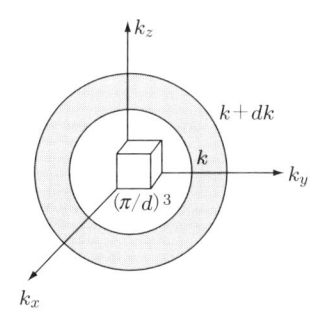

図 **11.2** 三次元 **k** 空間

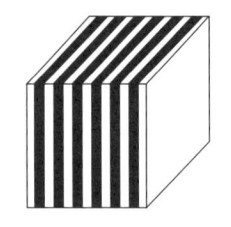

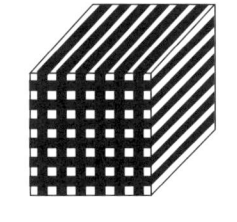

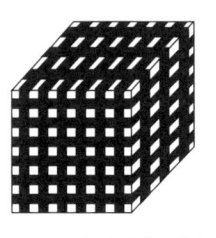

(a) 一次元（量子面）　(b) 二次元（量子細線）　(c) 三次元（量子箱）

図 **11.3** 量子井戸構造

$$= \frac{d^3}{\pi^2}k^2 dk = \frac{d^3}{2\pi^2}\left(\frac{2m}{\hbar^2}\right)^{3/2} E^{1/2} dE \tag{11.3}$$

を体積 $V = d^3$ で割って，三次元自由電子の状態密度は

$$D^{(3)}(E) = \frac{1}{2\pi^2}\left(\frac{2m}{\hbar^2}\right)^{3/2} E^{1/2} \tag{11.4}$$

となり，$E^{1/2}$ に比例する．次に，$d_z << d_x = d_y = d$ となって，電子の運動が z 方向で量子化された一次元量子井戸（図 11.3 (a)）のエネルギーは式 (3.27) の結果を用いれば，

$$E = E_{xy} + E_{n_z} = \frac{\hbar^2}{2m}(k_x^2 + k_y^2) + \frac{\hbar^2\pi^2}{2md_z^2}n_z^2 \tag{11.5}$$

で与えられ，状態密度は

$$D^{(2)}(E) = \sum_{n_z} \frac{m}{\pi\hbar^2 d_z}\theta(E - E_{n_z}) \tag{11.6}$$

となる．ここで，$\theta(E - E_{n_z})$ は $E \geq E_{n_z}$ で 1，$E < E_{n_z}$ で 0 の階段関数である．したがって，図 11.4 で三次元の $D^{(3)}(E)$ と比較して示すように，三次元自由電子で $E^{1/2}$ に比例する連続的な状態密度は 1 次元量子井戸では E_{n_z}，$n_z = 1, 2, \ldots$ ではじまる階段状のものとなる．

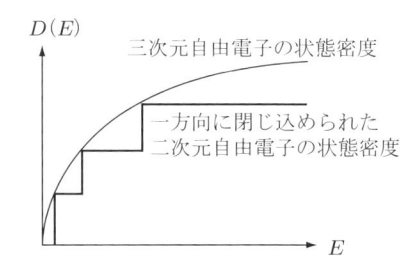

図 **11.4** 二次元，三次元自由電子の状態密度

同様にして，図 11.3 (b) のように (x, y) 平面内に閉じ込めた二次元量子井戸（これを量子細線；quantum wire という）の状態密度は

$$D^{(1)} = \sum_{n_x, n_y} \frac{\sqrt{2m}}{\pi \hbar d^2}(E - E_{n_x} - E_{n_y})^{-1/2} \tag{11.7}$$

で与えられ，図 11.5 (a) のような $E - E_{n_x} - E_{n_y} = 0$ で発散するピークを示す．さらに，すべての方向で井戸幅が量子サイズになった三次元量子井戸（これを量子箱；quantum box という，図 11.3 (c)）ではエネルギーは完全に離散的になるので，状態密度は各エネルギー準位で無限大のデルタ関数

$$D^{(0)}(E) = \sum_{n_x, n_y, n_z} \frac{1}{d_x d_y d_z} \delta(E - E_{n_x} - E_{n_y} - E_{n_z}) \tag{11.8}$$

で与えられる（図 11.5 (b)）．

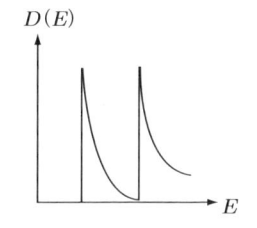

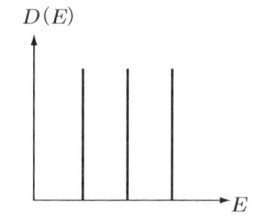

(a) 二次元量子井戸（量子細線）　　(b) 三次元量子井戸（量子箱）

図 **11.5** 二次元，三次元量子井戸の状態密度

このように，電子の運動の自由度が量子閉じ込めによって小さくなるにつれ，状態密度の分布幅が狭くなっていくことがわかる．これは量子化された離散的準位の出現と表裏一体であり，このような物質を人工的に作ることでバルクではみられないさまざまな新しい電子的，光学的および電気的特性をもつ半導体素子の可能性が期待される．

11.3　量子井戸レーザ

従来の半導体レーザでは二重ヘテロ接合（DH）を利用して活性層内にキャリアを閉じ込め，伝導帯と価電子帯の電子と正孔の再結合でレーザ発振を実現する．通常の DH 半導体レーザは，比較的厚い活性層（$d_z \geq 1000\,\text{Å}$）から構成されているが，d_z を 100 Å 以下にまで減少させると活性層内のキャリアはヘテロ接合で形成された井戸型ポテンシャルに閉じ込められ，伝導帯と価電子帯のいずれにも量子化された離散的なエネルギー準位が形成される．このような量子化準位を介した電子遷移は，通常のバ

ンド間遷移とは著しく異なる特性を示す.

量子井戸の最大の特徴は,なんといってもエネルギー準位が井戸幅で変えられることである.図 11.6 は,2.16 eV のバンドギャップをもつ AlAs で 1.43 eV のバンドギャップをもつ GaAs をはさんで作られるヘテロ接合量子井戸のエネルギー図を簡単に描いたものである.量子サイズ以上の井戸幅では,GaAs のバンドギャップエネルギーに対応した発光ピークを示すが,井戸幅の減少とともに量子化された伝導帯の最低準位の電子と,価電子帯の最高準位の正孔との再結合によって発光ピークは 1.43 eV よりも高エネルギー側にシフトする.この GaAs-AlAs 系では,GaAs 井戸内での発光が井戸幅を変えることで 1.43 eV から 1.77 eV ($d_z = 23$ Å) まで連続的に制御できることが実験的に確かめられている.

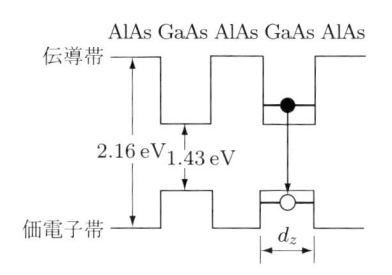

図 11.6 GaAs-AlAs 量子井戸(超格子)のエネルギー準位

このような量子井戸構造を活性層に採用した半導体レーザを量子井戸レーザとよび,井戸幅を小さくすることで,同じ半導体で作った DH レーザよりも短波長のレーザが得られる.

また,量子井戸構造では階段状の状態密度のために,量子化準位の底でも状態密度が有限であるので,$D^{(3)}(E \to 0) = 0$ となる三次元状態密度の場合と比較して,発光強度が強くなり,電子と正孔のエネルギー分布も狭くなるので,発光のスペクトル幅もバルク半導体と比較してきわめて狭くなる.

通常の DH レーザの放物線状の状態密度が階段型の状態密度に変化した量子井戸レーザでは,活性層(量子井戸)に注入されたキャリア分布も大きく変化する.レーザ発振を実現するためには,伝導帯と価電子帯の反転分布を作らなければならないが,キャリア閉じ込めの次元が上がるにつれてエネルギーの分布幅が狭くなり,さらに,レーザ発振に必要な反転分布がより少ないキャリア数(より小さいしきい電流密度)で実現できる.

図 11.7 は,GaAs-GaAlAs 系の二重ヘテロ(DH)構造レーザと GaAs 井戸層と GaAlAs 障壁層を交互に積層させた多重量子井戸(MQW)レーザの発光スペクトル

図11.7 のスペクトル比較

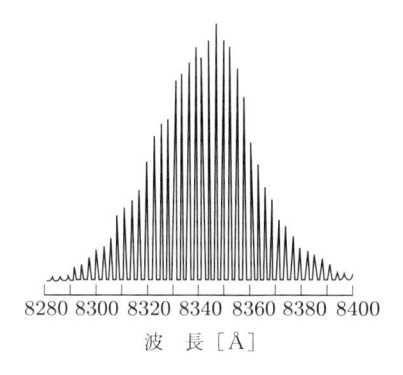

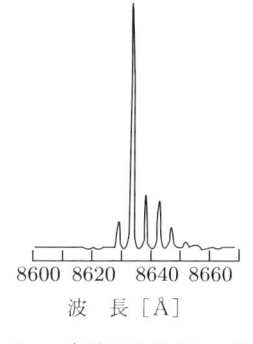

(a) 二重ヘテロ接合レーザ (波長 8280–8400 Å)
(b) 多重量子井戸レーザ (波長 8600–8660 Å)

図 11.7 GaAs-GaAlAs 半導体レーザスペクトルの比較

を比較した例である．詳細な動作条件は省略するが，通常の DH レーザでは多数本のスペクトルからなる幅の広いスペクトルとなるのに対して，MQW レーザでは一次元量子井戸に特有な階段状の状態密度を反映して，極めて狭いスペクトルになっていることがわかる．

このように，量子井戸レーザは従来の DH レーザと比べて量子サイズ効果によって変調を受けた状態密度の形状に起因する多くの優れた特性（低しきい値，単色性，温度安定性）を示す．とくに活性層として複数の量子井戸をもつ**多重量子井戸レーザ**は今後の光集積デバイスで中心的な役割を果たすことが期待されている．

11.4　共鳴トンネルデバイス

電子の波動性により，有限幅のポテンシャル障壁をすり抜けるトンネル効果を 5 章で学んだが，このトンネル効果を利用した新しい超高速デバイスが提案されている．その基本的なアイデアは次のとおりである．

図 11.8 で示すように，二つの薄い GaAlAs 障壁層 (W_1, W_3) で形成される GaAs 量子井戸 (W_2) からなる GaAlAs/GaAs/GaAlAs の 3 層超薄膜を GaAs 層ではさんだ構造に直流電圧を印加する．左側の GaAs 層のフェルミ準位に近い電子は，はじめの V_0 の障壁をすり抜けて GaAs 井戸内へトンネルし，さらに二番目の障壁もトンネルして右側の GaAs 層の非占有状態へ入る．このとき，最初の障壁で反射された電子の波動関数が井戸から同じ方向に漏れ出た波と干渉効果で打ち消し合うなら，透過波のみが伝わっていくことになる．つまり，注入された電子のエネルギーが井戸内に閉じ込められた電子の離散的な量子化準位のエネルギー E_1 と一致するなら，

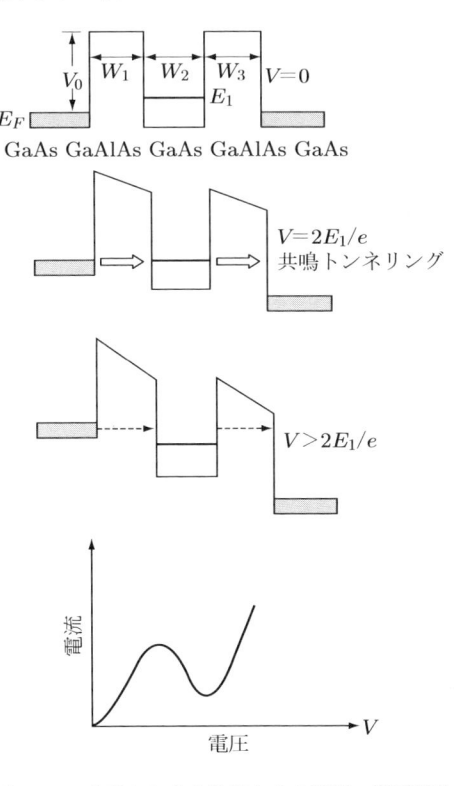

図 11.8　共鳴トンネル効果とその電流−電圧特性

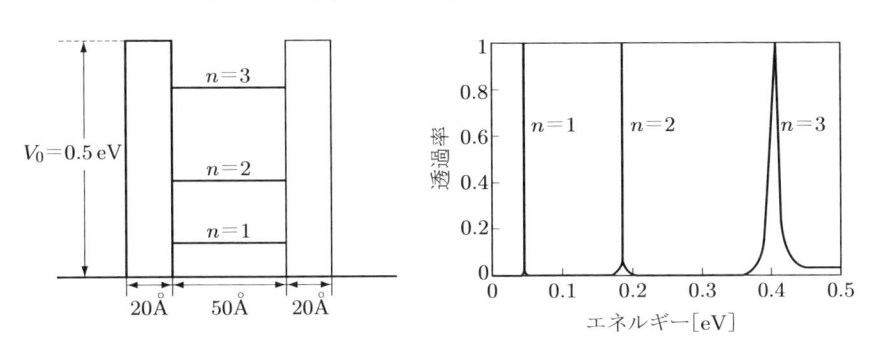

図 11.9　二重トンネル障壁と透過率

$$eV = 2E_1, \quad つまり, \quad V = \frac{2E_1}{e} \tag{11.9}$$

でトンネル電流が共鳴的に増加し，これを**共鳴トンネル効果**（resonant tunneling effect）という．たとえば図 11.9 は，高さが 0.5 eV で幅が 20 Å の二つのポテンシャル

障壁で作られた二重障壁トンネル構造（井戸幅 = 50Å）の透過率を示したもので，左側から入射する電子のエネルギーが井戸内の束縛状態のエネルギー（$E_n, n = 1, 2, 3$）と一致するとき，透過係数は 1 になる．電圧を増加させると E_n 準位を介した共鳴トンネルの条件が破れるので，電流は逆に減少していわゆる**負性抵抗**が現われる．この共鳴トンネル現象は 10^{11} Hz の高い周波数まで観測されており，仮にトンネル時間が不確定性原理で決まっていると仮定すれば，電子が障壁と井戸を通過するのに要する時間は 10^{-11} 秒のオーダとなり，超高速デバイスへの応用が期待される．

11.5　クーロンブロケード

　素子サイズをどんどん小さくしていくと，動作に関与する電子数も少なくなり，集団としての電子の運動ではなく，個々の電子の運動を制御する新たな動作原理に基づいた素子開発が近い将来に求められる．この動向に沿った究極のデバイスを探る基礎となる有力な候補として，**クーロンブロケード**（Coulomb blockade）あるいは**クーロン閉塞**と呼ばれる現象を利用した**単一電子素子**が提案されている．

　図 11.10 のように，孤立した微小な島の両側に数 nm 離して電極を配置し，島と電極の間を電子がトンネル効果で移動できるようになっているとする．この島が電気容量 C をもつキャパシタとすれば，島が e の電荷を蓄えた状態は，電荷のない状態に比べて

$$E_C = \frac{e^2}{2C} \tag{11.10}$$

の静電エネルギーをもっている．したがって，1 個の電子がトンネル効果で島に入ったとすれば，この静電エネルギーに打ち勝つだけのエネルギーを与えないと回路には電流が流れないので，静電エネルギーの変化

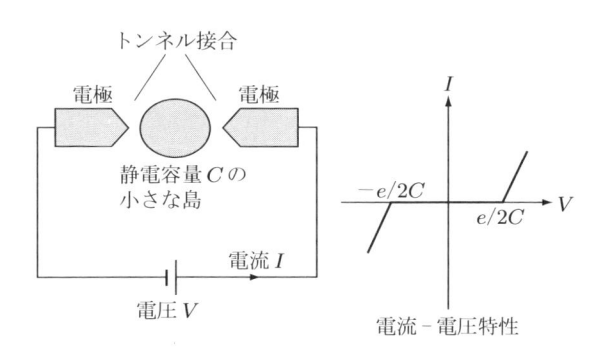

図 11.10　クーロンブロケード

$$\Delta E = \frac{(CV-e)^2}{2C} - \frac{(CV)^2}{2C} \le 0 \tag{11.11}$$

より，電流 - 電圧特性は図 11.10 のように

$$|eV| \le \frac{e^2}{2C}, \quad \text{つまり,} \quad -\frac{e}{2C} \le V \le \frac{e}{2C} \tag{11.12}$$

の範囲で電流の流れない領域が現れる．つまり，島に乗り移った一個の電子が他の電子が入ってくるのをクーロン斥力で邪魔するので，これを**クーロンブロケード効果**という．これは電子一個の出し入れが電圧で制御できることを意味している．この現象を利用して，電子一個の出し入れを"0"，"1"のメモリに対応させれば，電子一個が 1 ビットの情報を担う究極的なメモリ素子を得る可能性を秘めている．

ところで，トンネル効果により島に入った電子は，自分のもっているエネルギーが静電エネルギー E_C よりも大きいエネルギーをもっているかどうか判断できる時間の間，島に滞在する必要がある．この滞在時間は不確定性関係

$$t > \frac{\hbar}{2}\frac{1}{E_C} = \frac{\hbar}{e^2}\frac{1}{C} \tag{11.13}$$

で与えられる．さらに，考えなければならないのは温度の効果であり，静電エネルギーが温度エネルギー kT 以上でなければこの効果はみえてこない．この温度による電荷のゆらぎは電子数のゆらぎを Δn とすれば

$$e\Delta n = \sqrt{2kTC} \tag{11.14}$$

であるので，$C = e^2/kT$ 程度の容量をもつ島のみ $\Delta n = 1$，つまり一個一個の電子の認識が可能になる．

これらのことから，クーロンブロケード効果を実際に実現するために最も重要なパラメータは，温度と島の電気容量 C であり，島のサイズをできるだけ小さくすることが求められる．現在の半導体微細加工技術で可能な $1\,\mu m$ レベルでは 10^{-15} F 程度であり，この現象が現れるのは mK の極低温に限られる．

しかし，ナノレベルの構造を作ることができれば，10^{-18} F 以下のレベルまで容量を下げることが可能となり，クーロンブロケード効果を利用した素子を室温で動作させることも不可能ではない．たとえば，$C = 0.1 \times 10^{-18}$ F とすれば，$E_C = 80\,\text{meV}$ であるので，$300\,\text{K}$（室温）での熱エネルギー $26\,\text{meV}$ より十分大きくできる．

11.6　単一電子箱

まず，図 11.11 で概略的に描いたような静電容量 C_g のゲートキャパシタと繋がった

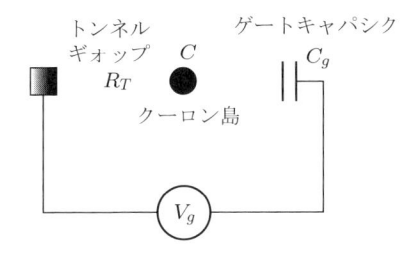

図 11.11 単一電子箱

トンネル接合（静電容量：C，トンネル抵抗：R_T [2]）から構成される"単一電子箱"模型を考える．電極とトンネル障壁で隔てられた島の過剰電子数を n とすれば，この回路の平衡静電エネルギーは

$$E_n = \frac{(C_g V_g - ne)^2}{2(C + C_g)} \tag{11.15}$$

なので，電子数が n から $n+1$ に変化したときのエネルギー変化は

$$\Delta E = E_{n+1} - E_n = -\frac{e(C_g V_g - ne - e/2)}{C + C_g} \tag{11.16}$$

で与えられる．一方，n から $n-1$ に変化したときには

$$\Delta E = E_n - E_{n-1} = -\frac{e(C_g V_g - ne + e/2)}{C + C_g} \tag{11.17}$$

となる．したがって，$\Delta E < 0$ となる次の条件

$$e\left(n - \frac{e}{2}\right) < C_g V_g < e\left(n + \frac{e}{2}\right) \tag{11.18}$$

を満たす V_g に対して単一電子箱で n 個の電子をもった状態が一個の電子の増減に対して安定となる．このように単一電子箱は一個の電子の出し入れを制御する最も基礎的な電子回路である．

11.7 単一電子トランジスタ

クーロンブロケード効果は量子効果デバイスとしてどのように利用できるのであろうか．その代表的なものとして，一個の電子を制御することによる"**単一電子トランジスタ**（SET：single electron transistor）がある．

図 11.12 (a) に示す SET の基本的な構造は MOSFET との共通点が多い．ナノメー

---

[2] このトンネル抵抗 R_T は量子抵抗とよばれる $R_K = h/e^2 \simeq 25.8\,k\Omega$ と比べて，十分大きくなければならない．

(a) 基本構造　　　　　　　　(b) 等価回路

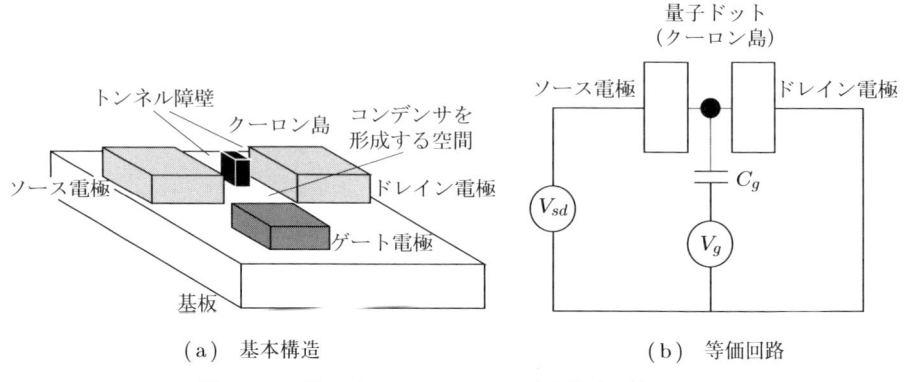

図 11.12　単一電子トランジスタの基本構造と等価回路

タ程度の大きさの量子ドット（島）がトンネル接合を介してソース電極，ドレイン電極と結合し，量子ドットに閉じこめられた電子の離散的なエネルギー準位を電極に対して相対的に変化させるためのゲート電極から構成されている．この構造に対応する等価回路は図 11.12 (b) であり，図 11.13 にはソース–絶縁障壁–離散的エネルギー準位をもつ量子ドット–絶縁障壁–ドレインのエネルギーダイヤグラムを簡単化して描いた．ここで，ソースとドレインの間にかける電圧を V_{sd}，ゲート電圧を V_g とする．$V_{sd} = 0$ の (a) ではソース，ドレイン電極のフェルミ準位と同じ位置に量子ドット内のエネルギー準位が存在するので二重障壁共鳴トンネル現象で述べたように，この準位を介した電子輸送が可能となる．一方図 11.12 (b) では電極のフェルミ準位の位置に量子ドットのエネルギー準位が存在しないため，クーロンブロッケイド効果により電子は輸送されない．

ところが，図 11.13 (c) のように V_{sd} を有限にして，相対的にドレイン電極のフェルミ準位を下げると，量子ドット内のエネルギー準位と同じレベルになったところで最初の占有準位を通しての電子輸送が可能となる．さらにこの状態から図 11.13 (d) のようにゲート電圧 V_g をかけて量子ドット内の離散的なエネルギー準位を電極に対して上方向に変化させれば，その次の占有準位を経由した電子輸送チャネルが可能となる．このように V_g を変化させたときのドレイン電流は図 11.14 で示すように，量子ドットの離散的エネルギー準位に対応したところでのみ電流が流れる．この現象を**クーロン振動**とよぶ．このような一次元量子細線を利用すれば，一個単位での電子輸送が可能であり，クーロン振動現象に基づくナノデバイスの"スイッチング素子"としての利用も可能である．

次に V_g を一定にして，V_{sd} を変化させた時の電子輸送現象をもう少し詳しくみてい

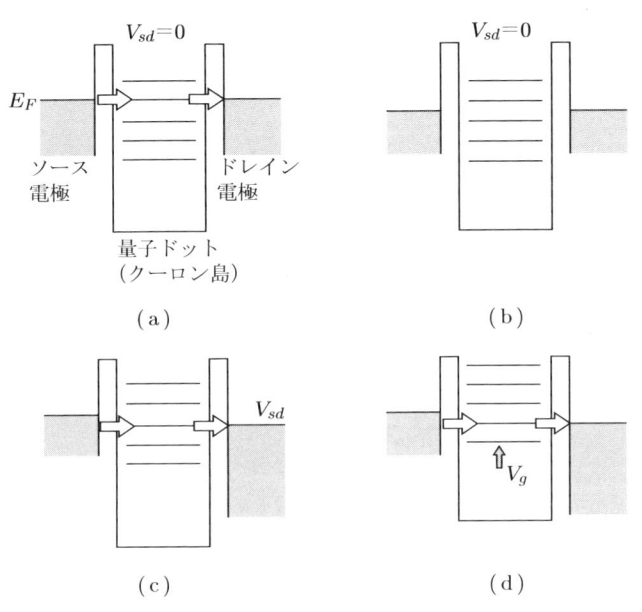

図 11.13 量子ドット内のエネルギー準位を介した電子輸送

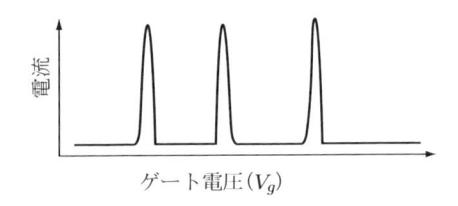

図 11.14 クーロン振動

こう. V_{sd} を増加させると,ソース電極とドレイン電極のフェルミ準位の間に含まれる量子ドット内の離散的準位が一つずつ増えていく. 量子ドット内の準位が V_{sd} の間に含まれ瞬間に電流は瞬間的に増加し,それ以外では一定の電流が流れる. この現象を**クーロン階段**とよぶ.

クーロンブロッケイドには電子の波動としての性質を示すトンネル効果がかかわっているにもかかわらず,電子を一つずつ輸送するといった粒子性も同時に現れており,実に興味深い現象だといえる. この現象によって電子を一つ一つ制御しながら輸送することができることから,単一電子トランジスタという名前がついている. 量子ドットのサイズがナノスケールにできれば,このトランジスタは室温でも駆動することが実証されている.

ソース-ドレイン電圧 V_{sd} とゲート電圧 V_g でそれぞれ,クーロン階段とクーロン振

動とよばれる電流制御が可能なことを上で学んだが，V_g で島の電荷を変化させ，微小トンネル接合でのクーロンブロケード現象を制御し，ソース-ドレイン間のコンダクタンスを変化させることができる．

有限な V_{sd} と V_g のもとで島内の電子数が n から $n+1$ に変化したときの静電エネルギーの変化は，上で学んだ単一電子箱の場合と同様にすれば

$$\Delta E = \frac{e(CV_{sd} + C_g V_g + ne - e/2)}{2C + C_g} \tag{11.19}$$

となる．さらに，$n+1 \to n$, $n-1 \to n$, $n \to n-1$ の変化による静電エネルギーの変化を求めると，それぞれの場合で ΔE が負になる条件は

$$e\left(n - \frac{1}{2}\right)(< CV_{sd} + C_g V_g < e\left(n + \frac{1}{2}\right) \tag{11.20}$$

$$e\left(n - \frac{1}{2}\right)(< -CV_{sd} + C_g V_g < e\left(n + \frac{1}{2}\right) \tag{11.21}$$

で与えられる．これを $V_{sd} - V_g$ 平面上で図示すると（これを"**クーロンダイヤモンド**"という），図 11.15 のようになり，ひし形で囲まれた領域では過剰電子数が一定に保たれ，回路に電流は流れない．たとえば，$V_{sd} = V_g = 0$ 近傍では $n = 0$ の状態が安定である．V_{sd} を $V_{sd} < |e/2C|$ のクーロンブロケード領域に固定して，V_g を変化させることで，過剰電子数を一個ずつ制御し，コンダクタンスを V_g に対して，e/C_g の周期で増減させることができる．これは，まさにゲート電圧でソース-ドレイン間の電流を制御するトランジスタ作用に他ならない．クーロンブロケード効果に基づいて，電子を一個ずつ制御したこの量子効果デバイスを"**単一電子トランジスタ**[3)]"という．

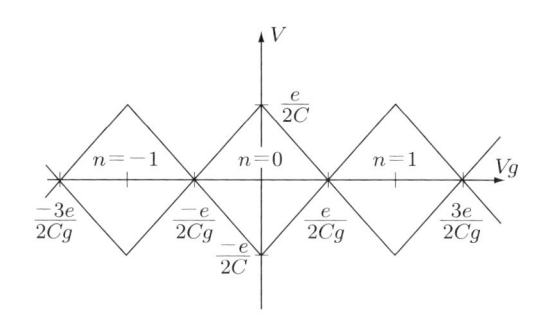

図 11.15　クーロンダイヤモンド

---

3) 単一電子トランジスタの概要は http://www.nanoelectronics.jp/kaitai/qdot/5.htm が参考になる．

11.8　スピントロニクス

　古典物理学の概念にはなく，いわば量子力学の"申し子"ともいうべき電子に固有な自由度としての「スピン」の存在を8.3節で学んだが，つい最近までスピンはあくまでもサイエンスの問題であり，テクノロジーとして取り上げられることはなかった．

　電子の波動性に基づく「量子効果デバイス」がナノテクノロジーの中心的テーマとして具体化しつつあるのと同様に，電子のもつスピンを操ることではじめて実現できるデバイス－"**スピントロニクス**"に多くの関心が寄せられている．いまだ基礎研究段階にあるとはいえ，遠くない将来には電子の電荷の性質と運動を電気的に制御する現在のエレクトロニクスに加え，**電子のスピンをエレクトロニクスに取り入れたスピントロニクス**とよばれる新しい分野が登場するであろう．すでに電子スピンによる電気抵抗の大きな変化（巨大磁気抵抗効果）を利用したハードディスク用の磁気ヘッドが開発され，電子スピンを利用したスピン電界効果トランジスタ（FET；field effect transistor）の研究も精力的に進められている．

　電子は原子に付随したものであるのに対して，スピンは電子のもつ性質であるから，固体の性質としてスピンが関与した現象が表れることは決して多くない．電子は「上向き，下向き」の二つのスピン配向自由度を有するが，それは外部から磁場を印加したときの場合であり，特別な物質を除けばスピンの向きはばらばらであり，全体としてスピン磁気モーメントはゼロである．鉄やニッケル，コバルトといった一部の金属は外部から磁場を加えない状態でもスピンの向きが揃っており，全体の磁気モーメントが大きくなる．このような物質を「強磁性体」（永久磁石）とよび，スピントロニクスの開発に不可欠な材料である．

　磁化の向きが同じである強磁性体をソース，ドレイン電極として用い，両電極間を電子電荷の流れ（電流）ではなく，"電子スピンの流れ"としてゲート電圧で制御しようという"スピンFET"の基本的な動作原理を簡単に紹介する．ゲート電圧を印加しない場合は，ソースの電子のスピンとチャネル内の電子のスピンの向きが同じであれば，ソースからドレインへと電子がスピンの向きを保ったまま移動する．一方，ゲート電圧を印加することで，チャネル内の電子のスピンの向きが揃わなくなると，電流が流れない．

　これは先に学んだクーロンブロッケード現象を利用した単一電子トランジスタと異なり，電子に固有なスピンの自由度を利用する"量子デバイス"なのである．しかし，ソースからチャネルにスピンの揃った電子をいかに注入するかなど，このようなスピンFETを具体的に実現するのはそれほど容易ではなく，いまだに基礎研究の段階にある．

11.9 量子計算機の可能性

現在のコンピュータは，素子に電子が入った状態を「1」，入っていないときを「0」として計算を進めることをあらゆる演算の基本としている．一方，量子力学の世界では電子の波動性に基づいて「1」であると同時に「0」である**重ね合わせ**による状態が実現される．この「重ね合わせ状態」が利用できれば，膨大な記憶容量を確保し，そこから計算結果を取り出すことが可能となる．

量子計算機[4]とは基本的に"**量子力学的重ね合わせの原理を使って並列計算ができる**"ことであり，この重ね合わせた状態を計算機の記憶単位であるビットに適用した基本となる情報量を量子ビット（"キュービット"，qubit）とよぶ．量子計算機ではqubitを情報のまとまりと考え，このqubitに演算を行うことで並列計算を行う．

2章で学んだことを改めて要約すると，重ね合わせの原理とは

1. 波動関数 ϕ であらわされる系に対して，ある物理量 a の測定をすると，その固有値 a_n のうちの一つが得られる．観測される値 a_n に対応する固有関数を ϕ_n と表すと，波動関数 ϕ はその適当な線形結合 $\phi = \sum_n c_n \phi_n$ で表されなければならない．
2. ある系を観測すると，重ね合わせの状態ではなく，その固有値の一つだけが観測される．つまり，観測することで，重ね合わせの状態はある状態へと収縮してしまう．このことを「波の収縮」などとよぶ．
3. どの固有値が観測されるかという確率は，それに対応する固有関数 ϕ_n の係数 c_n の絶対値の二乗に比例する．

たとえば，二つの量子状態 $|0>$, $|1>$ を

1. いずれか一方の量子ドットや量子井戸に一個の電子が閉じ込められた量子ドット分子（人工分子）や結合量子井戸
2. 二準位系の基底状態と励起状態
3. 上向きスピンと下向きスピンの状態

などで準備することができれば，これらの量子力学的な重ね合わせで一つのキュービットを作ることができる．これらの二つの重ね合わせ状態は

$$\phi = \alpha|0> + \beta|1>, \quad |\alpha|^2 + |\beta|^2 = 1 \tag{11.22}$$

で表され，この量子状態を観測する前にはどちらの状態にあるのかを予測することができないが，何らかの方法で観測できたとすれば，$|0>$ あるいは $|1>$ の状態がそれ

---

[4] たとえば，http://www.senko-corp.co.jp/qcs/ja/ や http://www.nanoelectronics.jp/kaitai/quantum-com/index.htm/

それ $|\alpha|^2$ と $|\beta|^2$ の確率で観測される．つまり，観測によってのみ系の状態が特定されることになる[5]．

原理的にキュービット二つで 2 の二乗，三つで 2 の三乗のデータを同時に出力でき，50 個程度あれば数十億のデータの同時出力が可能となり，現在の最大容量のコンピュータの容量をはるかに超えることができる．現在のスーパーコンピュータをもってしても不可能に近い数万桁の暗号解読も可能となるとまでいわれている[6],[7]．

1. どのような系で重ね合わせに基づくキュービットを実現し（ハード），
2. 具体的なアルゴリズムを用いて（ソフト），
3. どのようにキュービットの書き込み，読み出しを行うか．

といった量子計算機の実現に向けて多くの基本的な課題が山積しているが，SET やスピン FET など電子の"粒子性と波動性＝量子性"を制御した新たな原理で動作する"量子効果デバイス"とともに，"量子力学的世界の発見＝プランク定数の発見"からちょうど一世紀あまりを経た今，量子力学はサイエンスの分野から飛び出し，具体的な形でわれわれの前に登場しつつあるのである．

練 習 問 題

[**11.1**] 一次元量子井戸の状態密度の式 (11.6) を証明せよ．
[**11.2**] 図 11.9 において $n = 2, 3$ で透過率の幅が次第に大きくなる理由を考えよ．
[**11.3**] 閉じ込め効果による一次元電子の基底状態と第 1 励起状態のエネルギー間隔が室温（300 K）の熱エネルギーと等しくなるときの井戸幅を計算せよ．

---

[5] 2.11 節で述べた"波束の収縮"
[6] あまりにも抽象的であった量子計算機の可能性が注目されるようになった契機の一つは Peter Shor によって 1994 年に提案された，多項式時間で素因数分解を行う量子アルゴリズムである Shor の因数分解アルゴリズムや量子暗号に関する記述は：http://www.nanoelectronics.jp/kaitai/quantumcom/3.htm
[7] ちなみに，インターネットで広く利用されている暗号系は秘密鍵と呼ばれる数字の組み合わせを知らなければ，暗号を解読するのが極めて困難であり，大きな数の因数分解が多項式時間で効率的に解くアルゴリズムが無いからである．

付録 A 空洞輻射の固有振動モード

一辺が l の立方体内に存在する電磁波の固有振動モード（定在波）とその分布を計算する．簡単のため，初めに長さが l の両端を固定した弦の振動を考えてみよう．固有振動の波長は $2l, l, 2/3l, \ldots$ と無限に存在し，弦を伝わる波の速さを c とすると，それぞれの振動数は

$$\nu = \frac{c}{2l} n, \quad (n = 1, 2, 3, \ldots) \tag{A.1}$$

となる．固有振動の振動数は $\Delta = c/2l$ の等間隔で存在しているので，ν とそれより $d\nu$ だけ増えた $\nu + d\nu$ の振動数の範囲にある固有振動の個数 $I(\nu)d\nu$ は

$$I(\nu)d\nu = \frac{1}{\Delta} d\nu = \frac{2l}{c} d\nu \tag{A.2}$$

で与えられる．一次元の振動数分布を三次元に拡張すれば，

$$\nu_n = \frac{c}{2l}(n_x^2 + n_y^2 + n_z^2)^{1/2} \tag{A.3}$$

と，3 個の整数の組 (n_x, n_y, n_z) で決定される．ここで，$c/2l$ を単位長さとする直交座標系 (n_x, n_y, n_z) を考えれば，この座標系の一点に一個の固有振動が対応し，この座標系の単位体積 $(c/2l)^3$ に一個の固有振動が存在することになる．したがって，ν と $\nu + d\nu$ の間にある体積は

$$2 \times \frac{\frac{4}{3}\pi(\nu+d\nu)^3 - \frac{4}{3}\pi\nu^3}{8 \times (c/2l)^3} \simeq \frac{8\pi}{c^3} l^3 \nu^2 d\nu \tag{A.4}$$

となる．ここで，左辺の因数 2 は光が横波であり，同じ振動に二つの異なる偏りがあるためである．また，分母の 8 は正の (n_x, n_y, n_z) の組だけが許されているためである．したがって，振動数が ν と $\nu + d\nu$ の間にある固有振動モードの個数は単位体積当たり

$$I(\nu)d\nu = \frac{8\pi}{c^3} \nu^2 d\nu \tag{A.5}$$

で与えられる．

付録 B エルミート多項式の母関数と直交関係

$H(\xi)$ に関する微分方程式

$$\frac{d^2 H(\xi)}{d\xi^2} - 2\xi \frac{dH(\xi)}{d\xi} + (\lambda - 1)H(\xi) = 0 \tag{B.1}$$

を解くために "多項式展開法" とよばれる方法を使う．すなわち，$H(\xi)$ を

$$H(\xi) = c_0 + c_1 \xi + c_2 \xi^2 + \ldots = \sum_{n=0}^{\infty} c_n \xi^n \tag{B.2}$$

と ξ についてべき展開する．これを式 (B.1) に代入した式が ξ に関して恒等式であるためにはすべての ξ のべきの係数が 0 でなければならないので

$$\sum_{n=0}^{\infty} \{(n+1)(n+2)c_{n+2} - (2n+1-\lambda)c_n\}\xi^n = 0 \tag{B.3}$$

から，c_n に対する漸化式

$$c_{n+2} = \frac{2n+1-\lambda}{(n+1)(n+2)}c_n \tag{B.4}$$

が得られる．この漸化式を一般的に解くことはできないが，n の大きい極限では

$$\frac{c_{n+2}}{c_n} \to \frac{2}{n} \tag{B.5}$$

となることがわかる．この関係は無限級数

$$e^{\xi^2} = 1 + \xi^2 + \frac{\xi^4}{2!} + \ldots + \frac{\xi^{2n}}{n!} + \frac{\xi^{2n+2}}{(n+1)!} + \cdots \tag{B.6}$$

で成立しているので，$H(\xi)$ が無限級数となるときには

$$H(\xi) = e^{\xi^2} \tag{B.7}$$

となる．これを (6.21) に代入すると $\varphi(\xi) \to e^{\xi^2/2}$ となるので，$H(\xi) \to 0\,(\xi \to \infty)$ を満足しなくなる．このことは $H(\xi)$ が無限級数ではなく，n 次の多項式でなければならないことを要請する．そのためには展開係数 c_n が有限のところで終わる必要があり，式 (B.4) から

$$\lambda = 2n+1 \tag{B.8}$$

の関係が成立しなければならない．

このときの $H(\xi)$ を $H_n(\xi)$ と表すと，$H_n(\xi)$ は微分方程式

$$\frac{d^2 H_n(\xi)}{d\xi^2} - 2\xi\frac{dH_n(\xi)}{d\xi} + 2nH_n(\xi) = 0 \tag{B.9}$$

を満足する．この微分方程式の解は (6.25) で与えられる．

式 (6.24) の両辺を ξ で微分すると

$$2se^{2s\xi-s^2} = \sum_{n=0}^{\infty} \frac{H_n(\xi)}{n!}2s^{n+1} = \sum_{n=0}^{\infty} \frac{H_n'(\xi)}{n!}s^n \tag{B.10}$$

となるので，s^n のべきを比べて

$$H_n'(\xi) = 2nH_{n-1}(\xi) \tag{B.11}$$

の関係を得る．さらに，両辺を微分すれば

$$\frac{d^2 H_n(\xi)}{d\xi^2} = 2n\frac{dH_{n-1}(\xi)}{d\xi} = 4n(n-1)H_{n-2}(\xi) \tag{B.12}$$

となる．

次に，式 (6.24) の両辺を s で微分すれば

$$(-2s+2\xi)e^{2s\xi-s^2} = \sum_{n=0}^{\infty} \frac{(-2s+2\xi)}{n!}H_n(\xi)s^n = \sum_{n=0}^{\infty} \frac{H_n(\xi)}{(n-1)!}s^{n-1} \tag{B.13}$$

となるので，やはり s^n のべきを比べて

$$H_{n+1}(\xi) = 2\xi H_n(\xi) - 2nH_{n-1}(\xi) \tag{B.14}$$

を得る．

式 (B.13) と式 (B.15) の関係を満たす H_n が式 (B.9) の微分方程式を満足すること証明しておく．式 (B.11) の両辺を微分し，さらに式 (B.11) で n の代わりに $n-1$ とすれば

$$\begin{aligned} H_n'' &= 2n \times 2(n-1)H_{n-2} \\ &= 2n(2\xi H_{n-1} - H_n) \\ &= 2\xi \times 2nH_{n-1} - 2nH_n \end{aligned} \tag{B.15}$$

と変形できるので，この式に式 (B.11) 代入すると式 (B.9) が得られる．

次に，式 (6.24) と同じ母関数

$$e^{2t\xi - t^2} = \sum_{n=0}^{\infty} \frac{H_n(\xi)}{n!} t^n \tag{B.16}$$

を準備しておいて，それらの両辺同士を掛け合わせたものにさらに $e^{-\xi^2}$ をかけて積分すると

$$\int_{-\infty}^{\infty} e^{-t^2 - s^2 + 2\xi(s+t)} e^{-\xi^2} d\xi = \sum_{n,m=0}^{\infty} \frac{s^n t^m}{n! m!} \int_{-\infty}^{\infty} H_n(\xi) H_m(\xi) e^{-\xi^2} d\xi \tag{B.17}$$

となる．左辺の積分は

$$e^{2st} \int_{-\infty}^{\infty} e^{-(\xi - \xi(s+t))^2} e^{-\xi^2} d\xi = \sqrt{\pi} e^{2st} = \sqrt{\pi} \sum_{n=0}^{\infty} \frac{1}{n!} (2st)^n \tag{B.18}$$

となるので，両辺の s と t のべきを比較すれば右辺で $n = m$ のみが許されることになる．したがって，

$$\sqrt{\pi} \sum_{n=0}^{\infty} \frac{1}{n!} (2st)^n = \sum_n \frac{(st)^n}{(n!)^2} \int_{-\infty}^{\infty} H_n^2(\xi) e^{-\xi^2} d\xi \tag{B.19}$$

からエルミートの多項式の直交関係

$$\int_{-\infty}^{+\infty} H_n(\xi) H_m(\xi) e^{-\xi^2} d\xi = \sqrt{\pi} n! 2^n \delta_{nm} \tag{B.20}$$

を得る．

付録C　ルジャンドル多項式の母関数と直交関係

微分方程式

$$\frac{d}{dz}\left[(1-z^2)\frac{dP_l(z)}{dz}\right] + l(l+1)P_l(z) = 0 \tag{C.1}$$

の解 $P_l(z)$ をルジャンドル多項式とよび，その母関数は

$$\frac{1}{\sqrt{1-2rz+r^2}} = \sum_{l}^{\infty} P_l(z) r^l \qquad (r < 1) \tag{C.2}$$

で定義される．この両辺の対数をとって r で微分すると

$$\frac{z-r}{1-2rz+r^2} = \frac{\sum_l^\infty l P_l(z) r^{l-1}}{\sum_l^\infty P_l(z) r^l} \tag{C.3}$$

となるので，r のべきを比べることで

$$(l+1)P_{l+1}(z) - (2l+1)zP_l(z) + lP_{l-1}(z) = 0 \tag{C.4}$$

の漸化式が得られる．次に，式 (C.2) の両辺の対数をとって，z で微分すると

$$\frac{r}{1-2rz+r^2} = \frac{\sum_l^\infty P_l'(z) r^l}{\sum_l^\infty P_l(z) r^l} \tag{C.5}$$

から

$$P_l(z) - P_{l-1}'(z) + 2zP_l'(z) - P_{l+1}'(z) + = 0 \tag{C.6}$$

の微分に関する漸化式が得られる．さらに式 (C.4) を z で微分したものを 2 倍し，上式に $(2l+1)$ をかけたものを足しあわせると

$$(2l+1)P_l(z) = P_{l+1}'(z) - P_{l-1}'(z) \tag{C.7}$$

が得られる．これらの漸化式をもつ $P_l(z)$ が，式 (C.1) の微分方程式を満足すること確かめることは演習問題に残し，ルジャンドル多項式の直交性

$$\int_1^1 P_l(z) P_m(z) dz = \frac{2}{2l+1} \delta_{lm} \tag{C.8}$$

を証明する．母関数の定義式 (C.2) の両辺を 2 乗すると

$$\frac{1}{1-2rz+r^2} = \left[\sum_l^\infty P_l(z) r^l\right] \left[\sum_m^\infty P_m(z) r^m\right] \tag{C.9}$$

となり，-1 と 1 の間で積分すれば，左辺は

$$\int_{-1}^1 \frac{1}{1-2rz+r^2} dz = \frac{1}{r} \log \frac{1+r}{1-r} = 2\sum_l \frac{r^{2l}}{2l+1} \tag{C.10}$$

となる．一方，右辺は

$$\sum_l^\infty r^l \sum_m^\infty r^m \int_{-1}^1 P_l(z) P_m(z) dz \tag{C.11}$$

であるから，両辺の r のべきを比べれば

$$\int_{-1}^1 P_l(z) P_m(z) dz = \begin{cases} \dfrac{2}{2l+1} & (l=m) \\ 0 & (l \neq m) \end{cases} \tag{C.12}$$

となり，式 (C.8) が証明される．

付録 D　水素原子の動径方向の波動関数

長さとエネルギーをそれぞれボワー半径，基底状態のエネルギーを単位として，

$$\rho = \frac{r}{a_B}, \quad a_B = \frac{4\pi\epsilon_0 \hbar^2}{me^2}, \quad \epsilon = \frac{E}{E_1}, \quad E_1 = \frac{m}{2\hbar^2}\left(\frac{e^2}{4\pi\epsilon_0}\right)^2 \tag{D.1}$$

を定義する．このようにすると，式 (7.63) は

$$\frac{d^2\chi(\rho)}{d\rho^2} + \left[\epsilon + \frac{2}{\rho} - \frac{l(l+1)}{\rho^2}\right]\chi(\rho) = 0 \tag{D.2}$$

となる．この微分方程式の解を求めるために，まず，その漸近形を探すことにする．上式の [ ] 内で ϵ に比べて第 2 項と第 3 項が無視できる大きな ρ のところで

$$\frac{d^2\chi(\rho)}{d\rho^2} + \epsilon\chi(\rho) = 0 \tag{D.3}$$

と近似でき，その解は $\chi(\rho) \simeq e^{\pm\sqrt{-\epsilon}\rho}$ で与えられる．$\chi(\rho)$ は $\rho \to \infty (r \to \infty)$ で 0 に近づかなければならないので，ϵ は負で，かつ上式の指数関数のべきも負でなければならない．したがって，ρ の大きな領域での漸近解は $-\epsilon$ を再び ϵ とおいて $\chi(\rho) \simeq e^{-\sqrt{\epsilon}\rho}$ となることが予想される．

ρ の小さい領域では式 (D.2) の [ ] 内のはじめの二つの項を無視して，

$$\frac{d^2\chi(\rho)}{d\rho^2} - \frac{l(l+1)}{\rho^2}\chi(\rho) = 0 \tag{D.4}$$

となる．代入すればすぐに確かめられるように，$\chi(\rho) = \rho^{l+1}$ がこの微分方程式の解になっていることがわかる．これらの二つの $\chi(\rho)$ に対する漸近形を参考にして，未知の関数 $L(\rho)$ を導入し，$\chi(\rho)$ の解として

$$\chi(\rho) = \rho^{l+1}e^{-\sqrt{\epsilon}\rho}L(\rho) \tag{D.5}$$

を仮定し，(D.2) に代入すると，$L(\rho)$ に対する微分方程式

$$\rho\frac{d^2L(\rho)}{d\rho^2} + 2(l+1-\rho\sqrt{\epsilon})\frac{dL(\rho)}{d\rho} + 2[1-(l+1)\sqrt{\epsilon}]L(\rho) = 0 \tag{D.6}$$

が得られる．この微分方程式の解の性質を調べるために $L(\rho)$ のべき級数展開

$$L(\rho) = \sum_{\nu=0}^{\infty} c_\nu \rho^\nu \tag{D.7}$$

を式 (D.6) に代入すると，展開係数 c_ν に対して

$$\frac{c_{\nu+1}}{c_\nu} = 2\frac{(l+\nu+1)\sqrt{\epsilon}-1}{(\nu+1)(2l+\nu+2)} \tag{D.8}$$

の関係を得る．ν を無限大にとばした極限では

$$\frac{c_{\nu+1}}{c_\nu} \to \frac{2\sqrt{\epsilon}}{\nu} \tag{D.9}$$

となるので，$L(\rho)$ が無限級数になるときには $e^{2\sqrt{\epsilon}\rho}$ に比例した因子をもつことになる．これを (D.5) に代入した $\chi(\rho)$ は ρ が大きくなるにつれて無限大に発散し，波動関数の条件を満足しない．したがって，物理的に意味のある解を得るためには (D.8) が有限級数で終わらなければならず，そのための条件は (B.8) と同様に，ある ν に対して

$$(l+\nu+1)\sqrt{\epsilon} - 1 = 0 \tag{D.10}$$

が成立することである．$(l+\nu+1)$ を改めて n とおくと，

$$\epsilon = \frac{1}{n^2} \tag{D.11}$$

となるので，式 (D.1) よりエネルギーにもどせば，

$$E = -\frac{m}{2\hbar^2}\left(\frac{e^2}{4\pi\epsilon_0}\right)^2 \frac{1}{n^2} \tag{D.12}$$

となり，ボワーの前期量子論で求められた値と一致する．

さて，式 (D.6) の $\sqrt{\epsilon}$ を $1/n$ とおいた式で，さらに $\xi = 2\rho/n$ とおくと，

$$\xi\frac{d^2 L(\xi)}{d\xi^2} + [2(l+1) - \xi]\frac{dL(\xi)}{d\xi} + [n - (l+1)]L(\xi) = 0 \tag{D.13}$$

が得られる．この微分方程式の解は (7.69) のラゲール陪多項式で与えられ

$$\int_0^\infty L_k^s(\xi) L_{k'}^s(\xi) e^{-\xi} \xi^{s+1} d\xi = \frac{(2k-s+1)(k!)^3}{(k-s)!}\delta_{k,k'} \tag{D.14}$$

の直交性を満足する．この関係を利用すると，最終的に規格化された動径方向の波動関数は式 (7.68) で与えられる．

付録E　電磁場のマクスウェル方程式

電流も電荷もない真空中（誘電率 ε_0，透磁率 μ_0）で電磁場の性質はマクスウェルの方程式

$$\nabla \times \boldsymbol{E} = -\frac{\partial \boldsymbol{B}}{\partial t} = -\mu_0 \frac{\partial \boldsymbol{H}}{\partial t} \tag{E.1}$$

$$\nabla \times \boldsymbol{H} = \frac{1}{\mu_0}\nabla \times \boldsymbol{B} = \frac{\partial \boldsymbol{D}}{\partial t} = \varepsilon_0 \frac{\partial \boldsymbol{E}}{\partial t} \tag{E.2}$$

$$\nabla \cdot \boldsymbol{E} = 0 \tag{E.3}$$

$$\nabla \cdot \boldsymbol{B} = 0 \tag{E.4}$$

で記述される．ここで，ベクトル演算の記号は $\nabla = (\partial/\partial x, \partial/\partial y, \partial/\partial z)$ と任意のベクトル $\boldsymbol{A} = (A_x, A_y, A_z)$ に対して

$$\nabla \times \boldsymbol{A} = \left(\frac{\partial A_y}{\partial z} - \frac{\partial A_z}{\partial y},\ \frac{\partial A_z}{\partial x} - \frac{\partial A_x}{\partial z},\ \frac{\partial A_x}{\partial y} - \frac{\partial A_y}{\partial x}\right) \tag{E.5}$$

$$\nabla \cdot \boldsymbol{A} = \left(\frac{\partial A_x}{\partial x},\ \frac{\partial A_y}{\partial y},\ \frac{\partial A_z}{\partial z}\right) \tag{E.6}$$

を表す．このように，電場と磁場は独立ではないが，真空中の電磁場は

$$\boldsymbol{B} = \nabla \times \boldsymbol{A} \tag{E.7}$$

で定義されるベクトルポテンシャル $\boldsymbol{A}(\boldsymbol{r},t)$ だけで記述できる．これを式 (E.4) に代入すれば

$$\nabla \cdot \boldsymbol{B} = \nabla \cdot (\nabla \times \boldsymbol{A}) = 0 \tag{E.8}$$

は自動的に満足される．また，(E.1) に代入すれば

$$\nabla \times \left(\boldsymbol{E} + \frac{\partial \boldsymbol{A}}{\partial t}\right) = 0 \tag{E.9}$$

となるので，一般に電場はベクトルポテンシャル $\boldsymbol{A}(\boldsymbol{r},t)$ とスカラーポテンシャル $\phi(\boldsymbol{r},t)$ を用いて

$$\boldsymbol{E} = -\frac{\partial \boldsymbol{A}}{\partial t} - \nabla \phi \tag{E.10}$$

と表される．これらを (E.2) に代入し，ベクトル公式 $\nabla \times (\nabla \times \boldsymbol{A}) = -\nabla^2 \boldsymbol{A} + \nabla \cdot (\nabla \cdot \boldsymbol{A})$ を用いれば，

$$-\nabla^2 \boldsymbol{A} + \frac{1}{c^2}\frac{\partial^2 \boldsymbol{A}}{\partial t^2} + \nabla \cdot \left(\nabla \cdot \boldsymbol{A} + \frac{\partial \phi}{\partial t} \right) = 0 \tag{E.11}$$

を得る．ここで，$c = \sqrt{1/\varepsilon_0 \mu_0} - 3 \times 10^8 \,\mathrm{m \cdot s^{-1}}$ は光速である．ところで，$\boldsymbol{A}$ と ϕ を任意の関数スカラー関数 ξ を用いて

$$\boldsymbol{A}' = \boldsymbol{A} + \nabla \xi, \qquad \phi' = \phi - \frac{\partial \xi}{\partial t} \tag{E.12}$$

と変換（この変換のことを"ゲージ変換"という）しても

$$\boldsymbol{E} = -\frac{\partial}{\partial t}(\boldsymbol{A} + \nabla \xi) - \nabla \left(\phi - \frac{\partial \xi}{\partial t} \right) = -\frac{\partial \boldsymbol{A}}{\partial t} - \nabla \phi \tag{E.13}$$

$$\boldsymbol{B} = \nabla \times (\boldsymbol{A} + \nabla \xi) = \nabla \times \boldsymbol{A} + \nabla \times (\nabla \xi) = \nabla \times \boldsymbol{A} \tag{E.14}$$

と不変であるので，$\boldsymbol{A}$ と ϕ には任意性が残る．

そこで，電流も電荷もない真空中では付加条件として $\boldsymbol{A}$ と ϕ が

$$\nabla \cdot \boldsymbol{A} = 0, \quad \phi = 0 \tag{E.15}$$

を満足するように ξ を選ぶことにする（これをクーロンゲージという）[8]．このとき式 (E.11) は速さ c で伝わる電磁波の波動方程式

$$\nabla^2 \boldsymbol{A} - \frac{1}{c^2}\frac{\partial^2 \boldsymbol{A}}{\partial t^2} = 0 \tag{E.16}$$

を与え，この解は平面波

$$\boldsymbol{A}(\boldsymbol{r},t) = \boldsymbol{A}_0 e^{i(\boldsymbol{k}\cdot\boldsymbol{r}-\omega t)}, \quad |\boldsymbol{k}| = \omega/c \tag{E.17}$$

で与えられる．これを式 (E.15) へ代入すれば

$$\nabla \cdot \boldsymbol{A} = i(A_{0x}k_x + A_{0y}k_y + A_{0z}k_z)e^{i(\boldsymbol{k}\cdot\boldsymbol{r}-\omega t)}$$

$$= i(\boldsymbol{A}_0 \cdot \boldsymbol{k})e^{i(\boldsymbol{k}\cdot\boldsymbol{r}-\omega t)} = 0 \tag{E.18}$$

となるから，$\boldsymbol{A}_0 \cdot \boldsymbol{k} = 0$ つまり，$\boldsymbol{A}_0$ は波の進行方向 ($\boldsymbol{k}$) と垂直であり，$\boldsymbol{A}(\boldsymbol{r},t)$ が横波であることを示している．式 (E.17) を式 (E.10) と式 (E.7) に代入すれば電場と磁束密度はそれぞれ，

$$\boldsymbol{E}(\boldsymbol{r},t) = i\omega \boldsymbol{A}_0 e^{i(\boldsymbol{k}\cdot\boldsymbol{r}-\omega t)} \tag{E.19}$$

$$\boldsymbol{B}(\boldsymbol{r},t) = i(\boldsymbol{k} \times \boldsymbol{A}_0)e^{i(\boldsymbol{k}\cdot\boldsymbol{r}-\omega t)} \tag{E.20}$$

---

[8] $\nabla \cdot \boldsymbol{A} + \frac{\partial \phi}{\partial t} = 0$ を満足するように ξ を選ぶことをローレンツゲージという．

となり，B は E と k の両方に垂直となる．また，ベクトルポテンシャルが実数であることを考慮して，通常は

$$A = \frac{1}{2}A_0 e \left[e^{i(\boldsymbol{k}\cdot\boldsymbol{r}-\omega t)} + e^{-i(\boldsymbol{k}\cdot\boldsymbol{r}-\omega t)} \right] \tag{E.21}$$

と表す．ここで e は偏波を表すベクトルである．

付録F　電子と電磁場の相互作用

光は電磁波であるから，速度 v で運動している電子にはローレンツ力

$$\boldsymbol{F} = -e[\boldsymbol{E} + \boldsymbol{v} \times \boldsymbol{B}] \tag{F.1}$$

が働く．電磁場がベクトルポテンシャルを用いて表されることがわかったので，この式に (E.7) と (E.10)（ただし，$\phi = 0$）を代入すると

$$\boldsymbol{F} = e\frac{\partial \boldsymbol{A}}{\partial t} - e\boldsymbol{v} \times (\nabla \times \boldsymbol{A}) \tag{F.2}$$

したがって，ニュートンの運動方程式を具体的に書けば，たとえば x 成分では

$$m\ddot{x} = e\frac{\partial A_x}{\partial t} - e\left[\dot{y}\left(\frac{\partial A_y}{\partial x} - \frac{\partial A_x}{\partial y}\right) - \dot{z}\left(\frac{\partial A_x}{\partial z} - \frac{\partial A_z}{\partial x}\right)\right] \tag{F.3}$$

となる．ただし，$\ddot{x} = d^2x/dt^2$, $\dot{y} = dy/dt$, $\dot{z} = dz/dt$ と表した．

古典解析力学の方法に従ってラグランジュアン L（力学系の運動エネルギーと位置エネルギーの差）を求めると

$$L = \frac{m}{2}(\dot{x}^2 + \dot{y}^2 + \dot{z}^2) - e(\dot{x}A_x + \dot{y}A_y + \dot{z}A_z) \tag{F.4}$$

となるので，運動量は

$$p_x = \frac{\partial L}{\partial \dot{x}} = m\dot{x} - eA_x \tag{F.5}$$

で与えられる（p_y, p_z についても同様）．したがって，系のハミルトニアンは

$$H = p_x\dot{x} + p_y\dot{y} + p_z\dot{z} - L$$

$$= \frac{1}{2m}\{(p_x + eA_x)^2 + (p_y + eA_y)^2 + (p_z + eA_z)^2\}$$

$$= \frac{1}{2m}(\boldsymbol{p} + e\boldsymbol{A})^2 = \frac{1}{2m}\boldsymbol{p}^2 + \frac{e}{2m}(\boldsymbol{p}\cdot\boldsymbol{A} + \boldsymbol{A}\cdot\boldsymbol{p}) + \frac{e^2}{2m}\boldsymbol{A}^2 \tag{F.6}$$

で与えられ，電子の運動量 $\boldsymbol{p}$ を $\boldsymbol{p}+e\boldsymbol{A}$ と置き換えたものになっている．ここで，$p_x \to -i\hbar\nabla$ のようにすれば電磁場のもとでの電子のハミルトニアンが求められるが，$\boldsymbol{p}\cdot\boldsymbol{A} = \nabla\boldsymbol{A}\cdot\boldsymbol{p}$ および $\nabla\cdot\boldsymbol{A} = 0$ と用い，さらに 2 個以上の光子が関係した高次の過程を表す最後の項を無視すれば

$$H = -\frac{\hbar^2}{2m}\nabla^2 - i\hbar\frac{e}{m}\boldsymbol{A}\cdot\nabla \tag{F.7}$$

となり，結局，電子と電磁場の相互作用により電子系に作用する摂動ハミルトニアンは

$$H' = -i\hbar \frac{e}{m} \boldsymbol{A} \cdot \nabla \tag{F.8}$$

で与えられる．

付録 G　光学遷移の行列要素

光励起される前（無摂動系）の結晶内電子に対するシュレーディンガー方程式

$$\left[-\frac{\hbar^2}{2m}\nabla^2 + V(\boldsymbol{r})\right]\varphi(\boldsymbol{r}) = E\varphi(\boldsymbol{r}) \tag{G.1}$$

で与えられる．ここで，結晶の周期を表すベクトルを $\boldsymbol{R}$ とすれば $V(\boldsymbol{r})$ は $V(\boldsymbol{r}) = V(\boldsymbol{r}+\boldsymbol{R})$ を満足する結晶の周期ポテンシャルある．一般的に結晶の周期ポテンシャル $V(\boldsymbol{r})$ 中の電子のシュレーディンガー方程式の解はブロッホ関数

$$\varphi_{\boldsymbol{k}}(\boldsymbol{r}) = e^{i\boldsymbol{k}\cdot\boldsymbol{r}} u_{\boldsymbol{k}}(\boldsymbol{r}) \tag{G.2}$$

で与えられる．ここで，波数ベクトル $\boldsymbol{k}$ に依存した $u_{\boldsymbol{k}}(\boldsymbol{r})$ は結晶と同じ周期性をもった関数であり，

$$u_{\boldsymbol{k}}(\boldsymbol{r}) = u_{\boldsymbol{k}}(\boldsymbol{r}+\boldsymbol{R}) \tag{G.3}$$

を満足する．これを"ブロッホの定理"の定理といい，式 (G.2) は自由電子に対する平面波と結晶格子の周期性をもつ関数の積で周期的ポテンシャル中での電子の波動関数を表す．このブロッホ関数を用いて，価電子帯の i 状態と伝導帯の f 状態の波動関数をそれぞれ

$$\varphi_i(\boldsymbol{r}) = \varphi_{vk}(\boldsymbol{r}) = \frac{1}{\sqrt{\Omega}} e^{i\boldsymbol{k}\cdot\boldsymbol{r}} u_{\boldsymbol{k},v}(\boldsymbol{r}) \tag{G.4}$$

$$\varphi_f(\boldsymbol{r}) = \varphi_{ck}(\boldsymbol{r}) = \frac{1}{\sqrt{\Omega}} e^{i\boldsymbol{k}'\cdot\boldsymbol{r}} u_{\boldsymbol{k},c}(\boldsymbol{r}) \tag{G.5}$$

と表す．ここで，Ω は結晶の体積である．

電子と電磁場の相互作用ハミルトニアン (F.8) の時間に依存する成分 $e^{-i\omega t}$ は式 (9.87) の形ですでに計算されているので，光吸収の遷移行列 H'_{fi} は式 (E.17) と式 (F.8) を用いて

$$\begin{aligned}
H'_{fi} &= \int \varphi_f^*(\boldsymbol{r}) H' \varphi_i(\boldsymbol{r}) d\boldsymbol{r} \\
&= -\frac{ie\hbar A_0}{2m\Omega} \int \varphi_f^*(\boldsymbol{r}) \left[e^{i\boldsymbol{k}_p\cdot\boldsymbol{r}} \boldsymbol{e}\cdot\nabla\right] \varphi_i(\boldsymbol{r}) d\boldsymbol{r} \\
&= -\frac{ie\hbar A_0}{2m\Omega} \int e^{i(\boldsymbol{k}_p+\boldsymbol{k}-\boldsymbol{k}')\cdot\boldsymbol{r}} \\
&\quad \times u_{\boldsymbol{k}',c}^*(\boldsymbol{r}) \left[\boldsymbol{e}\cdot\nabla u_{\boldsymbol{k},v}(\boldsymbol{r}) + i\boldsymbol{e}\cdot\boldsymbol{k} u_{\boldsymbol{k},v}(\boldsymbol{r})\right] d\boldsymbol{r}
\end{aligned} \tag{G.6}$$

となる．ここで，$\boldsymbol{k}_p$ は光子の運動量である．$u_{\boldsymbol{k},v}(\boldsymbol{r})$ と $u_{\boldsymbol{k},c}(\boldsymbol{r})$ の周期性 (G.3) を利用して，$\boldsymbol{r} = \boldsymbol{r}' + \boldsymbol{R}_n$ とおいて，$\boldsymbol{r}$ に関する積分を単位胞の位置ベクトル $\boldsymbol{R}_n$ についての和と単位胞内での積分に分けると

$$H'_{fi} = -\frac{ie\hbar A_0}{2m\Omega} \sum_n e^{i(\bm{k}_p+\bm{k}-\bm{k}')\cdot\bm{R}_n} \int_{\text{単位胞内}} f(\bm{r}';\bm{k},\bm{k}')d\bm{r}' \tag{G.7}$$

となる．ただし，

$$f(\bm{r}';\bm{k},\bm{k}') = u^*_{\bm{k}',c}(\bm{r}')\left[\bm{e}\cdot\nabla u_{\bm{k},v}(\bm{r}') + i\bm{e}\cdot\bm{k}u_{\bm{k},v}(\bm{r}')\right] \tag{G.8}$$

であるが，この第二項の積分は価電子帯と伝導帯のブロッホ関数の直交性により 0 となる．また，単位胞についての和は

$$\sum_n e^{i(\bm{k}_p+\bm{k}-\bm{k}')\cdot\bm{R}_n} = N\delta_{\bm{k}_p+\bm{k}-\bm{k}',\bm{K}} \tag{G.9}$$

となる．ここで，N は単位胞の数，$\bm{K}$ は結晶の逆格子ベクトルである．すなわち，

$$\bm{k}_p + \bm{k} - \bm{k}' = \bm{K} \tag{G.10}$$

が満足されるときにのみ光学遷移が起こることを示している．逆格子ベクトルの大きさ $|\bm{K}|$ は 0 あるいは結晶の格子定数の逆数 $(2\pi/a)$ 程度（約 $10^8\,\text{cm}^{-1}$）の大きさであり，電子の波数ベクトルの大きさに比べて十分大きいので $\bm{K}=0$ と近似すれば，式 (G.10) は $\bm{k}$ の価電子帯の電子が光から $\bm{k}_p$ もらって $\bm{k}'$ の伝導帯へ遷移する"波数ベクトルの保存則"を表している．式 (9.103) の遷移確率の式に現われたデルタ関数が遷移にともなうエネルギー保存則を表しているのに加えて，遷移行列が"運動量保存則"を含んでいる．

光の波数は電子の波数と比べて十分に小さいく，無視できるので式 (G.10) は

$$\bm{k}' = \bm{k} \tag{G.11}$$

となり価電子帯の波数ベクトル $\bm{k}$ をもった電子が波数ベクトルを変えずに伝導帯へ遷移する．これを"直接遷移"あるいは"垂直遷移"という．したがって，式 (G.7) の遷移行列要素は

$$H'_{fi} = -\frac{ie\hbar A_0 N}{2m\Omega}\int_{\text{単位胞内}} u^*_{\bm{k},c}(\bm{r})\bm{e}\cdot\nabla u_{\bm{k},v}(\bm{r})d\bm{r} \tag{G.12}$$

となる．この式の物理的意味を明らかにするため，式の中味をもう少し詳しく調べてみよう．H を電子系のみのハミルトニアンとして，二つの状態 φ_i, φ_f

$$H\varphi_i = E_i\varphi_i, \quad H\varphi_f^* = E_f\varphi_f^* \tag{G.13}$$

を考える．この左側の式に $\varphi_f^*\bm{r}$ をかけ，右側の式に $\varphi_i\bm{r}$ をかけて，それぞれを積分した式の差をとると

$$\int(\varphi_f^*\bm{r}H\varphi_i - \varphi_i\bm{r}H\varphi_f^*)d\bm{r} = (E_i - E_f)\int\varphi_f^*\bm{r}\varphi_i d\bm{r} \tag{G.14}$$

となる．ここで，H がエルミート演算子であることを利用して左辺を変形すると

$$\int\varphi_f^*[H,\bm{r}]\varphi_i d\bm{r} = (E_f - E_i)\int\varphi_f\bm{r}\varphi_i d\bm{r} \tag{G.15}$$

となる．

$$H = -\frac{\hbar^2}{2m}\nabla^2 + V(\bm{r}) \tag{G.16}$$

を代入し，$\bm{r}$ と $V(\bm{r})$ が可換であることから，

$$-\frac{\hbar^2}{2m}\int \varphi_f^*[\nabla^2, \bm{r}]\varphi_i d\bm{r} = (E_f - E_i)\int \varphi_f \bm{r}\varphi_i d\bm{r} \tag{G.17}$$

を得る．ここで，$\nabla^2(\bm{r}\varphi_i) = \bm{r}\nabla^2\varphi_i + 2\nabla\varphi_i$ に注意すれば，次式となる．

$$\int \varphi_f^* \nabla \varphi_i d\bm{r} = -\frac{m}{\hbar^2}(E_f - E_i)\int \varphi_f^* \bm{r}\varphi_i d\bm{r} \tag{G.18}$$

したがって，この関係を (G.12) に用いると

$$H'_{fi} = \frac{ieA_0}{2\hbar}\frac{N}{\Omega}(E_f - E_i)\int_{単位胞内} u_{\bm{k},c}^*(\bm{r})(\bm{e}\cdot\bm{r})u_{\bm{k},v}(\bm{r})d\bm{r} \tag{G.19}$$

となる．ここで，電荷 e を積分の中に含め

$$\bm{\mu} = -e\bm{r} \tag{G.20}$$

で定義される"電気双極子モーメント"を用いると

$$\begin{aligned}H'_{fi} &= -\frac{iA_0}{2\hbar}\frac{N}{\Omega}(E_f - E_i)\int_{単位胞内} u_{\bm{k},c}^*(\bm{r})(\bm{e}\cdot\bm{\mu})u_{\bm{k},v}(\bm{r})d\bm{r} \\ &= -\frac{iA_0}{2\hbar}\frac{N}{\Omega}(E_f - E_i)(\bm{e}\cdot\bm{\mu})_{fi}\end{aligned} \tag{G.21}$$

となり，"電気双極子遷移"であることがわかる．

付　　表

1) 主要定数

真空中の光速度	$c = 2.997925 \times 10^8$ m·s^{-1}	ボーア半径	$a_B = 5.29177 \times 10^{-11}$ m
電子の質量	$m = 9.1094 \times 10^{-31}$ kg	ボーア磁子	$\mu_B = 9.2741 \times 10^{-24}$ J·T^{-1}
陽子の質量	$M = 1.67263 \times 10^{-27}$ kg	電子の磁気モーメント	$\mu_S = 9.2848 \times 10^{-24}$ J·T^{-1}
素電荷	$e = 1.60218 \times 10^{-19}$ C	リィドベルグ定数	$R = 1.097373 \times 10^7$ m^{-1}
プランク定数	$h = 6.6261 \times 10^{-34}$ J·s	ボルツマン定数	$k = 1.380658 \times 10^{-23}$ J·K^{-1}
	$= 4.13571 \times 10^{-15}$ eV·s	真空透磁率	$\mu_0 = 1.256637 \times 10^{-7}$ H·m^{-1}
	$\hbar = 1.05458 \times 10^{-34}$ J·s	真空誘電率	$\varepsilon_0 = 8.854188 \times 10^{-12}$ F·m^{-1}

2) エネルギー諸単位換算表

	[K]	[cm^{-1}]	[eV]	[J]
1 K	1	0.69504	0.86174×10^{-4}	1.38066×10^{-23}
1 cm^{-1}	1.43877	1	1.23984×10^{-4}	1.98645×10^{-23}
1 eV	1.16044×10^4	0.80655×10^4	1	1.60218×10^{-19}

1 K は $T = 1$ K に対する kT の値，1 cm^{-1} は波長 1 cm の光子の $h\nu$

3) 基本的な物理量

　　力（ニュートン）　　　N = J/m = m·kg·s^{-2}

　　エネルギー（ジュール）　J = N·m

練習問題解答

第 1 章

[1.1] 輻射公式を代入し，$h\nu/kT = x$ とすれば
$$P(T) = \sigma T^4, \quad \sigma = \frac{8\pi k^4}{c^3 h^3} \int_0^\infty \frac{x^3}{e^x - 1} dx,$$
を得る．

[1.2] 略

[1.3] (i) $\lambda = ch/W = 12400/4.5 = 2755\,\text{Å}$, (ii) $V_0 = (h\nu - W)/e = 5.9 - 4.5 = 1.4\,(\text{V})$, $v_{\max} = \sqrt{2eV_0/m} = \sqrt{2 \times 1.4 \times 1.6 \times 10^{-19}/9.1 \times 10^{-31}} = 7.0 \times 10^5$ m/s

[1.4] $a = \lambda/\sin\phi = 1.73/\sin 45° = 2.47\,\text{Å}$

[1.5] $v = hn/(2\pi ma) = e^2/(2\epsilon_0 hn)$ に $n = 1$ を代入すれば，$v = 2.19 \times 10^6$ を得る．

[1.6] $E = 4.56 \times 10^{-19}$ J, $\lambda = 7.2\,\text{Å}$

[1.7] 中性子の質量を M とすれば，$Mv^2/2 = 3kT/2$ より，$p = Mv = \sqrt{3MkT}$ なので，$\lambda = h/Mv = 1.45\,\text{Å}$

[1.8] $L \gg w$ として描いてみればわかるように，スクリーン上の点 x での電子の行程差は xw/L であるから，波長 $\lambda = h/p$ の波には $\delta = (2\pi/\lambda)(xw/L)$ の位相差が生じる．したがって，振幅 (A_0) が等しい位相差 δ の波を重ね合わせると振幅は
$$A(x) = 2A_0 \cos\left(\frac{\pi w}{\lambda L} x\right),$$
となるので，干渉縞の間隔は $d = L\lambda/w = hL/pw$ となる．数値を代入すれば $d = 2.1\,\mu$m

第 2 章

[2.1] 略

[2.2] $\int_0^d \varphi_n^*(x)\varphi_m(x)dx$ を計算．

[2.3]
$$<p^2> = \frac{2}{d}\int_0^d \sin\frac{n\pi}{d}\left(-i\hbar\frac{d}{dx}\right)^2 \sin\frac{n\pi}{d} dx = \left(\frac{n\pi}{d}\right)^2 \int_0^d \varphi^2(x)dx = \left(\frac{n\pi}{d}\right)^2 \hbar^2$$
であるから，
$$E = \frac{<p^2>}{2m} = \frac{\hbar^2}{2m}\left(\frac{n\pi}{d}\right)^2$$

[2.4]
$$p\varphi = \hbar k(Ae^{ikx} - Be^{-ikx}), \quad p^2\varphi = (\hbar k)^2 \varphi$$

[2.5]
$$\frac{\Delta(t)}{2\Delta} = \sqrt{1 + (\hbar^2/m^2\Delta^4)t^2} = 2$$
より
$$t = \sqrt{3}\frac{m\Delta^2}{\hbar},$$
に数値を入れると, $t = 1.5 \times 10^{-16}$ 秒. $m = 1\,\mathrm{g}$, $\Delta = 0.1\,\mathrm{cm}$ のときは $t \sim 10^{25}$ 秒 $\sim 10^{17}$ 年かかる.

[2.6] $\varphi(x)$ を任意の関数として $[H, p_x]\varphi(x)$ を計算.

[2.7] 波動関数が原点 $x =$ に関して対称であるから（あるいは積分関数がいずれも奇関数であるから），$<x> = <p> = 0$. また,
$$<x^2> = \frac{a}{\sqrt{\pi}} \int_{-\infty}^{\infty} x^2 e^{-a^2 x^2} dx = \frac{1}{2a^2}$$
$$<p^2> = \frac{a}{\sqrt{\pi}} \int_{-\infty}^{\infty} e^{-a^2 x^2/2} \left(-i\hbar \frac{d}{dx}\right)^2 e^{-a^2 x^2/2} dx$$
$$= \frac{a^3 \hbar^2}{\sqrt{\pi}} \int_{\infty}^{\infty} (1 - a^2 x^2) e^{-a^2 x^2} dx = \frac{\hbar^2 a^2}{2}$$
より
$$(\Delta x)^2 = <x^2> - <x>^2 = \frac{1}{2a^2}, \quad (\Delta p)^2 = <p^2> - <p>^2 = \frac{\hbar^2 a^2}{2}\frac{1}{2a^2}$$
なので $\Delta x \Delta p = \hbar/2$ となる.

[2.8] $E = p^2/2m$ より
$$\Delta E = \frac{p\Delta p}{m} = \sqrt{\frac{2E}{m}}\Delta p,$$
であるから, $\delta p \delta x \geq \hbar/2$ を用いると
$$\Delta x \geq \frac{\hbar}{2}\sqrt{\frac{2E}{m}}\frac{1}{\Delta E},$$
となる. $E = 100\,\mathrm{eV}$, $\Delta E = 0.01\,\mathrm{eV}$ を代入すれば
$$\Delta x \geq \frac{1.054 \times 10^{-34}}{2}\sqrt{\frac{200 \times 1.6 \times 10^{-19}}{9.1 \times 10^{-31}}}\frac{1}{0.01 \times 1.6 \times 10^{-19}} \simeq 1.9 \times 10^{-7}\,\mathrm{m},$$

[2.9]
$$\frac{d}{dt}\int \Psi^* \hat{A} \Psi dr = \int \frac{\partial \Psi^*}{\partial t} \hat{A} \Psi dr + \int \Psi^* \hat{A} \frac{\partial \Psi}{\partial t} + \int \Psi^* \frac{\partial \hat{A}}{\partial t} \Psi dr$$
より, H がエルミート演算子であることを利用すると
$$\frac{d<A>}{dt} = \frac{i}{\hbar}\int \Psi^*(H\hat{A} - \hat{A}H)\Psi dr + \int \Psi^* \frac{\partial \hat{A}}{\partial t}\Psi dr = \frac{i}{\hbar}<H, \hat{A}> + \int \Psi^* \frac{\partial \hat{A}}{\partial t}\Psi dr$$
を得る. もし, $\hat{A}$ が時間にあらわに依存せず ($\partial \hat{A}/\partial t = 0$), $[H, \hat{A}]$ ならば, $d<A>/dt = 0$ となり, このとき A を運動の恒量という.

第3章

[3.1] 式 (3.4) を用いて $<p> = \int \varphi^*(x)(-i\hbar)\varphi(x)dx$ と $<p^2>$ を計算する．

[3.2] 略

[3.3]
$$<x> = \frac{2}{d}\int_0^d x\sin^2\left(\frac{n\pi}{d}x\right)dx = \frac{d}{2}$$

同様にして，$<x^2> = d^2/3 - d^2/2\pi^2 n^2$ であるから $\Delta x \neq 0$. これは波動関数 (3.26) が x の固有関数ではないからである．

[3.4] ポテンシャルのない有限な範囲に運動が限定されているからである．これは無限に深い井戸の中に閉じ込められた場合も同じである．

[3.5] $E = \dfrac{\hbar^2}{2m}\left(\dfrac{n\pi}{d}\right)^2 = \dfrac{1}{2m}\left(\dfrac{h}{\lambda}\right)^2$ より，$\lambda = \dfrac{2d}{n}$

第4章

[4.1] シュレーディンガー方程式で x の代わりに $-x$ を代入し，$V(x) = V(-x)$ を用いると
$$\left[-\frac{\hbar^2}{2m}\frac{d^2}{dx^2} + V(x)\right]\varphi(-x) = E\varphi(-x),$$
となるので，$\varphi(x)$ が解であるなら $\varphi(-x)$ も解であることがわかる．一次元では一つのエネルギー固有値に対して一つの解しかないから，$\varphi(-x)$ は $\varphi(x)$ の定数倍でなければならない．それを c とすれば，$\varphi(-x) = c\varphi(x)$. この式でさらに x に $-x$ を代入すると
$$\varphi(x) = c\varphi(-x) = c^2\varphi(x) \quad \text{つまり} \quad c^2 = 1,$$
となるので，$c = 1$ の場合は偶関数，$c = -1$ の場合は奇関数となることが確かめられる．

[4.2] 有限な対称井戸型ポテンシャルの場合と同様な計算を行うと，束縛エネルギーを与える式は，
$$\alpha\cot\alpha = -\beta, \quad \alpha^2 + \beta^2 = r_0^2$$
で与えられる．$\alpha\cot\alpha = -\beta$ は $\alpha = \pi/2$ で $\beta = 0$ となり，$\beta \to \pm\infty (\alpha \to \pi, 0)$ であるから，交点をもつためには $r_0 \geq \pi/2$, つまり $V_0 \geq \hbar^2\pi^2/(2md^2)$ でなければ束縛状態はない．

第5章

[5.1]
$$E = \frac{\hbar^2\alpha^2}{2m} = \frac{\hbar^2}{2m}\left(\frac{n\pi}{d}\right)^2$$
となり，式 (3.27) と一致する．

[5.2] トンネル確率 の式の 指数関数の中は
$$2 \times 5 \times 10^{-10} \times \frac{\sqrt{2 \times 9.1 \times 10^{-31} \times 5 \times 1.6 \times 10^{-19}}}{1.05 \times 10^{-34}} \simeq 11.5$$

となるので，トンネル確率は $T = e^{-11.5} \sim 1 \times 10^{-5}$ である．一方，ボールがすり抜ける確率は $T \sim e^{-33}$ となり，"絶対に起こり得ない"といってもよい．

[5.3] $T = 0.026$.

[5.4]
$$\frac{4\sqrt{2m}}{3\hbar} \frac{W^{3/2}}{e} \simeq 5.5 \times 10^8 \,\text{V/cm}$$
であるから，10^8 V/cm 程度の高電界が必要になる．

[5.5] $L = 40\,\text{Å}$

第 6 章

[6.1] 付録 B 参照

[6.2]
$$<x^2> = A_n^2 \int_{-\infty}^{\infty} H_n(\alpha x) x^2 H_n(\alpha x) e^{-\alpha^2 x^2} dx$$
で与えられる．$\alpha x = \xi$ と変数変換して，さらに付録 (B.14) の漸化式から
$$\xi^2 H_n = (n+1/2)H_n + (n-1)nH_{n2} + 1/4 H_{n+2}$$
を得るので．(6.27) の直交関係を用いると
$$<x^2> = \frac{A_n^2}{\alpha^3}\left(n+\frac{1}{2}\right)\int_{-\infty}^{\infty} H_n^2 e^{-\xi^2} d\xi$$
となる．$<p^2>$ も (B.11) の微分に関する漸化式を用いれば同様に証明できる．

[6.3] 分子の質量中心に対するそれぞれの原子の速度を $v, -v$ とすれば，分子全エネルギーは
$$E = \frac{1}{2}m_1 v^2 + \frac{1}{2}m_2 v^2 + \frac{1}{2}C x^2$$
と書ける．ここで，$\mu^{-1} = m_1^{-1} + m_2^{-1}$ で定義される換算質量を用いると，この式は簡単に
$$E = \frac{1}{2}\mu v^2 + \frac{1}{2}C x^2 = \frac{p^2}{2\mu} + \frac{1}{2}C x^2$$
となるので，単一原子の調和振動子に帰着する．したがって，分子内振動のエネルギーは $\hbar\sqrt{C/\mu}$ である．

第 7 章

[7.1] 公式 $\int_0^{\infty} x^\alpha e^{-ax} dx = \dfrac{\Gamma(\alpha+1)}{a^{\alpha+1}}$ を用いる．
$$<r> = \frac{4}{\pi a_B^3} \int_0^{\infty} r^3 e^{-2r/a_B} dr = \frac{3}{2} a_B$$

[7.2]
$$\left\langle \frac{1}{r} \right\rangle = \frac{1}{a_B}$$
$$\langle p^2 \rangle = \frac{\hbar^2}{a_B^2}$$

を
$$E = \frac{<p^2>}{2m} - \frac{e^2}{4\pi\epsilon_0}\left\langle\frac{1}{r}\right\rangle$$
に代入する．

[7.3] $n = l + 1$ の場合，定数を除いて
$$P_{n,l}(r) = r^{2n}\exp\left(-\frac{2r}{na_B}\right)$$
となるから，これを r で微分すれば $r = a_B n^2$ で最大になる．

[7.4] $E_D = 0.018\,\mathrm{eV}$, $a_D = 31.8\,\text{Å}$.

[7.5] 半導体の不純物準位の場合と同様にして $E = -13.6\,(\mu/\mathrm{m})(1/\epsilon)^2$ に換算質量 $\mu = 0.06\,\mathrm{m}$ を代入すれば $E = 4.8\,\mathrm{meV}$, 同様に $a_B = 0.53 \times (1/0.06) \times 13 = 115\,\text{Å}$

第8章

[8.1] 確率の流れの式 (2.134) から
$$\boldsymbol{I}(\boldsymbol{r}) = -\frac{ie\hbar}{2m}[\varphi^*\nabla\varphi - \varphi\nabla\varphi^*]$$
を磁気モーメント
$$\boldsymbol{\mu} = \frac{1}{2}\int \boldsymbol{r} \times \boldsymbol{I}(\boldsymbol{r})d\boldsymbol{r}$$
に代入し，部分積分すれば
$$\boldsymbol{\mu} = -\frac{e}{2m}\int \varphi^*\boldsymbol{r} \times (-i\hbar\nabla\varphi)d\boldsymbol{r} = -\frac{e}{2m}<\boldsymbol{l}>$$
となる．

[8.2] $\mu_z = 8.9 \times 10^{-24}\,\mathrm{J/T}$

[8.3] $5.8 \times 10^{-5}\,\mathrm{eV}$

[8.4] $\Delta E = 2\mu_B B = (3.3726 - 3.3692) \times 10^{-19}\,\mathrm{J}$ より，$B = 18.4\,\mathrm{T}$

第9章

[9.1]
$$<E(\alpha)> = \frac{\hbar^2\alpha^2}{2m} - \frac{e^2}{4\pi\epsilon_0}\alpha, \quad \frac{d<E(\alpha)>}{d\alpha} = 0$$
より，$\alpha = me^2/(4\pi\epsilon_0\hbar^2) = 1/a_B$ のとき式 (7.82) と一致する結果を得る．

[9.2] $H' = -eE(t)z$ であるから，一次摂動の範囲で 1s 状態との間で有限の遷移行列要素をもつ 2p 状態は $n = 2$, $l = 1$, $m_l = 0$ のみである．簡単のためその遷移行列要素を M とすれば，
$$c_{1s\to 2p}(t) = -\frac{i}{\hbar}M\int_0^\infty e^{-i\omega t - \gamma t}e^{(E_{2p} - E_{1s})t}dt$$
より，遷移確率は
$$\lim_{t\to\infty}|c_{1s\to 2p}(t)|^2 = \frac{M^2}{\hbar^2\gamma^2 + (E_{2p} - E_{1s} - \omega)^2}$$

[9.3] $\Delta E \approx \hbar/\tau = 6.5 \times 10^{-7}$ eV.

[9.4] 強さ I の光が dz だけ進むと dI だけ弱くなるとすれば $-dI = \alpha I dz$ であるから，この微分方程式を解けば
$$I(z) = I_0 e^{-\alpha z}$$
となるので，透過率は $T = I(d)/I_0 = e^{-\alpha d}$．また，上式の $-dI/dz$ は単位時間あたりの光のエネルギーの減少を表しており，遷移確率を W とすれば
$$-dI/dz = \alpha(\omega)I = W(\omega)\hbar\omega$$
の関係が成立する．

第 10 章

[10.1] $\tau = 1.7 \times 10^{-8}$ 秒, $L = 4.8$ m.

[10.2] $N_1 = N_0 \exp(-0.5/0.026) = 4.4 \times 10^7 / \text{cm}^3$, $N_2 \simeq 0$

第 11 章

[11.1] 式 (11.5) で一つの離散的な量子化準位 E_{n_z} を決めたとき，同じ $E - E_{n_z}$ を与える k_x, k_z は (k_x, k_y) 平面の円周上にある．したがって，この $\boldsymbol{k}$ 平面の $k + dk$ を半径とする円と k を半径とする円の面積の差より
$$D(E)dE = 2 \times \frac{1}{4} \frac{\pi(k+dk)^2 - \pi k^2}{(\pi/d)^2} = \frac{d^2}{\pi} k dk = \frac{md^2}{\pi\hbar^2}$$
となるので，体積 $d^2 d_z$ で割ると式 (11.6) が得られる．

[11.2] 略

[11.3] $E_2 - E_1 = \dfrac{3h^2}{8md^2} = kT$ より $d = 6.6 \times 10^{-9}$ m $= 6.6$ nm

索引

英数先頭
n 型半導体　　115, 157
pn 接合　　146, 158
pn 接合ダイオード　　80, 159
p 型半導体　　116
sp^3 混成軌道　　111
STM 像　　84
WKB 法　　79
X 線回折　　23

あ　行
アインシュタインの関係　　13, 145
アクセプタ　　81, 116, 157
イオン化エネルギー　　21, 107, 115
位相　　27, 147, 156
位相速度　　27, 28
一次の摂動エネルギー　　128
井戸型ポテンシャル　　57, 63
ウィーンの公式　　6
運動量　　30
運動量演算子　　38, 41
運動量保存則　　189
エネルギー演算子　　37
エネルギーギャップ　　68, 113, 141
エネルギー固有値　　34, 37, 60, 90
エネルギー準位　　20, 58, 106, 168
エネルギー素量　　9
エネルギー帯構造　　141
エネルギー等分配の法則　　2, 5
エネルギーの量子化　　10
エネルギーバンド構造　　157
エネルギー量子　　8
エルミート演算子　　38, 52
エルミート多項式　　92, 136, 180
エルミート多項式の漸化式　　130
エーレンフェストの定理　　45

演算子　　34
演算子の交換関係　　41
遠心力　　105

か　行
階段型ポテンシャル　　72
ガウス型関数　　43
角運動量　　20, 98
角運動量演算子　　98
確率波　　35
確率密度　　44, 47
確率流密度　　48, 73
価電子　　110
価電子帯　　68, 113, 141, 157, 189
間接遷移　　143
規格化条件　　58, 102
規格直交性　　52
基礎吸収　　141
期待値　　39, 40, 92
気体定数　　2
気体分子運動論　　1, 14
基底状態　　20, 58, 60, 95
軌道磁気モーメント　　117, 118
キャリアの閉じ込め　　159
吸収係数　　145, 153
球面調和関数　　102
キュービット　　178
境界条件　　57, 73
共鳴トンネル効果　　170
共有結合　　109, 110
極座標　　97
空洞輻射　　5
空乏層　　81
クロネッカーのデルタ記号　　39
クーロン階段　　175

クーロン振動　174
クーロンダイヤモンド　176
クーロンブロケード　171
クローンポテンシャル　97
群速度　28
ゲージ変換　186
結合（ボンディング）軌道　113
原子間力顕微鏡　87
原子スイッチ　87
原子操作　86
原子の輝線スペクトル　16, 123
原子文字　86
交換関係　103
光子　12
格子振動　95
向心力　105
光電効果　10
光電子　10
光量子　12
黒体輻射　5
コヒーレンス　147
コヒーレンス長　148
固有関数　36
固有関数の規格直交性　37, 39
固有値　36, 94
コンプトン散乱　15

さ 行

時間に依存しない摂動論　127
時間に依存する摂動論　133
磁気モーメント　117, 120, 122, 123
磁気量子数　100, 104, 106, 118, 137, 138
仕事関数　12, 79
自然（自発）放出　143
自然幅　139, 141
自然放出　146
自然放出光　146
磁束密度　117, 186
周期的境界条件　57
集積回路　162
自由電子近似　142
自由粒子　41, 54
縮退　60, 95, 106, 122
シュテルン-ゲルラッハの実験　122

寿命　148, 150, 159
主量子数　105, 106, 138
シュレーディンガー方程式　30, 33, 54, 57, 63, 97, 104, 119, 133
状態密度　86, 143, 165
シリコン　84, 109
進行波　73
振動数　27
水素原子　97
水素原子の波動関数　106
スイッチング素子　87
スカラーポテンシャル　186
ステファン-ボルツマンの法則　26
スピン角運動量　120, 124
スピン磁気モーメント　124
スピントロニクス　177
スピン量子数　124
スペクトル線の幅　149
静電エネルギー　171
静電容量　172
摂動論　127
ゼーマン効果　119
遷移　135
遷移確率　133, 136, 139, 140, 142, 143, 144, 149
遷移行列要素　136
遷移の選択則　136
前期量子論　21
線形結合　39
双極子モーメント　133, 154
走査トンネル顕微鏡　83
走査トンネル分光　84
増幅係数　153
相補性　52
束縛エネルギー　20
ソース　162
ソース電極　174
存在確率　35, 107

た 行

ダイオードの電流-電圧特性　81
ダイヤモンド構造　110
多重量子井戸レーザ　169
単一電子素子　171

索引　199

単一電子トランジスタ　173
単振動　89
超格子　67
調和振動子　129, 136
直接遷移　142, 157
直接遷移型　143
直交関係　92, 102, 134, 137, 180, 182
ツェナー効果　83
定常状態　19, 36, 134
低速電子線回折　24
デュロン-プティの法則　3
デルタ関数　139, 142
電界効果トランジスタ　162, 177
電界蒸発　86
電界放出顕微鏡　80
電気双極子遷移　138, 190
電気双極子モーメント　139, 190
電気容量　172
電子親和力　68
電子線回折　21, 25
電子のスピン　120, 123
電子配置　109, 114, 123
電子波デバイス　164
電子放出　78
伝導帯　68, 113, 141, 157, 189
電流-電圧特性　80
透過率　73, 79
等速直線運動　1, 73
ドナー　81, 115, 157
ドーピング　70
ド・ブロイ波　29
ド・ブロイ波長　22, 24, 26, 69, 76, 162, 164
ドレイン　162
ドレイン電極　174
トンネル（エサキ）ダイオード　80
トンネル効果　77, 162, 169, 171
トンネル電流　82

な 行

ナノ構造　87, 164
ナノ次元　164
ナノテクノロジー　61, 164
二次元電子　70
二次元電子ガス　165

二次の摂動エネルギー　129
熱平衡　7, 151

は 行

パウリの排他原理　125
波数　27
波数ベクトル　30
波束　43
波束の収縮　51
波長　27
波動関数　31, 34, 35, 40, 58, 60, 63, 90, 94, 102, 105, 108, 111
波動関数の規格化　36
波動関数の偶奇性　65
波動方程式　27, 33, 186
ハミルトニアン　187
ハミルトニアン演算子　33
反結合（アンチボンディング）軌道　113
反射高速電子線回折　24
反射波　73
反射率　73
半値全幅　150
反転分布　152
半導体の光吸収スペクトル　141
半導体薄膜　68
半導体レーザ　156
ビオ・サバールの法則　117
光の運動量　14
光の吸収と放出　138
光の全反射　74
光の粒子性　13
非調和ポテンシャル　95
比熱　1
比熱の温度変化　3
微分演算子　34
表面構造　25, 85
フェルミ準位　12, 83, 174
フェルミ-ディラック分布関数　157
フェルミの黄金則　141
フォノン　95
負温度　152
不確定性関係　141, 150, 172
不確定性原理　49, 59, 92, 103
不純物準位　114

負性抵抗　80, 171
物質波　22, 162
ブラッグ条件　23
プランク定数　6, 13, 15, 22, 51
プランクの空洞輻射公式　8
プランクの輻射公式　6
フランツ-ケルディシュ効果　83
フーリエ積分　44
フーリエ変換　150
ブロッホ関数　188
分極率　131, 133
分散関係　29, 44, 54
分子エレクトロニクス　87
平面波　29, 37, 186
ベクトルポテンシャル　186, 187
変数分離　56
変数分離形　90, 97, 99
変分法　145
方位量子数　103, 104, 106, 138
方向の量子化　104
母関数　91, 180, 182
ボルツマン定数　2
ボルツマン分布　7, 144, 151, 152
ボーア磁子　118
ボーアの振動数関係　19
ボーアの振動数条件　141
ボーアの水素原子模型　19
ボーアの量子化条件　20, 25
ボーア半径　20
ポンピング　152

ま 行
マクスウェル方程式　185
ムーアの法則　162
無摂動系　127

や 行
有効質量　115, 142
誘導吸収　143, 155, 158
誘導遷移　143
誘導放出　143, 146, 149, 151, 155, 158

ら 行
ラグランジュアン　187
ラゲール陪多項式　185
ラザフォードの原子模型　17
ラザフォードの水素原子模型　18, 97
ラーマーの才差運動　121
リィドベルグ定数　16
リィドベルグの公式　16
離散的固有値　58
理想気体　2
理想気体の状態方程式　2
量子井戸　63, 67, 68, 168, 178
量子井戸レーザ　167
量子化　19, 118, 164
量子計算機　178
量子効果　61
量子効果ナノデバイス　163
量子サイズ効果　69
量子細線　70, 167
量子数　20, 58, 60
量子閉じ込め　57
量子ドット　70, 174, 178
量子箱　60, 70, 167
ルジャンドルの多項式　101, 182
ルジャンドルの陪多項式　102
ルジャンドルの陪微分方程式　101
ルジャンドルの微分方程式　101
ルジャンドル陪関数　137
励起子　116
励起状態　20, 58, 60, 95
零点エネルギー　58, 92
レイリー-ジーンズの公式　5
レーザ　146
レーザ発振　151
連続エネルギー　57
連続の式　47
ローレンツ型　150
ローレンツ力　187

著者略歴
上羽 弘（うえば・ひろむ）（故人）
　富山大学名誉教授，理学博士
　専攻　表面物性理論

工学系のための 量子力学 ［第2版］　　　　　　　　Ⓒ 上羽 弘　2005
1997年 4月15日　第1版第 1刷発行　　　　【本書の無断転載を禁ず】
2004年 9月17日　第1版第 6刷発行
2005年 9月30日　第2版第 1刷発行
2023年 8月30日　第2版第11刷発行

著　　者　上羽 弘
発 行 者　森北博巳
発 行 所　森北出版株式会社
　　　　　東京都千代田区富士見 1-4-11（〒102-0071）
　　　　　電話 03-3265-8341／FAX 03-3264-8709
　　　　　日本書籍出版協会・自然科学書協会　会員
　　　　　JCOPY ＜(一社)出版者著作権管理機構 委託出版物＞

落丁・乱丁本はお取替えいたします　　　　印刷/太洋社・製本/協栄製本

Printed in Japan／ISBN978-4-627-78222-8

MEMO